2020—2021年度中国门窗幕墙行业技术与市场分析报告

China Windows and Curtain Wall Technology and Market AL-Report

特邀顾问　郝际平
顾　　问　黄　圻　赵洪千
主　　编　董　红
副主编　雷　鸣　杨　坤

中国建材工业出版社

图书在版编目（CIP）数据

2020—2021 年度中国门窗幕墙行业技术与市场分析报告/董红主编. --北京：中国建材工业出版社，2021.3
ISBN 978-7-5160-1112-6

Ⅰ.①2… Ⅱ.①董… Ⅲ.①建筑五金门－生产工艺－研究报告－中国－2020—2021②建筑五金门－市场分析－研究报告－中国－2020—2021③铝合金－窗－生产工艺－研究报告－中国－2020—2021④铝合金－窗－市场分析－研究报告－中国－2020—2021⑤幕墙－工程施工－研究报告－中国－2020—2021⑥幕墙－市场分析－研究报告－中国－2020—2021 Ⅳ.①TU228②TU227

中国版本图书馆 CIP 数据核字（2021）第 036233 号

2020—2021 年度中国门窗幕墙行业技术与市场分析报告
2020—2021 Niandu Zhongguo Menchuang Muqiang Hangye Jishu yu Shichang Fenxi Baogao
主　编　董　红
副主编　雷　鸣　杨　坤
出版发行：中国建材工业出版社
地　　址：北京市海淀区三里河路 1 号
邮　　编：100044
经　　销：全国各地新华书店
印　　刷：北京雁林吉兆印刷有限公司
开　　本：710mm×1000mm　1/16
印　　张：22.25
字　　数：380 千字
版　　次：2021 年 3 月第 1 版
印　　次：2021 年 3 月第 1 次
定　　价：**168.00 元**

卷首语

　　2020 年的中国，全国抗疫，众志成城，举国同心，守望相助！全民行动，佩戴口罩，减少外出，打响疫情防控阻击战。隔离＋防疫，科技来助力，健康码实现人员流动管理，云端服务重构社交全新距离，建筑门窗幕墙行业实现了"疫情防控与复工复产"两手抓、两不误的良好态势。

　　2021，注定不凡！建党 100 周年、全面建成小康社会、"十四五"开局之年，在全球疫情影响下，中国提出国内、国际双循环的经济新形势格局，"稳中求进"仍将是国家发展的总基调。

　　技术作为推动行业进步的核心动力，市场更是检验行业发展的唯一准绳！本年度推出的《2020—2021 年度中国门窗幕墙行业技术与市场分析报告》，将继续以技术创新引领市场发展为主旨，深入浅出地剖析过去一年行业相关的国家政策，分析行业发展的方向，通过对新技术的介绍，以点带面地还原当前的行业环境和趋势。

　　同时，报告中还通过对市场热点的进一步分析，以及行业调查数据的解读，提出了对门窗建筑行业发展的思考。相信本次报告的出版，必将助力广大读者朋友们，在新时代背景下，展现新作为、取得新成就、开拓新局面！

　　俯首甘为孺子牛，撸起袖子加油干！2021 年，期待广大会员单位，充分利用协会提供的平台、技术与资源优势，不断提高建筑节能与绿色环保应用，推动建筑幕墙行业高质量发展，实现从门窗幕墙大国向强国的转型升级。

郝际平

中国建筑金属结构协会会长

二〇二一年元月

目　录

第四部分　行业调查报告

第一部分

行业回顾与展望

战疫 聚力 前行——2020—2021 年度铝门窗幕墙行业发展报告

◎ 董 红

中国建筑金属结构协会铝门窗幕墙分会　北京　100037

第一部分　行业背景

2019 年，是新中国成立 70 周年，是全面建成小康社会的关键之年，也是房地产、建筑业转型发展的关键一年，众多的房地产企业销售额创新高，国家重点投资项目建设数量增加，建筑业成为推动我国经济发展的主要引擎。

进入 2020 年，新冠肺炎疫情来袭，对全社会及国家的经济发展造成了重大影响，给中国经济、全球经济都带来了严重的负面影响，特别是进出口贸易和传统制造业，以及"吃、游、看、运、学"等消费类产业，都受到了不同程度的冲击。

因为停工停产造成的资金链紧张问题，也在很多中小企业中蔓延，建筑业及房地产业受其影响，在第一季度的销售额及产值下降明显，大量建筑企业出现了复工成本增加、质量安全隐患增加、生产要素组织困难增加、工期履约难度增加、工程建造成本增加、企业利润水平降低等众多的不利情况。

上述的建筑业"五增一降"的困难局面，无疑给企业生产经营带来巨大考验，当面对如此困难的时局，需要我们迎难而上，共克时艰！进入 4 月、5 月，让我们感到欣喜的是，随着国内疫情得到有效的控制，建筑业、房地产市场逐步恢复，经济数据反弹明显。

这其中很明显的市场信息是投资转消费，以前从 GDP 方面考虑得比较多，现在更多的考虑美好生活指数，考虑国民幸福指数，带来的将是城市规划与城市建设的巨大改变。建筑业的主要发展方向包括："互联网＋"催生智能化建筑；工业化生产引领装配式建筑；无人机、机器人开启施工自动化。为了城市的生态运营，以及为住在城市里的人营造美好的环境，这个运营的模式、这个美好的需求，不是简单的一束花、一株树、一片绿地，而是在建筑业的开发建设环节转型服务，从短期发展向长期性、高质量、集中服务发展，并在这个发展阶段中，引领附属行业，包括建筑门窗幕墙行业及配套的材料企业，从被动到主动地迎合市场发展规律，从生产、销售、研发、服务等多个环节，逐步提升、改变、转型升级。

目前，受国际疫情影响，及国内建筑业、房地产业发展现状，建筑门窗幕墙行业内的竞争压力空前激烈，产品同质化、服务同质化成为市场的主要矛盾。伴随着企业缺少现金，人才大量流失，上游产业链加大了对下游企业的整合力度与优化管控，中小企业生存环境日益艰难。但"有性价比的产品""有良好的信誉度""有稳健的资金管控"和"高质量、高技术含量"的供应商，获得了越来越大的市场空间，我国正由制造大国向制造强国转变，市场内急需工匠精神的践行者。

虽然受到了一些短期不利因素和外部环境的影响，但从行业内市场的总体反馈情况，我们听到了两种不同的声音，市场内的不利声音："低质低价，便宜是首选；高端无高价，市场曲高和寡"——只关注短期、低效利润的企业比比皆是；市场内的利好声音："强者越强，产业集中与规模增大，安全可靠、绿色节能的产品，得到了市场的全面认可"——正面面对困难，提升企业及产品的抗风险承受能力，获取长期利润与效益。

1. 国家宏观经济运行情况

2019 年是中国摆脱新常态低迷期、走向高质量发展模式的关键之年，在面临外部需求持续回落，出口增长疲软的大背景下，中国经济发展在世界经济范围内韧性持续显现，经国家统计局初步核算，年度 GDP 为 99.0865 万亿元，比上年增长 6.1%，稳居全球第二大经济体。而 2020 年，在国内外新形势的影响下，第一季度国内生产总值 20.65 万亿元，同比下降 6.8%，进出口受到较大影响。幸而在 4 月、5 月开始回暖，经济发展速度得以恢复，第二季度 GDP 同比增长 3.2%，较第一季度增长 10 个百分点。

2. 建筑业总体情况

2019 年全年，我国建筑业总产值约 24.8 万亿元，同比增长 5.7%，全国建筑业房屋建筑施工面积 144.2 亿平方米，同比增长 2.3%（国家统计局发布）。发展中的两大问题：第一，国家在环保方面的要求越来越严，为了贯彻"可持续发展"理念，国家大力推进绿色建筑，要求更多使用绿色建材，降低建筑消耗与能耗，减少环境污染，对建筑企业在施工工艺、成本控制上带来了更高的要求。第二，国家人口红利在逐渐消失，从事建筑业的人数正在减少，建筑工人数量急剧下降，每到年初时，各地频发"用工荒"现象，逼迫建筑企业必须加快产业结构调整，减少对人工的需求，提高并培训工人的服务技能与效率。

2020 年第一季度建筑业总产值约 3.6 万亿元，同比下降 16%。据统计，去年第一季度建筑业总产值，是同比增长 10%，可见此次疫情对建筑业的影响是很大的。虽然建筑业在 4 月的数据显示，基本回到了去年同期水平，但今年国内建筑业总产值增长压力较大。

3. 房地产总体情况

2019 年，房地产开发总体市场的发展在平缓中略有下降，市场中的企业洗牌力度正在加大，政府对房地产开发商拿地的限制条件正在逐步增加，拿地成本与开发成本也在持续上涨，普通房地产项目利润下降成为普遍现象。从国家统计局发布的数据来看，2019 年 1—12 月，全国房地产开发投资 13.2 万亿元，比上年增长 9.9%。

2020 年第一季度，重点及各线城市商品住宅成交面积同比降幅均在七成左右，4 月以来随着国内疫情逐步得到有效控制，多地出台稳楼市政策，市场交易规模低位回升。1—5 月份，全国房地产开发投资 45920 亿元，同比下降 0.3%，降幅比 1—4 月份收窄 3.0 个百分点。虽然距去年同期"小阳春"行情仍有差距，但部分热点城市的市场恢复相对较快，周度数据已赶超去年同期水平。从总体情况的分析来看，在整体去化承压之下，对于房地产企业而言，下半年把握市场窗口期"促销售、抓回款"仍是重要目标。

4. 2019 行业数据

据不完全统计，我国现有建筑铝门窗企业数量超过 8000 家，建筑幕墙企业近 1500 家，玻璃、型材、五金、密封胶等各类配套的材料企业合计约 9000 多家（数据主要来源于各自领域的行业协会，以及国家资质备案登记的相关机构）。

首先，从铝门窗市场占比情况显示，中小企业的数量超过 90%，而引领技术创新发展、服务高质量转型的主要力量，来自大中型铝门窗企业，在产业链上下游的整合能力和竞争能力，无论是工程市场，还是家装市场，都与品牌的开拓程度成正比。

其次，在建筑幕墙领域中，工程企业的存续量，对比五年前有了明显的变化，具有顶尖设计资质与施工资质的企业数量在增加，但具有二级资质，或原三级资质及局部区域工程市场的小型企业，数量在逐年减少，"顶尖集中效应"的发展趋势明显。行业结构由"平面化"向"金字塔"转变，品牌企业、大型企业人才与资源的高度集中，带来了行业创新力与竞争力的双重提高。

再则，从建筑门窗幕墙行业配套企业的生存现状来看，与上游市场及建筑业市场的变化越来越紧密，原材料市场价格波动带来的影响，集中在一个阶段的释放，造成了配套行业企业只能加大市场营销与推广力度，各类成本的增加，降低了企业的利润率。市场带来的利好表现在低价、残次品、非标合格品等，需求度逐年降低；而高质量产品、创新型环保产品，在国家政策、行业标准的共同引导下，其需求量增长喜人。

根据我分会开展的"第15次行业数据统计工作"分析结果来看，2019年整个铝门窗幕墙行业的生产总值在6300亿~6400亿元之间，相较2017年的5900多亿元、2018年的6100多亿元，均有小幅提升；同时，在2019年的行业总产值中，幕墙和铝门窗占比的变化明显，由以前的各占比一半，演变为了铝门窗产值较为突出。

2020年整个铝门窗幕墙行业在艰难中前行，从上半年的行业部分反馈数据来看，在门窗板块的市场销售数据，对比同期甚至有小幅度增长。特别是伴随着用户群体80、90后成为消费主力军，他们的观念也将改变市场的发展趋势，追求时尚、张扬个性、享受人生的新消费群体，催发门窗设计精英们创作更具时尚、更具欣赏价值的产品。随着消费升级，绿色、环保、健康的需求因素增加，中高端门窗产品开始备受消费者青睐，市场的需求在不断扩大，系统门窗的市场逐渐呈现出繁荣的景象，这类门窗本身就具备着高附加值，无论是在使用价值，还是在性能价值方面，都能给予消费者更为优质、更具品质的体验。

在幕墙工程市场方面，一些大型场馆和涉及国际、国内会议活动的各类工程项目，经历了疫情短暂的休整期之后，逐步进入了复工复产的快车道。市场由冷清到热烈，在较短时间内释放了大量的项目需求，政府项目的承建企业及大型项目合作单位，在一段时间内甚至因项目过多，一度出现了"用工荒"现象。因此和前者建立合作关系的配套材料品牌企业，在2020上半年的经营产值上，对比上年同期呈现了"意外"的递增。然而整个工程市场在2月、3月因疫情影响，大量的中高端住宅、商业地产、写字楼和企业总部等曾在一段时期内，处于缓建或停建状态，在4月份才逐步开始了新的工期进度安排。

因此，整个上半年的产值总量，还是呈现出下降趋势，大部分中小幕墙企业仅能依靠往年或去年的项目维持生产经营，其2020年的新增项目数量对比同期下降严重，对与之配套的玻璃、型材、五金、密封胶、隔热条和胶条等材料厂商的影响非常巨大。

建筑门窗幕墙行业的宏观数据显示，随着国内疫情逐步得到控制的时间线来看，在2020年第二季度，市场数据与往年同期相比虽有所下降，但形势对比第一季度有了明显的增长，最关键的项目数据显示在4月份出现了爆发式增长。

综合市场内的总体情况来看，在企业发展方面，上半年1—6月，项目主营为市政、交通、机场、大型体育场馆及配套设施建设的企业受到的影响不大；而以房地产开发，商业、办公和住宅等项目，配套为主的企业，则受到了较大影响。随着复工复产的逐步推进，市场对门窗幕墙产品的需求呈现良性发展态势，但市场内总体的发展情况依然呈现两极分化的现象，强者愈强的"马太效应"凸显！

第二部分　分会工作内容

2019年工作情况回顾：

1. 组织开展协会标准、团体标准的编制、修订工作：2019年，分会主编标准5项，参编标准6项，立项标准5项，申报标准1项。

2. 协会开展的各项活动：内容涉及既有幕墙维护、幕墙安全、企业转型发展等行业热点、亮点，引导行业良性发展。同时，还组织考察团赴欧洲、日本等国，开展学习借鉴之旅。

3. 举办行业年会及新产品博览会：组织召开第25届全国铝门窗幕墙行业年会暨展会，共同聚焦原材料价格波动、企业现金状况、中小企业发展困境，并围绕深化供给侧改革环境，探索新一轮经济增长点与推动高质量行业发展。会上，还组织开展了对优质的年度幕墙工程、优秀的领军企业的表彰活动。

4. 关注行业年青企业家成长：组建成立"全国建筑门窗幕墙行业青年企业家联盟"，并在杭州顺利召开成立大会，得到了苏州市建筑金属结构协会的全力支持，以及兴三星云科技的协助。

5. 积极开展幕墙顾问行业联盟活动：组织开展了"全国建筑幕墙顾问行业联盟学术交流及观摩活动"。对苏州中心、东方之门、苏州现代传媒中心等超大、超高、超复杂的工程进行实地观摩和交流，提升联盟成员对"地标级"大型幕墙工程的设计、施工和技术应用特点的了解，以及对玻璃、建筑胶等材料的选用更深层次的理解和认识。

6. 召开《2019—2020 中国门窗幕墙行业技术及市场分析报告》编委专家会：在山东永安胶业有限公司的承办和中国幕墙网协办下，召开了《2019—2020 中国门窗幕墙行业技术及市场分析报告》编委研讨会暨第五届"永安杯"房地产与门窗幕墙行业海钓活动。

7. 调研走访典型区域、重点企业：2019 年 6 月组织走访了位于广东南海地区的亚铝、兴发、坚美等多家建筑铝型材龙头企业，深入了解铝合金型材在我国房地产与门窗幕墙的产品研发、应用推广及市场运营情况。同年 9 月，组织走访了建筑强省——浙江，通过对墅标、亚厦、中南等多家门窗幕墙龙头企业的调研，了解前沿的技术及市场情况。

8. 举办门窗幕墙技术培训班：举办"全国建筑铝门窗技术培训班"，重点围绕最新行业技术标准、节能设计方案和前瞻性产品创新等展开讲座。

9. 坚持开展行业调查统计工作：近几年来数据统计工作的扎实开展，为我们分析行业总体经济情况、发展趋势带来了更准确的依据和更清晰的思路，同时为铝门窗幕墙行业企业的发展提供了可靠的数据支撑。

10. 服务行业，服务社会：据不完全统计，铝门窗幕墙分会专家组专家在 2019 年活跃在全国各地，参与讲座、审图、评标等技术支持工作数百次。

11. 支持地方协会、学会，合作共赢：与各地方协会、学会合作的活动 10 余次，通过走访企业、技术分享、产品展示等交流形式，分会与各地方协会一道，深度融入行业大家庭中。

12. 出版发行学术期刊：分会在湖北兴瑞（硅科）的协助下，通过中国建材工业出版社出版了《建筑门窗幕墙创新与发展》论文集，同时联合中国幕墙网 ALwindoor.com，组织行业专家、幕墙顾问代表、企业市场与技术负责人，在山东永安胶业有限公司的支持下，出版了《中国门窗幕墙行业技术与市场分析报告》。

2020 年陆续开展的各项工作：

1. 开办线上"创新课堂"，助力复工复产

共克时艰、众志成城！全民"战疫"的背景下，根据协会发布的《关于号召全体会员单位在打赢疫情防控阻击战中充分发挥积极作用的倡议》精神指导下，在杭州之江、和平铝业等企业的大力支持下，分会邀请行业知名专家、学者和企业代表，通过中国幕墙网微信平台，开设围绕技术应用、企业管理、市场营销以及典型工程案例等多方面内容的线上"创新课堂"，并在疫情期间陆续推出第一季、第二季、第三季共 28 讲的一系列线上主题演讲。

2. 开展企业调查，携手抗击疫情

疫情带来的不确定性，对企业的直接影响较为共性、突出，从而导致市场需求下降、订单减少，成为当前中小企业反映比较突出的问题。疫情期间分会以抽样问卷的方式，针对部分会员单位开展了电话、微信采访，了解企业当前困难和需求，发布疫情期间行业调查报告。建筑业的复工率，房地产的拿地、销售等流转效率，直接影响着门窗幕墙行业的施工、设计等环节，并关联着玻璃、型材、五金、建筑胶、加工设备、隔热条和胶条等产业链生产型企业的生存和发展。

同时，分会在调研期间还通过表格填报的方式，收集到会员单位抗击疫情的相关情况，策划制作了爱心表彰专题。中建深装、金螳螂、亚厦、中南、坚朗、回天、华硅、金刚、集泰、旗滨、硅宝、YKKAP、新河、兴瑞、南玻、元通、新安、澳利坚、嘉寓等企业，从驰援火神山、雷神山等方舱医院的建设，再到捐款和捐物，行业企业用实际行动支援抗疫一线。

3. 走访顾问联盟成员企业

开展了北、上、深等地的全国建筑幕墙顾问行业联盟成员单位走访工作，了解旭密林、华东院、ALT、维鑫、新围东、稳达、倍更益、希绎希、凯顺腾、建研院、华纳、科林思等顾问行业联盟成员的相关情况和诉求，为联盟的进一步发展提供指导参考意见。

4. 珍惜时间、关注健康

一场突如其来的疫情，让健康成为全社会、全人类首要关注的焦点！分会与时俱进围绕"健康"这一大主题，通过与深圳、苏州、福建等地方协会合作，由浙江时间新材料承办，共同开展"健康在此时"——关注房地产与门窗幕墙行业精英健康的大型公益活动。后续我们将在全国各地陆续开展跑步、登山、游泳、瑜伽、高尔夫、羽毛球等与健康有关的线下活动，期待广

大行业精英积极响应，踊跃参与。

5. 开展幕墙顾问咨询 20 强评选活动

随着建筑业进入深层结构性调整，建筑幕墙顾问咨询服务已经成为建筑幕墙行业产品研发和技术升级的一大推动力，为建筑业及房地产业提供最优质的建筑幕墙安全设计与施工保障一体化方案。

分会在 2018 年成功举办了第一届"建筑幕墙顾问咨询行业二十强"评选活动，对行业企业的品牌推广起到了一定的推动作用。2020 年分会着力举办第二届"二十强"评选活动，在比业绩、比技术、比规模、比人才储备等的基础上，又增加了对幕墙项目的设计评比，优中选优，全面促进并提高建筑幕墙顾问咨询行业的设计、技术及研发优势。

第三部分　面对疫情常态化的行业发展

在疫情汹汹来势下，我们正面临着海外订单骤降，防疫带来的物流、生产、营销等经营流程方面的成本上升，而账期结算周期推迟带来的企业流动资产紧张，以及前期困扰铝门窗幕墙行业的一些热点问题。

市场内两极分化严重，大企业、品牌企业保持稳定增长，并主动控制规划和发展速度，小企业普遍生产不饱和，呈现产值、利润双降的态势，现已成为建筑业、房地产及门窗幕墙行业中最普遍的现象。

然而，伴随着中国城镇化建设的步伐，我国铝门窗、建筑幕墙行业的总体发展曲线，依旧处于较高的发展水平，从最初的几百亿元，发展到如今超过 6000 亿元的体量，年均复合增长率超过 15%，超过了国内诸多传统工业及制造业的发展速度。

另外，诸如玻璃、型材、五金、密封胶、隔热条和胶条等会员单位，随着在工业市场、交通运输领域和家装市场等多样化销售渠道的建立，以及作为规模化企业，在竞争中进一步挤压小微企业市场空间等因素的影响，近年来，配套材料企业的产销情况依然呈现一个稳步增长的态势。

纷繁复杂的市场背景下，集中了行业企业最关心的热点问题，整理归纳为以下八点：

问题一：低价中标

优质的产品，完善的服务，离不开价值和价格体系的保障与支撑。当前的工程采购模式，对铝门窗幕墙行业中树品牌、做品质、重服务的工程施工企业、设计单位和配套材料供应商都带来不小的冲击，也为低质仿冒产品、贪图短期利益的企业提供了温床。同时，铝门窗幕墙行业服务于房地产与建筑业，是城市建设的主要参与者，因低价中标造成大量劣质产品在市场中流通，给建筑工程项目留下了不少的安全隐患。

问题二：缺乏自信

三十年前中国幕墙学国外，三十年后世界幕墙看中国！随着改革开放40年，如今我国已经成为铝门窗幕墙生产与应用的世界第一大国，全球300m以上的超高层建筑，80％以上坐落在中国。面对如此大的市场，而这些建筑中所应用到的相关的配套材料，因为市场的传统思维模式，依旧认为什么产品都是"洋品牌"更好，所以除了型材和玻璃因运输等原因以外，其他如五金件、密封胶等辅料，国外品牌占比较大。国内一线品牌的质量已达到甚至超过相关标准，但缺少品牌影响力，特别是在国际市场中的话语权，在关键性项目、地标工程的应用中，参与度仍然不够。

问题三：资金短缺

资金是铝门窗幕墙企业从事工程施工或产品质量管控的基本要素之一，作为行业企业赖以生存和发展的重要命脉，从侧面反映了企业的经营效率。同时，资金对于企业的运营有着重要的作用，然而近年来建筑行业出现拖欠工程款、材料款，以及承兑、商兑等现象，进一步制约了铝门窗幕墙企业的发展，严重的会影响到企业的生存，同时也削弱了企业在市场中的竞争力，导致工程质量问题突出。

问题四：人才流失

铝门窗幕墙行业专业技术性强，因此人才培养周期长。当前经济下行压力很大，行业无序竞争加巨，导致上游房地产企业不断提高其产业链集中度，产品线正逐步向下游的铝门窗幕墙行业延伸。除自行开办门窗加工厂、材料生产企业外，近两年最明显的动作表现在"挖走"行业骨干人才上，往往通过更高的薪资待遇，将下游企业多年来重金培养出来的人才带走，甚至因为产品渠道、信息交互的扁平化，把业务合作关系、团队资源一并带走。

问题五：原材料价格

伴随着资源环境承载能力和要素供给能力接近极限，各种"史上最严环保法"相继出台，政府对于可持续发展的决心可见一斑。在此形势下，加之交通运输成本及人力成本的催化作用，各类从事铝门窗幕墙行业加工安装及配套材料生产所涉及的相关原材料价格纷纷上涨。对于铝门窗幕墙企业而言，上游客户的需求量不确定，而下游材料供应又不稳定，价格时常波动，可谓是"腹背受敌"，进而导致了产品质量和供货周期无法得到有效保障。

问题六：市场饱和

2018年中国房地产市场总产值达到了15万亿元的历史新高，超过30家房地产企业产值突破千亿大关，同时超过200家中小型房地产企业被并购或倒闭关门。进入2019年，在国家"房住不炒""居住属性""严控房价"等宏观政策的指导下，行业普遍接受了市场已经触及"天花板"的预判，在此市场空间上升不被看好的大背景下，中小企业的生存将面临严峻考验。

问题七：创新不足

国内铝门窗幕墙行业的创新能力处在一个比较薄弱的环节，主要表现在同质化现象严重，大家都在一个"抄袭"的环境中徘徊。从过往的经验来看，蓬勃发展的成功门窗企业往往都是基于产品创新，将创新作为基本策略，实现收入、市场份额和顾客忠诚度等方面的增长。可以说，创新发展是助力门窗企业利润增长的关键一步。因此，铝门窗幕墙企业不应当只想着跨界去发展更大更多的市场，而是提高自主创新能力，以创新促发展，把产品创新做好，开发拥有自主知识产权的门窗产品，这样才会赢得更大更多的市场。

问题八：大而不强

时下，国内铝门窗幕墙行业知名品牌企业数量不多，竞争力不强，甚至有的企业没有品牌，在国际市场中只能做低端的产品代工，大而不强的问题显而易见。铝门窗幕墙等制造业的问题，不仅仅是研发技术和产品质量的问题，还包括现在生产链中的很多个服务空白点，有些环节的服务不完善甚至没有。

面对市场的难题，面对疫情的考验，我们如何让行业、企业能够更好地可持续发展？分会提出以下建议：

第一，抓住疫情后新一轮大规模基建刺激计划中的大项目机会。

疫情带来行业巨大的改变与机遇，新基建项目将为中国经济带来新的活力的同时，也为门窗幕墙行业带来巨大的项目体量，这一轮的所谓"新基建"，一方面是区别于传统老基建，另一方面是经济科技发展带来的新基础设施。

之前，部分新基建，如物联网、大数据、人工智能等技术，已经让一些资本获得丰厚的收益，此次明确的新基建范围更大，等于为资本提供了一些新"风口"，为受疫情影响的中国经济带来新的活力，以使中国经济尽快复苏，回归常态。比如，重大科技基础设施、科教基础设施、产业技术创新基础设施等，这类具有公益属性的新基础设施一旦得到发展，新基建将成为接下来门窗幕墙行业的首要服务对象之一。

同时，从门窗幕墙行业转型升级来看，从门窗五金到智能家居、从建筑密封胶到电子工业胶、从普通玻璃到柔性多功能面板、从传统铝型材到复合型合金材料、从门窗幕墙加工设备到智能化无人装配系统等，传统制造类企业将迎来新的发展机遇！

第二，通过本次疫情，反思企业自身，打造企业的综合"免疫"系统。

疫情对商业地产行业及门窗幕墙行业带来了一定的影响，尤其是施工与加工的供应产品延期、误工，资金回笼、还贷等方面，相关企业的资金链更加紧张，其影响会持续1～2年。同时，办公、厂房的需求也发生变化，厂房面积、办公面积、租金和功能需求、日常运营成本等，会更多的因突如其来的疫情带给企业反思。

有效地降低运营成本，使用更加安全与舒适的办公环境、设施，降低生产及办公能耗等，成为接下来企业发展关注的重要方面。通过本次疫情，企业应该对经营成本严格管控，对资金回笼进行相应的调整，让企业的资金链更加健康；在生产场地和办公环境的利用上需要更加合理，做好精细化管理。

第三，着眼房地产行业进入"存量时代"，定制企业的运维化、多元化业务战略。

如果只能从原来的同质化或基础化市场层面进行竞争，将会造成市场空间不断缩小，市场蛋糕和利润双下降，开源节流也未必能够保持企业的竞争力。面临着房地产的"存量时代"，新建项目与新的房地产企业数量相对减少，行业内的竞争压力将进一步加大，如何在复杂的市场环境中实现企业产值与规模的上升？

我们行业企业需要做好的工作是将细分领域做精做细，将现有产品的使用功能进行深入挖掘及降低成本，同时附加更多的新业态中的新功能，增加亮眼性，从精细出发，到高质量发展，将创新创造作为企业的首要目标。分会将重点推出一批定制企业的运维化、多元化战略目标，并在中国幕墙网ALwindoor.com平台配合进行推广，扩大定制企业的影响力，加强行业合作。

第四，顺应当前线上化、云端化等趋势，进行企业数字化转型建设。

疫情影响改变了传统的经营与交流方式，从线下向线上转移，不仅是产品展示、技术交流、设计方案汇报，甚至是产品销售环节，我们都可以通过数字化建设或云端技术，将企业的生产管理、技术研发、市场销售和售后服务等，从单一的工程、分公司、门店和商务洽谈、实体销售等，统一向线上、数字化转移。

第五，各环节、多领域短板频出，补短板是当务之急。

"补短板"这个词汇来源于政府工作报告中的"三去一降一补"。如今，从蝴蝶效应、青蛙现象到刺猬理论、破窗理论，很多经济学中的理论被应用到中国经济以及各行各业的发展中，"补短板"就引自非常经典的"木桶理论"。

在这次疫情中，各个领域都显现出很多短板：公共医疗设施投资较低，尤其医院病床短缺，难以应对突发疫情；交通运输压力大，物流仓储设施不健全等问题亟需改善；城市治理水平有限，公共资源配置效率低下，城市改造工程留有重大隐患。整个建筑行业乃至国家必将重新思考这些问题，各领域补短板会成为接下来的一个趋势。

第六，重视供应链管理，未来的竞争关乎供应链能力。

疫情发生，物流、交通和需求都会随之发生改变，库存、交付、成本、质量等问题也会爆发，全球的供应链可能遭遇寸寸截断，一个企业要想基业长青，就必须拥有供应链能力。门窗幕墙从下单、设计到生产，再到发货、安装，甚至整个供应链，不断优化和提升后端运营能力，从上游就开始变革，"以销定产"，大大降低了供给侧商家的运输、存储等成本，促进了供需之间的平衡，达到多方共赢的局面。

疫情之下，通过直连供应商的方式，找到火神山医院所需建材物资，供应商快速响应，将物资交付项目组，医院早一天建成，就可以拯救更多的生命。

未来建筑企业、门窗幕墙公司，以及配套材料厂商的竞争，不再是企业与企业之间的竞争，而是一条供应链与另一条供应链的竞争；而且，供应链的每一环都十分重要、不可或缺，就像是一副多米诺骨牌，任何一块倒掉都会牵一发而动全身。

第七，现金流管理至关重要，没有现金将是致命的。

新冠肺炎疫情蔓延，无论个体还是企业，活下去才是最重要的，尤其中小企业。对于餐饮业来说，可能是遭受冲击最大的行业之一，现实就是很残酷，仿佛多个行业、产业集体按下暂停键。建筑企业也不例外，我们普遍会面临应收款项回收滞后和应付款项支付困难等难题，转移、分担、防范和化解现金流管理问题，是每个企业都要具备的能力。

没有哪个企业可以置身事外、独善其身，没有利润可能会在痛苦中挣扎，但是如果没有现金流只能在无奈中等死。疫情就像是一次大阅兵，能够快速检验出对现金流管理不够重视的企业。通过这次疫情，一定会让很多建筑业、房地产及门窗幕墙企业，更加意识到现金流的重要，继而更加重视现金流的管理。

第八，BIM 设计与装配式建筑的应用全面提速。

BIM 设计的优越性在疫情期间充分展现，回看火神山医院的建设过程，5 小时内出方案，24 小时出施工图，一边施工一边修改方案，在这过程中 BIM 发挥了巨大的作用。

疫情给所有建筑业及门窗幕墙行业同仁一个很大的启示，BIM 的应用和普及将进入深水区，它将用价值打破骂声和质疑。

同时，火神山医院、雷神山医院以及各个方舱医院的快速落成，引起国外震惊和热议——只用了 10 天……中国快速组织力量和高效施工，体现了硬核的中国建造能力，之所以能创造这样的奇迹，装配式技术在其中尤为关键。

这次疫情客观反映出，紧急时刻只有采用装配式建筑模式，才能做到如此快速的完成工程进度要求和质量，未来在政策和环境的双重作用下，装配式建筑将不断成熟，行业接受度也会越来越高。

第四部分　工作展望和发展规划

疫情突如其来，既是重大的灾难，同时也是我们新业态、新观念、新生产方式的全新起点，企业需要关心和做的事情很多，从团建、资金链、运营成本控制、数字化转型建设、多元化发展等等方面，分会坚信我们行业是充满正能量的集体，有着无限的能量和发展空间。

一、继续坚持开展行业数据调查活动

自 2005 年开始，分会组织、中国幕墙网 ALwindoor.com 平台全力配合，对全国的铝门窗、建筑幕墙企业进行数据统计工作，以帮助会员单位纵览上、下游经营状况，了解行业发展趋势，是一件具有深远意义的事情，接下来我们将继续深入行业数据采集与调研工作，特别是在抗疫常态化背景之下，深入研究与剖析行业新热点、新问题、数据变化和发展规律等客观情况。

二、线上线下双互动模式，引导企业破解资金难题

经济下行压力叠加疫情影响，2020 年 GDP 下行压力较大，政府积极地通过基建投资拉动 GDP 的模式，是现阶段稳增长的唯一选择。在政府公共基建投资大幅增加的情况下，房地产在严控下依然很难强势反弹。建筑门窗幕墙行业企业更应该关注的是资金投向和项目投资模式问题。分会积极组织并开展多场专题研讨与专家答疑，建立线上线下双互动机制，为 2020 年行业企业资金管控与融资提供指导与建议。

三、推动行业内产业升级与精英合伙团队

政府投融资模式的转变对建筑业来讲是一大契机，将推动建筑业由施工型向投资型、运营型、服务型转变，快速构建和提升自身的整体运营能力和资源整合能力。本次疫情对合作模式、员工组织、办公方式等都产生了深远的影响，在某种程度上推动了经营团队从雇佣制向合作制的转变。对大多数的建筑企业来讲，市场开发是生命线，合同履约和工程技术研发等在传统领域并不被重视，因此，组织建设和自有团队结构优化升级的方向选择上，重点是构建项目前置策划能力和投融资能力，聚集重点产业和金融投资类人才，打造精英合伙团队。分会将通过区域考察、重点指导、调研推动相结合的方式，在 2021 年为推动行业企业的发展，持续提供助力。

四、引导建筑幕墙设计、施工规范化

设计与施工决定着建筑门窗幕墙的质量，针对当前行业存在的部分乱象，分会将会利用自身平台优势，与产业链上下游的协会、联盟积极开展合作交流，共同引导建筑幕墙设计师、施工管理者开展各类学习及交流活动。通过学习先进技术、交流成熟经验，为新一代设计、施工人员培养规范化的工作

习惯，树立良好的服务规范。同时利用每年定期召开的培训班，对最新的国家和行业设计规范、标准等进行解读，帮助行业人员提高专业技能。

五、组织编制建筑门窗幕墙行业新规范

为了更好地服务建筑门窗幕墙行业及会员单位，接下来分会将抓住团体标准发展的契机，充分发挥分会专家组、龙头企业的专业优势，针对新产品、新工艺、新技术，进一步积极开展相关标准的编制和修订工作，并通过相关管理办法的要求，进一步提高协会标准的技术水平，真正做到协会标准为行业服务、为企业服务。

六、持续推广绿色环保新材料、新产品

建筑材料的绿色化、环保化应用，已经成为房地产与建筑业可持续发展的潮流，2021年分会将持续关注建筑门窗幕墙行业内的绿色环保新材料、新产品，通过走访、调研、采集、推广等方式，运用平台化、集中化、系统性的科学方法，对符合建筑门窗幕墙行业长效发展，符合新生态环境建设的新产品、新材料进行行业内学习、宣传和推广。

七、深入开展新技术、新工艺观摩活动

随着改革开放的高速发展，我国已经成为建筑幕墙应用全球第一大国，现代城市中越来越多的地标建筑以及高端商业项目、豪华住宅中都应用了幕墙。为此，分会将继续围绕"新技术、新工艺"为主题的典型工程观摩活动，将顾问咨询公司、施工单位、配套材料企业，以及房地产开发商代表等，有机地结合在一起，共同学习，共同进步。

八、加强对中小企业发展的帮助

行业内有着80%以上的中小规模企业，它们是行业发展的新生力量，在未来分会的会员服务工作中，中小企业的发展将成为我们重点关注和研究的方向。合理推动中小企业的发展，为中小企业发展建言献策，开展中小企业

发展论坛，组织中小企业参观、学习、交流，增强企业家们的互通互助，以求实现提升行业企业的内生动力，激发中小企业的创新活力。

九、继续办好行业年会，大力宣传推广新产品博览会

行业内每年 3 月在广州召开的行业年会暨中国建筑经济峰会以及新产品博览会，自开启"保利馆"和"南丰馆"双馆联动模式以来，取得良好的市场效应，影响力进一步扩大。2021 年分会将针对当前热点关注的防火材料、防火门窗等相关产品，以及智能化产品、科技住宅系统、高端家装门窗等新企业，加强拓展和培育，吸纳更多的高端用户和专业观众前来参观采购。

十、倾力组织编写并出版发行学术期刊

继续通过收集及整理专家及行业顶尖技术人员的相关学术论文，出版《建筑门窗幕墙创新与发展》论文集，同时组织行业专家、幕墙顾问代表、企业市场与技术负责人，联合中国幕墙网 ALwindoor.com 出版《中国门窗幕墙行业技术与市场分析报告》。

十一、积极推动年青企业家在平台成长

自从 2019 年组建成立"全国建筑门窗幕墙行业青年企业家联盟"以来，帮助参会的青年企业家建立更加深度的合作共赢关系，增强相互间的凝聚力，共同推动行业的健康持续发展。2021 年还将开展互动与交流活动，计划在佛山召开联盟会议及开设相关的成长培训课程，为房地产、建筑业、门窗幕墙行业的青年企业家、精英们，搭建共享共赢平台。

经历了本轮疫情，相信政府治理、政策传导将更透明和高效，这将有助于行业、企业的健康发展，在风险中酝酿机遇，或将催生新的业态。

2020 年分会对市场发展的预期呈现以下趋势：

1. 幕墙行业调整幅度最大，两级分化加巨，工程质量控制、团队协调组织以及资金风险把控等三大能力，成为当前幕墙企业发展的核心竞争力。行业整体向高质量发展，幕墙将集中在工法创新，以及智能化生产、安装的应用。

2. 门窗与型材之间，企业融合度加大，两者由独立产品向集中化产品生产与渠道不断拓展，尤其是在防火门窗、全铝家居和高端定制门窗等领域，将成为市场一块新的大蛋糕。

3. 建筑胶的市场拓展呈现多元化，不光是门窗幕墙上的应用，还有全屋应用、生活应用等，特别是扩大了在家装领域的服务范围。同时，伴随着 5G 时代的来临，在电子、交通、能源等方面，也有了更进一步的成长空间。

4. 建筑玻璃随着工艺优化，性能提升、用途拓宽、服务面加大，特别是在创意建筑、防火玻璃、多媒体领域的广泛应用，为玻璃企业优化产能结构带来了发展机会。

5. 加工设备企业向工业化领域、中小化市场拓展，简化生产流程，采用定向化、智能化设备，正在向国际市场进军。

6. 建筑五金企业，正在逐步脱离劳动力集中、密集型生产的传统模式，向系统化、智能化的科技型企业模式转型。

7. 隔热条、密封胶条等隐形材料，伴随着国家、行业多项节能标准的落地，也更加重视产品创新，着力打造和提升品牌形象，抢占市场空间。

8. 行业的设计工作随着 BIM 的大力推广应用，正在向数字化、可视化、云端化的方向创新与升级，顾问咨询行业发展迅速。

2020 年新冠肺炎疫情在造成巨大健康危机的同时，给全社会的正常工作与生活带来了巨大损害，同样也给建筑门窗幕墙行业带来了巨大的难题，行业企业因此次疫情遭受重大损失。

2020 年召开的"两会"上，从李克强总理的政府工作报告中，我们认知到"少说话、多做事"，从指导思想到实际行动的高度统一。疫情面前，不管是政府、协会，还是行业、企业，或是个人，都表现出积极主动作为的坚定态度。铝门窗幕墙行业在相互鼓励、相互支持的主基调下，伴随着国内疫情的有效控制，各行各业进入防控常态化阶段，企业逐渐渡过了这一难关。

接下来，我们要做到疫情防控和生产经营两手抓、两手硬，分会将与广大会员单位共克时艰、砥砺前行，夺取疫情防控和经济社会发展双胜利。

绿色建材产品认证助推门窗幕墙行业高质量发展

◎ 黄　圻

中国房地产业协会产业协作专业委员会　北京　100037
中国房地产与门窗幕墙产业合作联盟　北京　100037

一、为什么要开展绿色建材产品认证

2021年是第十四个五年的开局之年，党中央制定了国民经济和社会发展第十四个五年规划和2035年远景目标，要坚持和完善生态文明制度体系，促进人与自然和谐共生。"十三五"时期，我国环境污染治理取得显著成效，生态环境保护各项工作取得重要进展，主要目标任务基本完成，也是迄今为止生态环境质量改善成效最大、生态环境保护事业发展最好的五年，人民群众生态环境获得感、幸福感和安全感不断增强，为"十四五"规划的开展奠定了坚实的基础。

新时期建设生态文明社会，面对日益强化的资源环境约束，加快构建资源节约、环境友好、生态文明，保持经济可持续发展能力，推进发展绿色建筑、节能环保和低碳理念，是构建和谐社会的根源。

房地产始终是我国经济发展的重要引擎。我国房地产业投资大，产业链较长，对下游配套产品中的钢材、水泥、门窗幕墙中绿色节能技术的依赖度很大。建筑行业长期处在低产能、高消耗状态，建筑节能设计，集约化生产，使用环保材料，节能节水节电加工，都体现出使用绿色建材产品的重要性。

因此，国家下大力发展绿色建材认证就抓住了绿色建筑的核心，只有搞好绿色建材，才能保障绿色建筑和节能环保的核心发展。

绿色建材又称生态建材、环保建材和健康建材。居民建筑需要舒适健康房屋，有了环保无害的建筑材料、安全有寿命的部品构件这些绿色建筑的基本要素，才能称作合理人居环境和健康住宅。

绿色建材要采用清洁生产技术，减少天然资源和能源的使用，杜绝生产过程中的毒害物质，减少工业或城市固态废物产生，减少排污，无放射性，减少噪声污染，打造一种有利于环境保护和人体健康的建筑材料。

绿色建材产品基本特征：

1. 其生产所用原料尽可能少用天然资源、尽可能大量使用尾渣材料，回收使用垃圾或废弃物材料。

2. 生产过程采用低能耗制造工艺和无污染环境的生产技术。

3. 在产品配制或生产过程中不得使用对人体有害物质，例如甲醛、卤化物溶剂、重金属存留、芳香族碳氢化合物、含有汞及其化合物等，生产过程不得使用有害添加剂。

4. 产品设计要以有利于改善生产环境、提高质量为宗旨。产品功能要满足功能化设计要求，产品应达到设计使用寿命。

5. 产品及其包装可循环回收利用，无污染环境，减少废弃物。

二、国家实施绿色产品认证下了哪些决心

为全面贯彻落实党的十九大精神，进一步推进《生态文明体制改革总体方案》《中共中央 国务院关于开展质量提升行动的指导意见》《中共中央 国务院关于进一步加强城市规划建设管理工作的若干意见》《国务院办公厅关于建立统一的绿色产品标准、认证、标识体系的意见》《国务院办公厅关于促进建材工业稳增长调结构增效益的指导意见》及《绿色建筑行动方案》的落实工作，健全绿色建材市场体系，增加绿色建材产品供给，提升绿色建材产品质量，推动建材工业和建筑业转型升级。

2017 年 12 月 28 日，由国家质检总局、住房城乡建设部、工业和信息化部、国家认监委、国家标准委联合发布了《关于推动绿色建材产品标准、认证、标识工作的指导意见》，简称"指导意见"。

"指导意见"指出，此项工作的总体目标是按照国务院要求，要将现有绿色建材认证或评价制度统一纳入绿色产品标准、认证、标识体系管理。在全国范围内形成统一、科学、完备、有效的绿色建材产品标准、认证、标识体系，实

现一类产品、一个标准、一个清单、一次认证、一个标识的整合目标，建立完善的绿色建材推广和应用机制，全面提升建材工业绿色制造水平。到 2020 年，绿色建材应用比例达到 40％以上。（实际工作开展比原计划有所滞后）

"指导意见"要求，国家质检总局、住房城乡建设部、工业和信息化部、国家认监委、国家标准委要共同成立绿色建材产品标准、认证、标识推进工作组（简称五部门工作组），协调指导全国绿色建材产品标准、认证、标识工作。各地应参照五部门模式成立本地绿色建材产品认证工作组，接受五部门工作组指导，负责本地绿色建材产品认证和推广应用工作，引导本地符合条件的机构申报绿色建材产品认证机构，参与绿色建材产品标准编制，监督管理本地绿色建材产品认证活动，审查、汇总、上报本地绿色建材产品认证结果。

"指导意见"基本原则：

1. 统一协调，共同实施。通过建立有效的协调机制，各有关部门共同推进绿色建材产品标准、认证、标识的采信和推广应用工作。

2. 稳步推进，平稳过渡。积极稳妥地整合现有绿色建材相关评价认证制度，结合实施情况，制定具体措施，确保政策平稳过渡。

3. 强化监督，多元共治。加强绿色建材产品标准、认证、标识诚信体系建设，完善监督机制，形成政府、行业组织、认证机构、生产企业多元共治的良性局面。

"指导意见"强调，要建立统一的产品标准体系。由国家标准委、工业和信息化部、住房城乡建设部构建绿色建材产品标准体系框架，组织研制满足工程建设要求的绿色建材产品评价标准，确定和统一发布绿色建材产品评价标准清单，动态管理绿色建材产品标准。

"指导意见"要求，要推进绿色产品认证，积极稳妥地推动绿色建材评价向统一的绿色产品认证转变。对于纳入统一的标准清单和认证目录的建材产品，符合相关要求的，按照统一的绿色产品认证体系进行绿色产品认证，已获得三星级绿色建材评价标识的建材产品在证书有效期内可换发绿色产品认证证书。

"指导意见"要求，在加强机构能力建设、完善政策措施、积极采信应用、加强监督检查、强化社会共治、加强宣传引导等方面对工作的落实提出意见和建议。

2020 年 8 月 28 日，市场监管总局办公厅、住房城乡建设部办公厅、工业和信息化部办公厅发布了《关于加快推进绿色建材产品认证及生产应用的通知》（市监认证〔2020〕89号）。通知要求：

1. 扩大绿色建材产品认证实施范围

在前期绿色建材评价工作基础上，加快推进绿色建材产品认证工作，将建筑门窗及配件等51种产品（见附件1）纳入绿色建材产品认证实施范围，按照《市场监管总局办公厅 住房城乡建设部办公厅 工业和信息化部办公厅〈关于印发绿色建材产品认证实施方案的通知〉》要求实施分级认证。根据行业发展和认证工作需要，三部门还将适时把其他建材产品纳入实施范围。

2. 绿色建材产品分级认证及业务转换要求

获得批准的认证机构应依据《绿色建材产品分级认证实施通则》（见附件2）制定对应产品认证实施细则，并向认监委备案。获证产品应按照《绿色产品标识使用管理办法》（市场监管总局公告2019年第20号）和《绿色建材评价标识管理办法》（建科〔2014〕75号）要求加施"认证活动二"绿色产品标识，并标注分级结果。

现有绿色建材评价机构自获得绿色建材产品认证资质之日起，应停止受理认证范围内相应产品的绿色建材评价申请。自2021年5月1日起，绿色建材评价机构停止开展全部绿色建材评价业务。

3. 组建绿色建材产品认证技术委员会

组建绿色建材产品认证技术委员会，为绿色建材产品认证工作提供决策咨询和技术支持。第一届技术委员会委员名单附后（见附件3），秘书处设在中国建筑材料工业规划研究院，负责技术委员会日常工作。

4. 培育绿色建材示范企业和示范基地

工业和信息化主管部门建立绿色建材产品名录，培育绿色建材生产示范企业和示范基地。由省级工业和信息化主管部门根据不同地域特点和市场需求，加强与下游用户的衔接，组织项目上报。工业和信息化部组织专家对申报材料进行评审、公示，具体申报时间和要求另行通知。

5. 加快绿色建材推广应用

住房和城乡建设主管部门依托建筑节能与绿色建筑综合信息管理平台搭建绿色建材采信应用数据库，获证企业或认证机构提出入库申请。省级住房和城乡建设主管部门应发挥职能，做好入库建材产品监督管理。省级住房和城乡建设主管部门要结合实际制订绿色建材认证推广应用方案，鼓励在绿色建筑、装配式建筑等工程建设项目中优先采用绿色建材采信应用数据库中的产品。

6. 加强对绿色建材产品认证及生产应用监督管理

三、绿色建材产品认证包含哪些产品和范围

1. 围护结构及混凝土类（8 种）

（1）预制构件

（2）钢结构房屋用钢构件

（3）现代木结构用材

（4）砌体材料

（5）保温系统材料

（6）预拌混凝土

（7）预拌砂浆

（8）混凝土外加剂

2. 门窗幕墙及装饰装修类（16 种）

（1）建筑门窗及配件

（2）建筑幕墙

（3）建筑节能玻璃

（4）建筑遮阳产品

（5）门窗幕墙用型材

（6）钢质户门

（7）金属复合装饰材料

（8）建筑陶瓷

（9）卫生洁具

（10）无机装饰板材

（11）石膏装饰材料

（12）石材

（13）镁质装饰材料

（14）吊顶系统

（15）集成墙面

（16）纸面石膏板

3. 防水密封及建筑涂料类（7 种）

（1）建筑密封胶

（2）防水卷材

（3）防水涂料

（4）墙面涂料

（5）反射隔热涂料

（6）空气净化材料

（7）树脂地坪材料

4. 给排水及水处理设备类（9种）

（1）水嘴

（2）建筑用阀门

（3）塑料管材管件

（4）游泳池循环水处理设备

（5）净水设备

（6）软化设备

（7）油脂分离器

（8）中水处理设备

（9）雨水处理设备

5. 暖通空调及太阳能利用与照明类（8种）

（1）空气源热泵

（2）地源热泵系统

（3）新风净化系统

（4）建筑用蓄能装置

（5）光伏组件

（6）LED 照明产品

（7）采光系统

（8）太阳能光伏发电系统

6. 其他设备类（3种）

（1）设备隔振降噪装置

（2）控制与计量设备

（3）机械式停车设备

四、国家对绿色建材认证产品政策上的倾斜与鼓励

2020 年 10 月 13 日由财政部、住房城乡建设部联合发出了《关于政府采

购支持绿色建材促进建筑品质提升试点工作的通知》（财库〔2020〕31号）（简称"政府采购试点通知"），通知要求，为发挥政府采购政策功能，加快推广绿色建筑和绿色建材应用，促进建筑品质提升和新型建筑工业化发展，根据《中华人民共和国政府采购法》和《中华人民共和国政府采购法实施条例》，现就政府采购支持绿色建材促进建筑品质提升试点工作通知如下：

（一）总体要求

1. 指导思想

"政府采购试点通知"要求，要以习近平新时代中国特色社会主义思想为指导，牢固树立新发展理念，发挥政府采购的示范引领作用，在政府采购工程中积极推广绿色建筑和绿色建材应用，推进建筑业供给侧结构性改革，促进绿色生产和绿色消费，推动经济社会绿色发展。

2. 基本原则

（1）坚持先行先试。选择一批绿色发展基础较好的城市，在政府采购工程中探索支持绿色建筑和绿色建材推广应用的有效模式，形成可复制、可推广的经验。

（2）强化主体责任。压实采购人落实政策的主体责任，通过加强采购需求管理等措施，切实提高绿色建筑和绿色建材在政府采购工程中的比重。

（3）加强统筹协调。加强部门间的沟通协调，明确相关部门职责，强化对政府工程采购、实施和履约验收中的监督管理，引导采购人、工程承包单位、建材企业、相关行业协会及第三方机构积极参与试点工作，形成推进试点的合力。

3. 工作目标

在政府采购工程中推广可循环可利用建材、高强度高耐久建材、绿色部品部件、绿色装饰装修材料、节水节能建材等绿色建材产品，积极应用装配式、智能化等新型建筑工业化建造方式，鼓励建成二星级及以上绿色建筑。到2022年，基本形成绿色建筑和绿色建材政府采购需求标准，政策措施体系和工作机制逐步完善，政府采购工程建筑品质得到提升，绿色消费和绿色发展的理念进一步增强。

（二）试点对象和时间

（1）试点城市为南京市、杭州市、绍兴市、湖州市、青岛市、佛山市。鼓励其他地区按照本通知要求，积极推广绿色建筑和绿色建材应用。

（2）试点项目是医院、学校、办公楼、综合体、展览馆、会展中心、体育馆、保障性住房等新建政府采购工程。鼓励试点地区将使用财政性资金实施的其他新建工程项目纳入试点范围。

（3）试点期限为2年，相关工程项目原则上应于2022年12月底前竣工。对于较大规模的工程项目，可适当延长试点时间。

以上通知说明，政府部门对今后全面实施绿色建材产品认证工作在政策上、财政补贴上都给予了极大的支持力度。

五、全国各地区的政府部门积极响应

自从国务院提倡实施绿色建材产品认证工作以来，各地区的地方政府部门和建筑主管部门都积极响应。

其中：四川省市场监督管理局、四川省住房和城乡建设厅、四川省经济和信息化厅印发《四川省绿色建材产品认证实施方案》的通知（川市监发〔2020〕39号），通知要求，积极推动绿色建材产品认证工作的开展，按照认证资格相关标准和要求，符合申报认证资格的机构和单位积极申报。

湖南省工业和信息化厅发布了《关于组织推荐绿色建材产品认证机构的通知》。

山西省市场监督管理局发布《关于做好全省绿色建材产品认证推广应用工作的通知》。

北京市经济和信息化局发布《关于组织推荐本市绿色建材产品认证机构的通知》，通知要求，按照工业和信息化部《关于组织推荐绿色建材产品认证机构的通知》要求，现开展本市认证机构组织推荐工作。而北京市的试点内容更加具体、更加实用，其具体内容：

1. 形成绿色建筑和绿色建材政府采购需求标准。结合国家有关标准、行业标准等绿色建材产品标准，制订发布绿色建筑和绿色建材政府采购基本要求。

2. 要积极推动工程造价改革，完善工程概预算编制办法，充分发挥市场定价作用，将政府采购绿色建筑和绿色建材增量成本纳入工程造价。

3. 落实绿色建材采购要求，绿色建材供应商在供货时应当提供包含相关指标的第三方检测或认证机构出具的检测报告、认证证书等证明性文件。鼓励采购人采购获得绿色建材评价标识、认证或者获得环境标志产品认证的绿色建材产品。

4. 探索开展绿色建材批量集中采购。试点地区财政部门可以选择部分通用类绿色建材探索实施批量集中采购。

5. 加强对绿色采购政策执行的监督检查。

6. 加强宣传引导。加强政府采购支持绿色建筑和绿色建材推广政策解读和舆论引导。

六、房地产行业绿色建筑、绿色建材的主体

在生态文明建设被提升到新高度的新时期，建筑房地产行业节能减排和绿色发展已经到了刻不容缓的时期。而房地产实施绿色建筑评价，开展绿色建筑和绿色生态城区规划，发展绿色生态示范小区，倡导全面使用绿色建材及环保节能建材产品，一直是房地产行业的发展主流，也是房地产100强企业的一贯做法。

早在2006年，建设部便颁布了《绿色建筑评价标准》，鼓励和倡导发展绿色建筑，并且给予优厚的政策支持和财政补贴。

2012年，财政部和住房城乡建设部联合出台《关于加快推动我国绿色建筑发展的实施意见》，明确对星级绿色建筑实施有区别的财政支持政策，星级越高，补贴越多：二星级绿色建筑每平方米建筑面积可获得财政奖励45元；三星级绿色建筑每平方米奖励80元；绿色生态城区给予资金定额补助5000万元。

2013年，住房城乡建设部制订的《"十二五"绿色建筑和绿色生态城区发展规划》（以下简称《规划》）公布。《规划》明确了发展目标、指导思想、发展战略、实施路径以及重点任务，并提出了一系列保障措施。按照《规划》提出的具体目标，"十二五"时期将选择100个城市新建区域（规划新区、经济技术开发区、高新技术产业开发区、生态工业示范园区等）按照绿色生态城区标准规划、建设和运行。

2014年发布的《国家新型城镇化规划（2014—2020年）》又强调，城镇绿色建筑占新建建筑的比重，要从2012年的2%提升到2020年的50%，近些年主流房地产通过绿色建筑评价的企业和项目越来越多。

2015年，住房城乡建设部颁布经过修订的《绿色建筑评价标准》（GB/T 50378—2014），从节地与室外环境、节能与能源利用、节水与水资源利用、节材与材料资源利用、室内环境质量和运营管理六大指标对建筑项目进行

评价。

2016 年,《政府工作报告》明确提出,积极推广绿色建筑和建材,大力发展钢结构和装配式建筑,提高建筑工程标准和质量,加大建筑节能改造力度。

根据《2020 中国绿色地产指数 TOP30 报告》,2019 年共有 1018 个项目获得绿色建筑二星级认证,认证面积约为 1.3 亿 m²,与上年相比大幅增长 33%。其中,获得绿色建筑二星级运行标识的项目共有 149 个,同比增长 91%;认证总建筑面积 1673.01 万 m²,同比增长 109%。2019 年获得绿色建筑三星级认证项目共有 141 个,同比略微下降。获得绿色建筑三星级运行标识的项目有 34 个,认证面积约为 330 万 m²,绿色地产发展优势突出。

2020 年召开的第 11 届中国人居环境高峰论坛上,中国房地产业协会会长冯俊表示,提高住宅健康性能与建筑能效水平,推进社区人居环境建设和整治,推动形成绿色生产和绿色生活方式,不断满足人民群众对美好环境与幸福生活的向往。

冯俊指出,过去的 20 年来房地产高速发展,资源的消耗量巨大,对生态环境造成的压力也巨大,以这样的模式继续发展难以为继。随着住房供需矛盾的逐步缓和,亟需减少资源浪费,增强投资有效性,提高发展质量,增强持续发展的能力核心。

他说:在新材料、新技术研发和应用中,房地产业是一个潜力巨大、前景广阔的行业,涉及国内大循环为主题的经济发展格局。从需求端来带动高质量发展,对房地产业来说在传统行业中注入科学技术进步的新动能,使之在新的基础上获得新的发展,从而为经济社会的发展做出新的贡献。

冯俊还指出,人民群众对居住生活的需要发生了变化,尤其是新冠肺炎疫情向我们提出了一个严肃的问题:房地产的绿色发展不仅仅是绿色建筑、小区绿化和健康服务,绿色出行、健康人居也是重要组成部分。绿色发展最重要的任务是生存方式的变革,根据产品、服务等市场需求,改变社区功能和服务模式。房地产绿色发展是一个系统工程,需要全面统筹的推进。

房地产商要打造建筑绿色供应链,房企要竖立绿色建筑全产业链主体概念,《绿色建筑评价标准》(GB/T 50378)从建筑产品的全生命周期角度评估房地产企业绿色化程度及可持续发展能力,评价现实:在经济效益、环境效益、能源效益三个方面的综合成果。评价指标也是围绕着基本素质(经营年限、经营规模)、经营管理(制度建设、财务状况)、绿色建设能力(绿色建筑认证)、绿色供应链管理(绿色采购、绿色供应商评估)、环境影响(信息公开、社会责任）、资源节约（节能措施、节能产品）及碳排放等七个方面进行。

七、建筑门窗及配件、建筑幕墙产品绿色建材产品认证已经开始

2020 年，绿色建材产品认证工作已经全面展开，由中国建筑科学研究有限公司认证中心、中国房地产业协会产业协作专业委员会、中国建筑金属结构协会铝门窗幕墙分会、中国建筑科学研究院有限公司建筑工程检测中心等四家单位联合发出的《关于绿色建材产品认证（建筑门窗及配件、建筑幕墙等相关产品）报名的通知》（建材认证联字〔2020〕第 002 号），开启了绿色建材产品对于"建筑门窗及配件、建筑幕墙、门窗幕墙用型材、建筑密封胶、建筑节能玻璃"等产品的认证报名工作。

通知要求，根据市场监管总局办公厅、住房城乡建设部办公厅、工业和信息化部办公厅《关于加快推进绿色建材产品认证及生产应用的通知》（市监认证〔2020〕89 号）要求，在前期绿色建材评价工作基础上，三部联合加快推进绿色建材产品认证工作，将建筑门窗及配件等 51 种产品纳入绿色建材产品认证实施范围，并实施分级认证。

中国建筑科学研究院有限公司是国家绿色建材产品认证工作的主要技术支撑单位，此次联合中国房地产业协会产业协作专业委员会、中国建筑金属结构协会铝门窗幕墙分会、中国建筑科学研究院有限公司建筑工程检测中心共同推进实施建筑门窗及配件、建筑幕墙、建筑密封胶、建筑门窗型材等类型产品的具体认证工作。

全面启动绿色建材产品认证（建筑门窗及配件、建筑幕墙及相关产品）报名工作，相关事宜通知如下：

1. 可受理预申报的绿色建材产品范围包括：建筑门窗及配件、建筑幕墙、门窗幕墙用型材、建筑密封胶、建筑节能玻璃。

2. 产品实施认证的技术依据为《绿色建材评价系列标准》，包括：《绿色建材评价 建筑门窗及配件》（T/CECS 10026—2019）；《绿色建材评价 建筑幕墙》（T/CECS 10027—2019）；《绿色建材评价 建筑密封胶》（T/CECS 10029—2019）；《绿色建材评价 门窗幕墙用型材》（T/CECS 10041—2019）；《绿色建材评价 建筑节能玻璃》（T/CECS 10034—2019）。

3. 绿色建材产品认证实施分级认证，由低到高分为一星级、二星级和三

星级。企业根据提出预申报的产品情况，对照标准要求，填写《绿色建材产品认证申报简表》。

4. 绿色建材产品认证基本流程包括：认证申请与受理；初始工厂检查；产品检验；认证结果评价与批准；获证后监督。通常情况下，正式受理认证程序后认证周期不超过 3 个月。

2021 年是我国实施"十四五"规划的开局之年，也是全国实现现代化建设进程中具有关键作用的一年。各行各业不断取得进步，在稳步发展经济建设前提下，注重环境保护，降低能源消耗，大力发展绿色环保建材产品，是我国建筑领域企业转型、升级的发展趋势，也是新时期对建筑企业的必然要求。让我们从绿色做起，把地球、把我们美丽的祖国、把我们的家园保护得更美好。

数字化平台助力既有建筑幕墙安全发展

◎ 辛世杰[1]   窦铁波[2]   杜继予[3]   何　留[1]

1. 深圳市智汇幕墙科技有限公司　广东深圳　518000
2. 深圳市新山幕墙技术咨询有限公司　广东深圳　518057
3. 深圳市建筑门窗幕墙学会　广东深圳　518031

摘　要　既有建筑幕墙是否安全正常运作，事关人员性命这一重大问题，对社会公共安全有着极大的影响。本文针对我国既有建筑幕墙开展安全检查过程中存在的问题，提出了应用数字化管理平台来规范化既有建筑幕墙的安全检查维修，确保全程可视化管理，同时做到可知、可控、可查、可预测。文章介绍了数字化管理平台的成立背景、建设理念、运行流程、社会效益等内容，为采用现代化的管理方法来实现既有建筑幕墙安全管理规范化开辟新的科学途径。

关键词　数字化；可视化；幕墙安全；AI识别；大数据分析

1　社会背景

目前我国建筑幕墙总面积已超过 15 亿 m^2，其中大部分幕墙经过了自建成以来多年的风雨侵袭，已经开始面临不同程度的问题，包括既有早期技术、施工管理落后导致的"先天不足"，也有因材料固有特性造成的"性能退化"，加之幕墙结构的特殊性和技术含量高等因素，往往成为建筑日常维护管理中的盲区，幕墙存在的安全问题长期得不到正确处理。

根据《建筑结构可靠性设计统一标准》（GB 50068—2018），建筑幕墙设计使用年限为 25 年，我国 20 世纪八九十年代建设的建筑幕墙，已有相当一部分已达到或超过了建筑设计的使用年限。这在近年来建筑幕墙和门窗不断出现的玻璃破裂、开启扇坠落、密封材料脱落和支承构件锈蚀松动等安全事故的发生中得以证实。开展既有建筑幕墙的安全检查和维护维修，确保既有建筑幕墙的安全使用，为广大人民群众的生命和财产安全提供有力的保障，具有重大的社会效应和意义。

2　行业现状

自 2015 年起，各地政府开始逐渐关注既有幕墙的安全问题，并逐步建立技术规范及相关法令，希望通过政策层面管起来（图 1）。行业协会层面，也不断呼吁重视对超过质保期的建筑幕墙进行定期检测及维保，并出台了行业的规范来指导相关工作的开展。

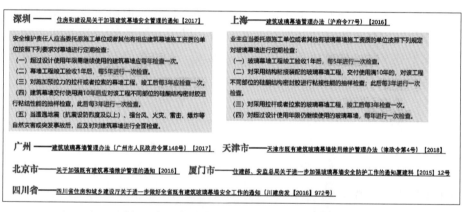

图 1　各地方政府关于幕墙安全问题的政策

我们从行业内部的眼光来看，真正要把既有建筑幕墙检测和维保落实到位，还有诸多实际需要面临的问题：

（1）幕墙构造复杂，难以准确定位问题所在。当代建筑为了实现建筑师的视觉效果，幕墙的构造可以说是千奇百怪，如深圳机场的"飞鱼"、深圳湾体育中心的"春茧"、深圳市城市规划馆及当代艺术馆的不对称造型。在如此复杂的结构面上，靠口头的描述和图示指引，很难准确定位问题所在位置，在供需双方（检测、维护方与业主、物业等需求方）沟通时不可避免地存在大量壁垒。

（2）隐蔽工程多，难以有效验收。由于幕墙的外向结构特性，室内部分是很少出现损坏的，导致问题检测和维修基本都在室外，加之结构工程师考虑到幕墙的装饰效果，功能性的构件均设置在不可见位置；当幕墙进行检测或维修时，大部分靠着高空作业工人的经验及职业操守来保证工作的有效性，很难进行可视化的及时验收，往往在下一次问题出现时才能"验收"上一次检修的有效性，增加了"扯皮"的可能性，这对供需双方建立互信是一个巨大考验。

（3）报告专业性强，缺乏解读简化。由于目前既有幕墙检测的报告形式上是工程建设阶段的检测报告的延续，报告中大量专业化的表达是难以被非专业人员理解的，而出具报告的实验室仅仅对样品本身负责，并不会对幕墙本身做过多的针对性的分析解读，造成了供需方双的隔阂，这也是造成社会上对幕墙检测不够关注和理解的原因。

（4）数据繁多复杂，缺乏梳理沉淀。幕墙的维修保养是一个长期的过程，多年下来必定有大量施工图纸及问题修复记录，但由于没有专业化地对这些数据做有机的整理和沉淀，大量数据随着人员的流动遗失或者缺漏的情况十分普遍，导致缺乏历史数据的参考，也给检测及维修工作造成了一定障碍。

（5）行业处于萌芽期，亟待专业化、规范化的公司及平台。由于大型幕墙公司的主要精力是新建的工程项目，无暇顾及业务分散、客单价低且管理成本极高的既有幕墙维保业务；甚至就算是工程质保期内，大部分的幕墙维保工作也是长期滞后或者干脆放弃，这一点广大物业公司深有体会。现存市场上承接既有幕墙维保业务的幕墙公司以挂靠的"游击队"为主，缺乏专业人员及设备，更缺乏对幕墙结构的深入了解，在检修过程中可能对幕墙造成次生伤害；而需求方大部分情况下也只能在网上临时性地寻找队伍，缺乏专业化、标准化且公开透明的幕墙检修平台。

3 平台成立背景

深圳市于2016年初正式启动既有幕墙的安全检查工作，首先对20年以上的既有建筑幕墙进行安全状况普查，并在此基础上于2017年制定并实施了《深圳市既有建筑幕墙安全检查技术标准》（SJG 43—2017），全面开始了既有建筑幕墙的安全检查工作。同时，深圳市人民政府在2019年颁布了《深圳市房屋安全管理办法》的政府令和《深圳市既有建筑幕墙安全维护和管理办法》等法律文件,为深圳市既有建筑幕墙安全检查提供了有法可依的执行基础(图2)。在制定相关的法律法规和技术标准的过程中,我们依托深圳市建筑门窗幕墙学会及其专家队伍和深圳市智汇幕墙科技有限公司的技术力量,创建了"幕墙云"既有建筑幕墙数字化管理平台,为既有建筑幕墙安全检查的实施和规范化操作提供了可靠的保障。

图2 深圳市关于幕墙安全的法律法规和技术标准

4 平台建设理念

习总书记在深圳经济特区成立40周年庆典时指出,要树立全生命周期管理意识,加快城市治理体系和治理能力现代化,努力走出一条符合超大型城市特点和规律的治理新路子。无论是政府还是行业协会层面,都在不断呼吁重视对超过质保期的建筑幕墙进行定期检测及维保,同时政策层面也在不断加码,但从行业内部的实际状况分析,真正要把建筑幕墙检测和维保落实到位,还有诸多实际需要面临和解决的问题,如幕墙构造复杂,难以准确定位问题所在;隐蔽工程多,难以有效验收;报告专业性强,缺乏解读简化;数据繁多复杂,缺乏梳理沉淀;行业处于萌芽期,亟待专业化、规范化的公司及平台等。

面对如此错综复杂的问题,我们深知仅凭借任何一方力量都难以快速改变现状,为此引入了监管部门、街道社区管理单位、业主单位、物业单位、施工单位、检测单位等相关机构,在同一平台上管理操作,加强基层治理,组织多方力量打造"共建共治共享"的社会治理模式(图3)。

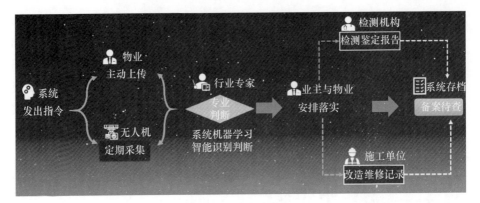

图 3　共建共治共享

5　平台运行程序

5.1　幕墙安全检查

　　日益增多的高空坠物报告，时刻在提醒我们既有建筑幕墙安全检查、评估和维护管理是一个十分严峻和紧迫的系统性工程问题，检查、维修、安全保障措施、财产保险等缺一不可。

　　"幕墙云"既有建筑幕墙管理平台依据《深圳市既有建筑幕墙安全检查技术标准》(SJG 43—2017)、《深圳市房屋安全管理办法》、深圳市建筑门窗幕墙学会制定的《深圳市既有幕墙安全检查操作指南》等规定，按照法律法规规定需要检查的时间及内容、建筑幕墙材料使用寿命、台风暴雨等灾害情况，同时结合监管部门的实时要求，通过既有建筑幕墙管理平台发送建筑幕墙安全检查的通知（图 4）。

图 4　安全检查通知

5.2 幕墙检查指引

检查通知发出→无人机建模立项→根据行业专家对各幕墙结构常见问题的分析结合大数据分析，自动在项目模型上生成需例行检查点位→物业/业主单位按照指引上传检查内容→AI图像识别筛选出疑似问题照片→专家专业性判断并指导下一步操作建议→专业检查/维修→备案。

5.3 物业例行安全检查

物业管理人员在手机端进入平台，在"我的项目"内可以看到系统生成的点位，按照平台要求进行例行安全检查并上传对应图片即可（图5）。

❶ 公众号信息　　❷ 选择上传项目　　❸ 依据操作指引拍照　　❹ 上传图片或视频并提交

图5　物业例行安全检查

为了使幕墙检查的每个细节被准确无误地记录，针对不同高度的幕墙检查部位，推荐使用不同设备取得相应的影像记录资料。"幕墙云"在模型更新过程中会对楼宇进行结构光扫描，同时识别安全隐患，并将该部分信息开放，供物业单位、住建部门等单位管理使用（图6）。

图6　幕墙云

5.4　专业性判断

物业完成上传照片后，系统首先通过预设好的规则进行图像识别，将疑似问题照片筛选出来交由专家团队进行专业性判断，并给出后一步操作建议，如进一步专业检查、维修整改、无问题直接备案等（图7）。

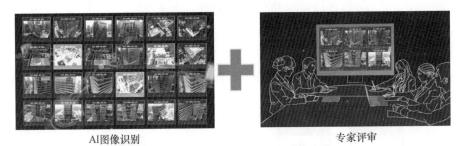

AI图像识别　　　　　　　　　　　　专家评审

图 7　专业性判断

5.5　定期检查/专项检查/整改维修

疑似问题照片经专家团队评审后给出合理化建议供物业参考，相关责任单位或人员在三维实景模型直接报检保修，一步到位地解决了建筑外立面的问题定位难题。

施工单位根据问题照片及合理化建议制订施工方案、施工计划并上传，与相关方同步，并在施工作业过程中实时传输作业照片或视频，作业完成的记录、相关报告等，让原本高空作业监管难的问题变得可视、可控、可查（图8）。

图 8　全过程可视、可控、可查

5.6　供应商库

针对幕墙作业缺少专业公司、专业人员及设备问题，为确保进行幕墙检查维修的单位或机构无论从资质或能力上都能按规范要求进行该项工作，行业学会依据政府的法令筛选出一部分优质的具备幕墙设计、施工或检测资质的企业制作成名录。名录中单位或机构的相关资质、建造师证件、工程师证件与高空作业人员持证情况需经过复核，且通过社保清单的关联性确认为不存在挂靠情况的合规企业。同时不断筛选优质的企业入库，并对名录内企业进行持续监督及考评，优胜劣汰，以确保库内企业的专业性与服务质量（图9）。

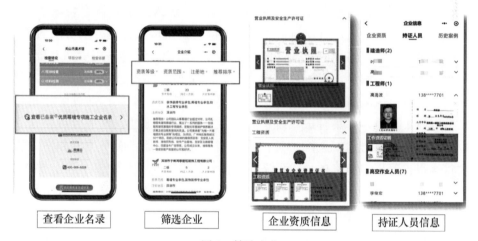

|查看企业名录|筛选企业|企业资质信息|持证人员信息|

图9　筛选企业

6　平台底层架构

本项目研发的是以建筑幕墙业务为切入点的城市建筑群幕墙风控系统平台。针对既有建筑幕墙的现状与传统管理存在的问题与痛点，依托物联网 IoT＋BIM＋GIS＋CIM 核心技术，搭载智能手机、平板电脑、办公电脑信息工具，将建筑幕墙的管、控、预警作为落脚点，创建一个可视、可控、可预警的多角色协同的城市建筑群幕墙风控综合服务管理平台。CIM 是指城市信息模型（City Information Modeling），也指城市智慧模型（City Intelligent Model）。数字孪生指利用模型、传感器更新、运行历史等数据，集成多学科多概率的仿真过程，在虚拟空间中完成映射，从而展现实体城市建筑等实物全生命周期过程。本项目利用无人机搭载多视角结构光镜头进行倾斜拍摄，通过无人机技术、图像 AI 处理、三维点云及物联网相结合，在云端创建一套与真实世界 1∶1 高精确度、高还原的虚拟真实城市三维场景。创建的场景不仅包含了单栋楼宇、街道、行政区的全景 OBJ 模型与 3D 轻量化 BIM 模型，还创新融合了模型的 GIS 地理信息系统、经纬度信息和相机视角坐标系等信息，最终形成孪生数字城市 CIM 系统平台。该系统平台的 CIM 就像是全生态网络可视化大数据管理的数字底板，具备"平台化"和"生态圈"格局，为平台系统的可扩展性和对外赋能接入接出的延展性做好坚固充足的长远准备。

此外，本项目在建筑群幕墙风险管控这一切入点上，恪守切入透彻，力求入木三分。首先，研发的系统平台支持建筑幕墙具体构件的分类查看、标记风险状态，并将标记的风险状态集成至模型中，留存为历史档案资料。除建筑幕墙具体构件可标记风险状态外，整个模型亦可进行问题隐患部位标记风险点、风险区域，且同样会留存存档。其次，本项目铺设了建筑信息数据收集渠道，并集合成系统平台的主要功能。通过系统平台可快速获取建筑的房屋编号、安全维护责任人、楼层楼高、幕墙面积类型和房屋历次排查报告等档案类信息。即系统平台将建筑全生命周期，如立项、施工、竣工、投入使用及后续维护管理，直至拆除或者重建等相关信息数字化集成其中。最后，系统平台聚焦在建筑幕墙有使用年限而又存量巨大这一特性上。通过对既有建筑幕墙的存量、现状和传统管理中存在问题的深入探究与思考，结合当下人们对城市安全愈加重视的社会背景，系统平台针对建筑幕墙风险防控体系搭建了幕墙的例行安全检查、定期安全检查、专项安全检查和材料使用年限的功能模块，同时还开设有物联网传感器相关的核心预警防控板块。

从对建筑幕墙全生命周期的管理流程、管理手段与管理模式的设计与思考；到与物联网电子传感器的全方位融合；再到系统平台在技术选型决定采用 CIM 这一具备生态圈格局的可视化管理数字底板，通过 BIM、三维 GIS、大数据、云计算、物联网（IoT）、智能化先进数据技术，同步创建一个强大的城市建筑群幕墙风控智慧化平台。力求通过创新的思维、创新的技术、创新的模式实现城市从规划、建设到幕墙风控管理的全过程、数字化、在线化和智能化，保障建筑安全、保障城市安全，重塑城市新基建（图 10）。

图 10　深圳市福田区既有建筑幕墙智慧管理平台信息显示

7　平台社会效益

　　本项目研发的城市建筑群幕墙风控系统平台的核心运营模式是搭建多方参与、隐患预警、协作管理、记录跟踪、归档备案的闭环生态圈。针对生态圈里的不同客户群体，该系统平台赋予的效益不同，所扮演的角色也不相同。对于政府监管方而言，该平台系统是一个行政管理 CIM&GIS 平台，基于 CIM 的可视化管理数字底板，政府监管方可在平台上进行智能高效的统筹管理和规划建设；对于业主/物业这一需求方，该平台系统则是楼宇数字化管理的有力工具，特别是依托系统平台的 BIM、GIS 技术和物联网（IoT）电子感应器融合，大大提高物业在楼宇管理的效率，省时简单，从容应对各种突发暴雨台风天气和种类繁多的幕墙安全隐患进行检查；而针对检查检测和维修这一供给方，系统平台则更多是扮演着规范化作业的角色，检查检测单位和维修机构提供相关资料备案入库，按照规范制定好的标准作业，杜绝违规作业、违章作业、违法作业以及挂靠等，为客户提供更好的服务（图 11）。

　　该项目系统平台通过结合物联网技术中的电子标签（RFID），实现对城市建筑的开启窗等建筑隐患点进行实时状态的监控，尤其在暴雨台风天气前，以及对以往风险较大的区域，进行灾情预防和分析研究，获取实际的灾情情况及相关灾情规律，解决极端气候条件下，建筑幕墙门窗扇掉落的安全管理问题与责任问题。项目后期也将逐步通过融合各类物联网（IoT）传感器，应用于城市建筑管理的各个方面，如结构变形、风压过大、气密水密失衡等的监控及预警。切实通过 CIM＋GIS 技术及后期结合 5G＋物联网的信息渠道，将该平台打造成万物互联的现实管理场景，方便城市幕墙管理者快速精准定位问题点，降低潜在隐患的风险，实现"高效率、高保真、高科技"智慧化管理。

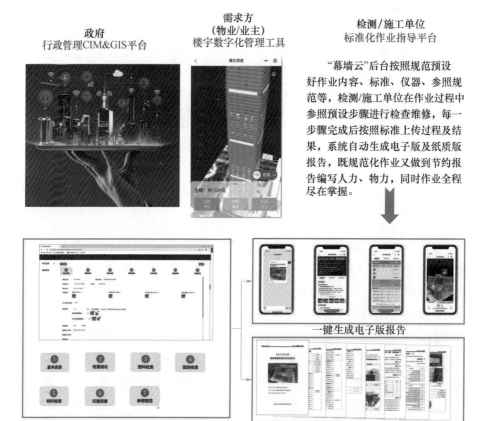

图 11　城市建筑群幕墙风控系统平台

本研发平台也集合了政府针对城市既有建筑幕墙的相关政策与规范，帮助幕墙管理者进行政策规范的梳理与解读，通过管理办法、管理规范与平台系统管控预警功能的结合，可将相关的规范与要求直接运用并下发传递执行，极大地为城市建筑幕墙管理者及政府监管方进行城市安全预警防控工作提供了充分的支持。

8　平台在深圳落地情况

　　平台在深圳市福田区先行先试，目前已将福田区 1039 栋楼既有幕墙纳入重点监管。深圳市其他区自 2020 年 4 月开始，由深圳市住建局牵头，陆续与各区进行对接，预计 2020 年底各区系统搭建连同落地全部完成（图 12）。

图 12　平台在深圳各区搭建并落地

　　福田区自 2019 年 11 月开始已通过平台督促辖区内楼宇进行了两次例行安全检查，共计检查楼宇 1039 栋，检查点位 25975 个，发现并提醒物业处理幕墙风险问题 3117 处，社会价值与现实价值明显（图 13）。

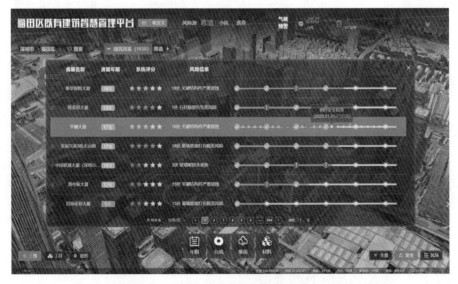

图 13　深圳市福田区既有建筑幕墙智慧管理平台风险信息提示

9 平台在智慧建筑领域的未来发展

9.1 CIM 与孪生数字城市

本项目系统平台采用 CIM 与数字孪生城市的技术思路，CIM 是数字孪生城市的基础核心，本项目利用 CIM 的可扩展性，可以接入人口、房屋、住户水电燃气信息，安防警务数据，交通信息，旅游资源信息，公共医疗等诸多城市公共系统的信息资源，实现跨系统应用集成、跨部门信息共享，支撑数字孪生城市的决策分析。通过数字孪生城市的技术，在虚拟空间再造城市的一个拷贝，作为现实城市的镜像、映射、仿真与辅助，为智慧城市规划、建设、风险预警防控运行管理提供统一基础支撑。本项目基于多源数据整合所有基础空间数据和地下空间数据等城市规划相关信息资源，形成数据完备、结构合理、规范高效的数据统一服务体系，并利用城市实体中各种物联网传感器和智能终端实时获取的数据，基于 CIM 模型，对城市建筑群幕墙状况进行实时监测和可视化综合呈现，实现对设备的预测性维护、基于模拟仿真的决策推演以及综合防灾的快速响应和应急处理能力，特别是在城市建筑群幕墙风控中提供重要数据分析与辅助决策，使城市建筑群幕墙风控管理更安全和高效（图 14）。

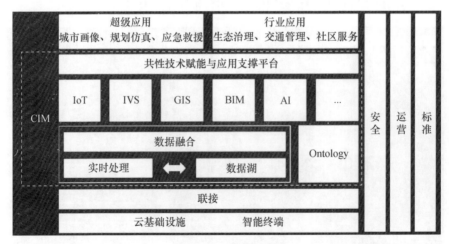

图 14　CIM 架构示意

9.2 5G 及大数据分析预警

5G 网络的成熟将催化大量安全警报器、传感器和摄像头的部署，使得实

时、高质量的视频传输成为可能。本研发项目也将试点结合 5G 及大数据分析
预警技术，为增强远程监控并更好地评估建筑幕墙现场和既有建筑幕墙的状
况提供技术支持。同时基于 AI 的系统也将会自动分析幕墙材料随着时间推移
的材质与形状的变化，实时监测情况。此外，通过分析建筑幕墙历史数据，
基于 AI 的平台对既有建筑幕墙管控进行提前预警，以帮助幕墙管理者优化对
更多楼宇沉淀的数据资源的使用（图 15）。

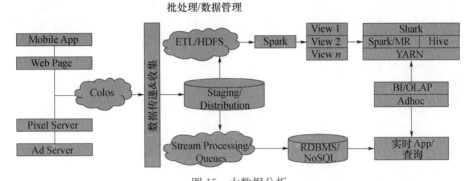

图 15　大数据分析

9.3　城市建筑群（BIM＋GIS）模型

本研发平台使用的 BIM 技术是用来整合管理建筑物本身所有阶段信息，
GIS 是整合及管理建筑外部环境信息。本研发项目通过以无人机倾斜摄影测
量、地面近景摄影测量系统获取的数据作为实景三维建模的基础数据，使用
BIM 和 GIS 技术相融合，快速构建海量直观可查建筑模型。其中涉及的技术
领域包括：倾斜摄影测量、三维建模、地形建模、点云处理、图像处理等
（图 16）。

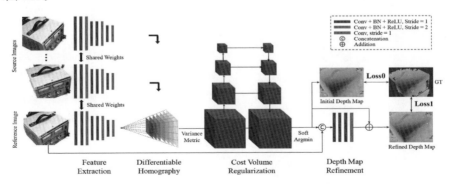

图 16　机载倾斜摄影数据与近景摄影数据联合处理技术流程

9.4 城市建筑安全全寿命周期保险保障

既有建筑全寿命周期的检测和维护保养是一个充满风险的过程，实施既有建筑保险是转移风险的一个重要措施。但是我国建筑工程保险的理论研究十分滞后，保险实践困难重重，研究既有建筑工程保险机制，具有开创性的现实意义。目前无论对业主还是对保险公司来说，最难的是确定具体保费金额，无法拿出一个合理的计算标准使双方都完全认可。通过本项目系统平台可以做到全寿命周期监管，了解建筑过往及现在的健康状况，并通过城市规模级大数据分析预测未来可能会发生的问题，为既有建筑保险的设置提供了强有力的参考依据（图 17）。

图 17

浅析商业地产中幕墙项目的设计管理

◎ 郑 平

龙湖集团商业研发中心　北京　100029

摘　要　长期以来，幕墙专业设计管理成为很多房地产开发企业的盲区，虽然房地产开发企业设计逐渐意识到这个问题，开始配备专业的幕墙设计经理，但更多依靠的是幕墙专业人员自身的素质，未能形成跨职能的幕墙专业管理的体系化文件并在全集团统一执行。本文以自身多年的幕墙顾问和房地产开发企业幕墙管理经验，从幕墙设计管理流程主要阶段解构房地产开发企业幕墙专业设计管理要点。

关键词　幕墙顾问；幕墙方案；招标图；设计封样；幕墙招标；施工封样；施工配合

1　引言

随着房地产开发企业专业管理的细化，越来越多的开发企业配置专业的幕墙管理人员。但为什么成效不大？因为很多房地产开发企业只是简单地堆积人员，没有形成幕墙专业的组织架构和管理体系，各自单打独斗，没有发挥出团队的作用。此外，很多幕墙专业管理人员从幕墙施工企业直接加入房地产开发企业，工作方法依然停留在施工单位的阶段，缺少房地产开发企业的管理视角，幕墙专业管理人员增加但幕墙专业管理未见改善，依然停留在"救火"，品质管理更无从谈起。幕墙专业管理涵盖设计、招标和施工三个阶段，分别对应设计管理部、成本管理部和工程管理部，打破职能壁垒形成跨职能的幕墙管理体系显得尤其重要。

2 设计阶段管理

2.1 顾问选择

幕墙顾问是指为业主提供建筑外装饰系统技术解决方案，包括建筑外立面（含采光顶）系统构造方案、幕墙系统对比说明、外立面系统整合、外立面装饰材料选型建议，并为客户制订幕墙工程技术参数、标准，审查幕墙专业分包商的工程施工图纸和结构计算书，协助监督及控制幕墙产品加工和安装质量等工作。

幕墙顾问最早由境外建筑师和香港地产开发商带入内地地标商业项目，如奥雅纳、迈进等，随着国内商业地产的蓬勃发展，国内顾问如雨后春笋般快速增加，目前国内幕墙顾问市场主要分为几大类：

（1）外资顾问：奥雅纳、迈进、标赫、阿尔法、CDC 等；

（2）国内综合设计院下属幕墙所：中建西南院幕墙所、广东省院幕墙所、华东院幕墙所、浙江省院幕墙所、深圳总院幕墙所等；

（3）具备甲级设计资质的国内幕墙咨询公司：深圳新山幕墙、厦门锐建、沈阳正祥；

（4）具备甲级设计资质的国内幕墙施工单位设计院：浙江中南、武汉凌云、中建深装、深圳科源、深圳三鑫等；

（5）其他国内幕墙咨询公司：如英海特、上海 EFC、南京弗思特、北京标高、上海安岩、深圳中筑。

幕墙顾问水平良莠不齐，房地产开发企业幕墙设计管理人员如果缺乏对顾问的了解，选择不慎往往会给项目带来致命的危害。作为甲方的幕墙设计管理人员，在选择幕墙顾问时应注意以下几点：

（1）项目建筑师：项目建筑师如果是境外建筑师，如 SOM、KPF，也就说明项目整体定位比较高。如何保证建筑方案落地，与建筑师在设计过程中的沟通尤为重要。这时候就应该选择外资顾问，且保证项目经理具备流利的英文沟通能力，同时也就杜绝了假外资顾问浑水摸鱼的可行性。外资顾问有一套完整的幕墙服务流程，尤其是方案阶段的沟通能力、施工阶段的监管，是对房地产开发企业幕墙专项管理的一个良好补充，但确定顾问不是万事大吉，还要固化顾问的服务团队。

（2）项目难度：超高层、大跨钢结构、异性双曲幕墙对顾问能力要求较高。此类项目应选择具备与所需服务项目相近规模的同类型项目设计经验的幕墙顾问，房地产开发企业幕墙设计管理人员需要面试具有类似工程项目设计经验的团队且对团队成员，以往项目的三维模型、计算模型和图纸进行评估，以达到与项目所需要的能力匹配。在以往项目中，我曾经碰到个一个自称异形能力很强的假外资顾问，但当时合同已签订，首期款项已支付，所以未及时更换，但后期这家顾问未出一张三维图纸，只是简单地拿建筑师的图纸套了一个图框，最终给项目造成了不可挽回的损失，这家顾问也随即被永久拉黑。

（3）图纸深度要求：各家房地产开发企业对招标图纸的深度要求不尽相同，有的要求仅仅建筑扩初图纸的深度，保证建筑效果落地，有的要求到施工图深度的招标图，还有的要求直接到施工图。若开发企业要求出到施工图，则应选择具备幕墙设计甲级资质的幕墙顾问或外资顾问（扩初）＋幕墙设计甲级资质（施工图）幕墙顾问的联合体。

（4）价格：项目分级管理，对应设计限额选择匹配的幕墙顾问。

（5）幕墙顾问应保持积极主动沟通，及时反馈意见，并按时、高效地完成工作内容。选择顾问时，不宜选择同期工作量较饱和的顾问公司，同时，应在合同内约定顾问提供服务的时间要求。

（6）成本控制意识：幕墙顾问应具有强烈的成本控制意识，掌握幕墙系统的成本构成及成本优化措施。

（7）后期管控能力：选择幕墙顾问时应明确深化设计阶段及工程施工服务阶段顾问的管控标准。

建筑概念方案通过后，幕墙专业管理人员应根据项目定位、项目难度和设计深度要求，编制幕墙设计任务书和设计进度计划，通过邀请招标确定顾问单位并锁定顾问服务团队。顾问应积极参与建筑方案、扩初阶段设计，从安全、成本、可实施、耐久、易维护等维度提供幕墙专业意见，确保在成本限额范围内保证建筑效果落地。一个好的幕墙顾问能给房地产开发企业的幕墙管理提供助力，更是房地产开发企业人手短缺的一个很好补充。

2.2　幕墙可行性分析及成本配合

房地产开发企业幕墙设计管理人员需配合建筑师、成本管理部在建筑方案、扩初设计阶段对立面设计进行成本评估并给出专业意见，控制幕墙整体成本。

房地产开发企业幕墙设计管理人员组织幕墙顾问参与建筑方案、扩初各阶段成果审核，并从幕墙的可实施性、耐久性、成本等方面完成建筑立面方案的可行性评估，并给出专业的意见。幕墙顾问严格按照建造标准、项目分档，对建筑各阶段图纸进行幕墙展开面积（投影面积）计算，并根据投影面积、项目分档、立面限额指标确定项目成本目标。

各家房地产开发企业成本控制口径不同，有的按展开面积、有的按投影面积。为更好地指导幕墙顾问开展工作，房地产开发企业幕墙专业管理人员需与成本管理部横向拉通，明确外立面投影面积的计算规则，保证集团内部成本控制口径的统一。为便于幕墙面积内部核对，幕墙面积计算需要求幕墙顾问注明幕墙所在位置、层数、轴线、长度、高度等，以 Excel 格式提交。

2.3 幕墙方案设计

在建筑扩初 50％评审完成后，幕墙顾问应开始幕墙方案设计。在幕墙方案阶段，应提供幕墙顾问设计所需的条件图纸及目标成本，条件图纸应包括：

2.3.1 建筑初步图纸

（1）表达所有幕墙类型的平面位置分布，与主体结构之间的位置（进出位关系）等；

（2）表达所有类型的立面位置分布（含立面分色图），幕墙分格的划分，门、开启扇的位置和大小等；

（3）反映建筑幕墙与结构关系、构造、尺度、收口处理方式、拼缝、材料等；

（4）材料小样和材料清单（含五金选型）。

2.3.2 结构初步图纸

（1）结构初步设计说明：主体结构形式、设计周期、抗震烈度、风压、雪压、地貌等；

（2）主体结构挠度；

（3）结构梁和楼板平面图。

房地产开发企业幕墙设计管理人员根据需要与建筑师、顾问保持充分的沟通和交流，重点关注幕墙系统的划分、标准节点的构造设计及可实施性，必要时需组织相关专业的设计工作坊进行专项交流。

幕墙方案评审前需与业务需求拉通需求，如采光顶遮阳和吊钩设置、清洁方式、广告灯箱和 LED 屏检修方式等。

幕墙方案需严格遵从建造标准，并在成本限额内设计，评审文本需包含幕墙材料分色图、内透控制分析、幕墙系统分色图、面积统计及造价分析、幕墙技术汇报（分格、配置、节点构造和涉及外观效果的系统交接处理节点）、材料样板和样板计划。幕墙方案阶段要完成建筑师样板封样。

2.4 设计样板

幕墙方案根据项目特点和公司标准化内容确定是否做设计样板，对需要做设计样板的项目，幕墙方案评审阶段需要划定样板范围和样板计划，在方案通过后 1 个月内完成样板图纸并下发招标。

在样板施工过程中，房地产开发企业幕墙管理人员审核样板制作单位提供的上墙材料与设计封样材料小样的一致性。幕墙顾问审核样板施工单位完成的样板深化施工图，经过审核批准后方可用于施工。施工前，需由项目幕墙设计经理和研发经理审核比对施工单位提供的样板施工材料，经过审核、签字确认后方可上墙施工。

样板施工完成后，安排幕墙顾问按模板编制样板观样指引，样板评审完成后，按评审意见完成设计封样和招标图修改。

2.5 幕墙招标图

幕墙设计经理接收并审核幕墙招标图的输入文件，包括建筑、结构、机电施工图，灯光、景观、精装、标识等专业图纸，明确预留、配合设计的范围。

幕墙设计经理组织相关专业外立面专项工作坊，核对外立面工作界面并沟通设计范围，包括主要立面幕墙、门、雨篷、吊顶、不可见立面、半室外空间立面、车道入口侧墙、室外风井口、栏杆、出屋面机房、屋顶格栅等，核对检查擦窗机输入条件，明确配合设计范围及内容，整理设计样板评审确定的材料标准、技术要求并纳入幕墙施工招标图。

幕墙设计经理组织幕墙顾问单位完成幕墙招标图，幕墙招标图应满足以下要求：

（1）清晰表达招标的界面及范围，并用彩图表达不同幕墙材料和系统的范围；

（2）提供不同系统的标准构造节点、不同系统间的交接节点、系统收边节点；

（3）招标图需达到施工图深度要求；

（4）提供幕墙招标图计算书，计算书需涵盖所有构件、面板、结构胶及连接部位计算，确保满足规范要求，龙骨强度利用率需达到 85%～90%；

（5）提供幕墙招标技术说明书，明确幕墙系统配置说明、性能要求、技术标准、材料标准。

幕墙招标图完成后，幕墙设计经理组织建筑、结构、机电、室内、景观和灯光专业进行专业互审，完成专业交圈部分的书面确认。招标图评审需同时提交主要材料利用率一览表。评审完成后，幕墙设计经理需组织幕墙顾问按评审意见修改图纸。

3 招标配合

招标阶段幕墙设计经理主要是配合成本管理部完成幕墙招标，根据项目特点和规模，对参与投标单位和团队提出要求，并面试团队技术负责人和设计经理，合格后才能参与投标。

与成本管理部、工程管理部拉通材料品牌表、标段和施工界面划分，根据项目指定技术说明书，招标前完成设计封样和最终版招标图，参与招标过程中的技术答疑澄清。答疑澄清应对容易引起后期争议的再次强调说明，如深化设计的原则、现场脚手架使用、外露连接件、不锈钢螺栓螺钉要求等。

投标样板由幕墙设计经理负责评审，对不符合要求的投标封样要求投标单位补充提交满足要求的投标封样。

4 施工配合

施工单位确定后，幕墙设计经理组织标后交底，明确深化设计要求、深化设计时间和封样完成时间，督促施工各单位根据招标图、技术要求和答疑澄清按时间完成幕墙深化设计施工图和施工封样，并按要求完成施工图核查。施工单位按进度要求提供详细的深化设计和施工封样进度计划表，幕墙设计经理严格按进度计划表检查落实。幕墙深化设计过程中，幕墙设计应按需要组织设计院、幕墙顾问解决在深化设计过程中碰到的各种问题。

施工图完成后，幕墙设计经理组织建筑师、设计院、幕墙顾问、工程、成本完成幕墙施工图的审核。幕墙深化设计施工图完成后，由设计部组织送第三方强审。项目工程部组织设计单位、施工单位及监理单位进行施工图纸会审及交底。

所有外立面可见的材料在施工前需进行施工样板确认及封样。

（1）施工工艺样板：为确保设计效果，最终确定施工材料样板及施工工艺，对幕墙关键立面部位需制作施工工艺样板。工艺样板区域由设计部选取，工程部组织施工单位完成施工，并通知研发部、研发总监、项目分管领导进行现场验收确认，并根据现场意见进行施工封样或整改。

（2）不需制作工艺样板确认的部位，立面材料封样需经过幕墙设计经理、设计经理核对原设计样板后确认。

（3）施工材料样板的封样需由工程部核对品牌、材料参数、质保等信息，设计部核对外观效果及颜色，经过确认后，需项目幕墙工程师（设计及工程）、设计经理、工程经理签字并封样。

在施工阶段，幕墙设计经理需组织幕墙顾问进行2周一次的设计施工巡场。巡场时需重点关注涉及结构安全的龙骨安装及连接、防水层的连续、面板完成的平整度及安装质量、与相关专业的搭接及封堵等。巡场发现的问题需整理为书面文件并提出相应整改方案，发给工程部并跟进问题的解决与落实。

5 结语

在房地产开发企业，任何一个职能都不是独立存在的，作为幕墙设计管理人员，如何跨职能拉通，发挥自己的非职位影响力尤其重要。很多甲方的幕墙设计管理人员依然停留在原来幕墙施工单位那个阶段，认为自己就是建筑专业的附属，建筑图纸确定了以后才进行幕墙的深化设计，如若这样幕墙设计管理工作必然一团糟。在此，期望各房地产开发企业的幕墙设计管理人员跨出自己的专业舒适区，管理半径向前向后延伸，从幕墙专业的安全、成本、维护、效果和可实施角度干涉建筑方案设计，匹配项目定位和难度，选择合适的幕墙顾问，输出一套高标准的招标图纸和完整的设计封样，同时做好招标阶段的配合，匹配项目定位和难度选择的入围幕墙投标单位和团队，做好答疑澄清工作，在施工阶段做好施工样板评审、设计巡场和顾问例行巡场，注重于工程部的横向拉通，保证项目高品质的落地，为公司创造更大的价值。

装配式建筑中门窗幕墙发展新思路

◎ 牟永来　李书健　沈　艳　鲍晓平

苏州金螳螂幕墙有限公司　江苏苏州　215105

摘　要　装配式是通过工厂预制建筑构件，现场直接拼装，用来减少现场的工作量，提高施工质量的新技术。装配式并不是新出现的技术，是通过不断的尝试，逐步形成的建筑技术。在幕墙门窗行业，窗框在工厂的组装、幕墙钢骨架在工厂的焊接完成等都属于比较早期的装配式做法。单元幕墙则是相对比较完整的针对特定幕墙系统的装配式做法。幕墙的装配式相对单元幕墙可实施的幕墙系统更多，板块尺寸更大，单元化的程度也更高。幕墙的装配式需要跳出幕墙专业的范畴，站在整个建筑专业的基础上进行思考，在建筑早期将相关可能性考虑清楚，尽可能地将建筑表皮模块化、标准化，为幕墙装配式提供理论上的可能性。

关键词　装配式；幕墙；标准化

Abstract　Assembly type is a new technology that prefabricates building components in the factory and assembles them directly on site to reduce the workload on site and improve the construction quality. Prefabricated technology is not a new technology, but a building technology gradually formed through continuous attempts. In the curtain wall door and window industry, the assembly of the window frame in the factory and the welding of the curtain wall steel framework in the factory are all relatively early assembly methods. Unit curtain wall is a relatively complete assembly method for specific curtain wall system. Compared with the unit curtain wall, the fabricated curtain wall has more curtain wall systems, larger plate size and higher degree of unit. The assembly type of curtain wall needs to jump out of the category of curtain wall specialty and think on the basis of the whole architectural specialty. In the early stage of construction，the relevant possibility should be considered clearly，and the architectural skin should be modularized and standardized as far as possible，so as to provide theoretical possibility for curtain wall assembly type.

Keywords　prefabricated；curtain wall；standardization

1　什么是装配式建筑

　　装配式建筑最早出现在 20 世纪 60 年代，是指把传统建造方式中的大量现场作业工作转移到工厂进行，在工厂加工制作好建筑用构件和配件（如楼板、墙板、楼梯、阳台等），运输到建筑施工现场，通过可靠的连接方式在现场装配安装而成的建筑。装配式建筑类似搭积木，因为所有的构件都是工厂加工，质量能够得到保障，同时材料消耗也会降低，建筑垃圾也会大幅度减少。早期的装配式建筑形体比较呆板，建筑千篇一律，随着科技的发展，能够满足建筑功能要求和建筑多样性的装配式建筑已经可以实现（图1）。

图 1　采用装配式的雄安市民中心

2 政策对装配式建筑的推动

为进一步贯彻落实中央城市工作会议精神和《国务院办公厅关于大力发展装配式建筑的指导意见》（国办发〔2016〕71 号），落实推行全国装配式建筑发展工作，全国各主要省市都针对装配式建筑出台了鼓励政策。目前已有超过 31 个省市发布了装配式建筑政策。

2.1 北京市

2020 年 3 月 2 日，北京市住房和城乡建设委员会发布《2020 年生态环境保护工作计划和措施》的通知，内容强调：继续稳步推进装配式建筑工作，力争 2020 年实现装配式建筑占新建建筑面积比例达到 30％以上。

2.2 上海市

〔上海市住建委〕关于进一步明确装配式建筑实施范围和相关工作要求的通知沪建建材〔2019〕97 号-装配式建筑指标要求：

2016 年 4 月 1 日以后完成报建或项目信息报送的项目，建筑单体预制率不低于 40％或单体装配率不低于 60％。

2015 年 1 月 1 日至 2016 年 3 月 31 日完成报建的项目，建筑单体预制率不低于 30％或单体装配率不低于 50％。

2015 年 1 月 1 日之前完成报建的项目，建筑单体预制率不低于 25％或单体装配率不低于 45％。

3 装配式建筑的分类

目前装配式建筑主要有墙板式和集装箱式两种实现方式（图 2 和图 3）。

3.1 墙板式

墙板式是按照建筑元素将建筑进行拆分，分别在工厂进行预制，在现场进行拼接，其中典型的建筑元素为：柱子、梁、叠合楼板、楼梯、室内隔墙、室外围护墙、集成式厨房、集成式卫生间。

墙板式是目前比较成熟的装配式实现方式，已经在很多项目中实行，只是不同的项目实行的装配式程度不同。

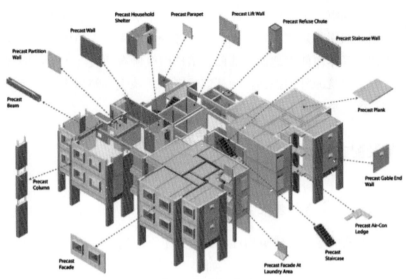

HDB Precast Building System

图 2　墙板式

图 3　集装箱式

3.2　集装箱式

集装箱式装配建筑是基于建筑空间体块进行建造的建筑。基本空间体块平面内以建筑轴距为平面单元，高度方向为一个层高。每个体块包含了完整的建筑元素，四周将建筑的柱、梁、楼板等受力结构融入箱体内，作为箱体的四周骨架。箱体内侧将地面、墙面、吊顶面等所有硬装在工厂内完成。箱体的一个面为建筑的外围护面，为幕墙或者窗墙系统。箱体本身自承重，类似砖结构系统，是和积木最像的建筑实现方式。

4 幕墙装配式的思考

4.1 什么样的幕墙是装配式幕墙

根据装配式的定义，建筑构件在工厂加工，现场安装就是装配式，那目前所有的幕墙系统都属于装配式。比如传统框架玻璃幕墙，在工厂生产埋件、立柱、横梁、胶条、玻璃面板、保温棉等材料，在现场进行安装。单元式幕墙是装配化程度更高的装配式建筑，在工厂加工形成单元板块，通过类似积木一样的单元板块的插接，形成整个建筑表皮。

装配式也有不同的等级，传统构件式幕墙是比较低级的装配式建筑。虽然在现场的安装都是干作业，但是因为安装工序过于复杂，需要在现场安排大量的工人进行安装，失去了装配式提高安装效率的初衷，所以幕墙在装配式方面还有很长的路要走。超大板块整体安装是未来幕墙装配式的方向。

位于美国纽约第十一大道 100 号的项目进行了产业化大板块安装的尝试，最大的板块位于八层转角处，总长 36ft 9in 半（约合 11m），高 11ft（约合 3.3m），内有 17 个小单元，最大玻璃板块 2620mm×1460mm，最长玻璃 3.3m×1.0m。有 12 种不同规格、15 种不同角度、8 种不同的配置，两个开启扇。这个单元在工厂做好后重达 8t，要用一个 40ft 长的开顶货柜单独装载，运输过程中固定它的钢材就达 4t（图 4）。

4.2 幕墙早期做过哪些装配式的尝试

4.2.1 单元式幕墙

单元式幕墙一般为铝合金龙骨系统，通过型材开模，形成可以相互插接的单元公母料。插接部位设置可以闭合的胶条进行防水。利用等压腔原理，将进入的雨水排出，形成防水性能很好的建筑表皮。单元式幕墙因为依赖铝合金插接龙骨，所以板块尺寸不会太大，且只适用于标准的比较规整的立面。

图 4　纽约第十一大道 100 号项目的大板块现场安装

4.2.2　单元钢骨架

单元钢骨架是在工厂将钢结构焊接完成，运到现场后直接吊装的安装方式。单元钢骨架解决了传统钢龙骨现场焊接引起的精度差、焊缝强度低、有火灾隐患等一系列问题（图 5）。图 6 为观音圣坛的莲花瓣钢架，钢架整体为双曲异形，重量超过 5t，为单元钢骨架，整体吊装。

图 5　单元玻璃幕墙吊装

59

图 6　观音圣坛莲花瓣钢架

4.2.3　GRC 系统

　　GRC 系统因为系统特点，需要模具成型，且板块尺寸很大，是较早采用类似装配式工艺的幕墙系统。GRC 正常应用在异形部位，板块尺寸很大，背衬钢架，通过特制转接件与主体结构进行连接。且随着装配式理念的推行，GRC 系统也较早实现了与其他材料的组合生产，整体吊装（图 7 和图 8）。

图 7　传统 GRC 安装

图 8　装配式小单元安装

4.2.4　空中连廊系统的整体吊装

如重庆来福士广场的空中连廊，连廊横跨在四栋超过 200m 的建筑屋顶上，连廊底部部位距离地面超过 200m，传统的构件安装方式很难操作。传统的装配式板块，因为运输的需要，板块尺寸很小，在 200m 高度吊装几百个小板块不安全，也很难操作。该部位最终选择了在现场通过胎架组装超大板块，整体吊装的方案（图 9 和图 10）。

图 9　现场利用胎架组装超大板块

图 10　板块整体吊装

4.3　幕墙在装配式方面还需要做哪些工作

幕墙相对其他建筑分项工程起点更高，但幕墙在装配式方面仍然有很大的发展空间。

4.3.1　与其他系统的融合

建筑系统正常包括土建、内装、机电、幕墙等建筑分项工程，装配式是针对整个建筑的装配式，不是各个分项工程各自装配，要突破系统划分的限制，将各专业相互融合，才能体现装配式的最大价值。如幕墙系统可以考虑与原来内侧的墙体、结构、保温等进行组合设计，整体吊装（图 11）。

图 11　组合外围护墙体的安装

近些年，EPC 开始逐步流行，EPC 模式是工程总承包模式的一种类型，通常以 EPC 合同的形式出现，即：设计—采购—施工（Engineering-Procurement-Construction）合同。在 EPC 模式下，工程总承包商接受业主委托按照合同约定对工程项目的设计、采购和施工进行总承包，并对其所承包工程的质量、安全、工期和造价等全面负责。对于业主而言，只需负责整体性的、原则性的目标管理和控制。作为总承包方，拥有对各个专业设计和施工的把控能力，能够更好地推进各专业的融合，对装配式的发展是有利的。

4.3.2 幕墙构造做法的提升

原来的幕墙做法都是针对构件散装进行设计的，在装配建筑中要充分利用装配建筑精度高的特点，简化幕墙构造做法，同时考虑幕墙作为整体板块运输过程中的稳定性。如板块拼接部位的防水做法，传统的打胶和单元式幕墙的插接防水都不太适合大板块，要针对项目特点设计简单可靠的防水（图 12）。

图 12 大板块拼接部位的防水做法

4.3.3 对各幕墙系统的装配式研究

幕墙作为建筑外围护构件，从 20 世纪 90 年代在中国开始使用以来，逐渐形成了针对不同材料和做法的几十种幕墙系统，如玻璃幕墙就包括单元玻璃幕墙、框架幕墙、单层索网幕墙、全玻幕墙、点支幕墙等。并不是所有的幕墙都可以作为大板块整体吊装，如索网幕墙是基于柔性索的预应力实现的，只能按照目前的方式进行安装。全玻幕墙因为整体尺寸很大，及玻璃肋的脆弱性，也不适合在工厂组装后一起吊装。要对现有的幕墙系统进行梳理，针对不同幕墙系统各自的特点进行装配式设计方面的提升。

5 幕墙在墙板式装配建筑中的应用

墙板系统是针对建筑功能构件的不同分别进行预制，幕墙属于外围护墙体的一部分，在工厂进行预制后运输到现场直接进行吊装（图 13）。

图 13　墙板式外围护墙的吊装

5.1　墙体板块的划分

墙体板块的划分要考虑以下因素：

（1）哪些地方适合留缝；

（2）墙体结构的布置；

（3）版面元素的重复；

（4）与内侧隔墙及轴线的关系；

（5）运输及吊装的考虑。

如图 14 所示为上海北外滩某公寓项目局部立面。

图 14　上海北外滩某项目局部立面

通过对外侧墙体元素及分格尺寸的分析，板块划分如图 15 所示。

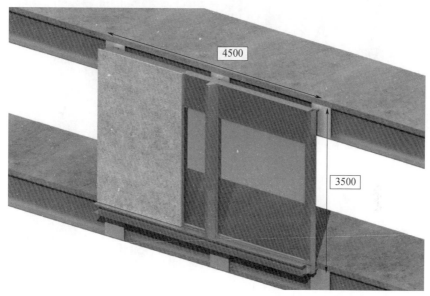

图 15 外侧墙体元素及分格尺寸

板块上下及左右分缝位置均设置在不同材料交接部位，能够最大限度地保证整体立面的完整。交接节点如图 16、图 17 所示。

图 16 左右交接节点

图 17　上下交接节点

如果外围护墙体比较复杂，由多种单元样式组合而成，需要根据材料的分布规律和大小，对板块进行划分，统计标准板块类型（图 18 和图 19）。

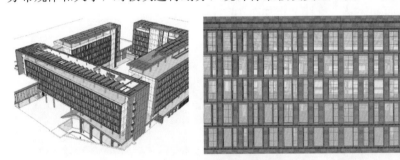

图 18　复杂外围护墙体

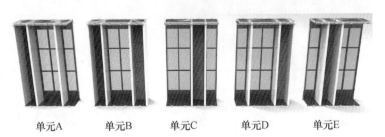

单元A　　　单元B　　　单元C　　　单元D　　　单元E

图 19　板块类型的划分

5.2　围护墙体的结构

外围护墙体可以采用工厂预制钢框系统，在钢框上安装保温及装饰面层，最后嵌入窗系统，形成标准外围护墙体板块（图20～图22）。

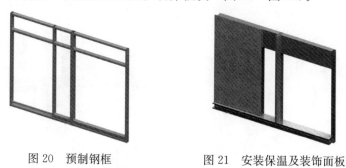

图20　预制钢框　　　　　　　　　图21　安装保温及装饰面板

图22　在洞口中嵌入窗系统

5.3　板块挂接及交接防水设计

墙体板块与主体结构的连接可上下两边均进行连接，也可只固定上边，下边与下板块上口进行连接。连接要考虑现场安装的便捷性，采用机械连接的方式，避免焊接。

板块交接部位采用内外双道防水设计，同时在构造上可利用高差形成防水构造，在密封胶失效的时候避免雨水渗入。

6　幕墙在集装箱式装配建筑中的应用

6.1　标准集装箱大小的划分

仍然以北外滩某公寓项目为例，如果采用集装箱结构，箱体划分可按照标准轴距进行划分，如图 23 所示。

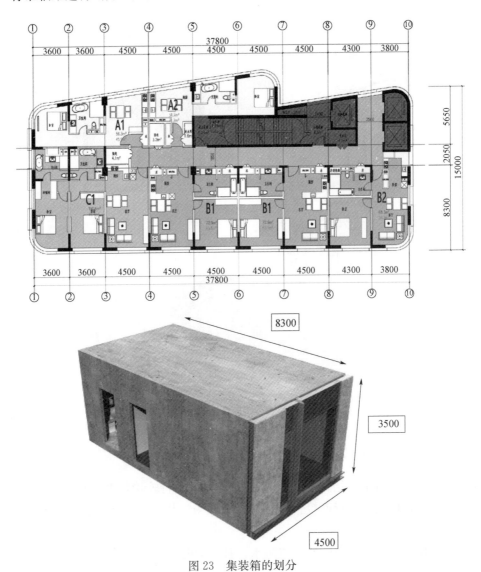

图 23　集装箱的划分

6.2　集装箱模块的组成

组成建筑的集装箱模块是整个建筑的缩影，包含了建筑几乎所有的建筑元素，具体组成如图 24 所示。

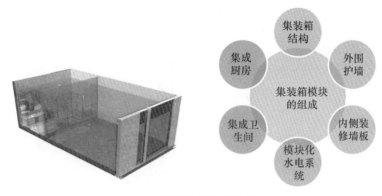

图 24　集装箱模块的组成

6.3　集装箱箱体结构的种类

目前集装箱箱体结构主要有混凝土和钢结构两种类型（图 25 和图 26）。

图 25　混凝土结构集装箱　　　　图 26　钢结构集装箱

6.4　幕墙与集装箱箱体的组合设计

幕墙与箱体在工厂一起加工成型，幕墙与箱体上下连接，考虑箱体运输过程中对幕墙的保护，设计过程中避免幕墙出现凸起等易破坏的情况。

在设计过程中就考虑箱体的划分对幕墙的影响，避免划分部位出现在玻璃部位。对于板块的拼接缝部位要做好防水及美观效果的处理，在箱体安装完成后进行统一处理。

对于混凝土结构箱体，外围护墙体有窗的情况可以将窗边框做预埋处理，窗边框建议采用铝合金框，避免腐蚀。采用预埋窗边框整体外观效果更好且不容易漏水（图 27）。

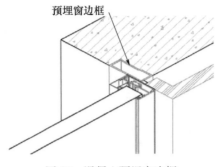

图 27　混凝土预埋窗边框

6.5　其他近似集装箱的做法分项

6.5.1　集装箱的局部应用

由金螳螂施工的合景泰富售楼处在样板区部位采用了集装箱的安装方式，集装箱在工厂加工完场后，在现场整体吊装，大大加快了施工进度（图 28）。

图 28　合景泰富售楼处集装箱安装

6.5.2　半集装箱设计

集装箱式结构为了形成围合的结构，需要六面都有结构，对于开间比较大的部位并不适用。只有地板和外围护墙，其他稳定构件设计成可拆卸的桁架杆件，也可以实现近似集装箱的安装方式（图 29）。

图 29　半集装箱设计

7　装配式的未来展望

7.1　对装配式的大胆设想

像搭积木一样建造房子，是很多人对装配式发展最终目标的理解（图30）。

图30　积木模型

设想一下，50年之后，装配式发展的终极目标已经实现，通过多年来国家对建筑装配式的持续推进，解决了装配式的所有技术难点，将建筑元素细分为各种规格和尺寸的建筑构件，初步预期有几千种的建筑装配构件，包括各种尺寸的梁、柱、楼板、箱体模块等。那个时候整个行业和现在相比有哪些改变呢？

7.1.1　建筑设计的改变

因为所有的建筑必须以模块为基础进行搭建，可以预期，到时候目前所有的建筑软件都会消失，会被一种国家研究发布的软件替代，这是一种类似搭积木的游戏软件，内置所有的建筑标准构件。每个建筑师都是搭积木的高手，通过几千个可以选择的构件，从地基基础开始搭设，模拟建筑建造的过程。相信除了软件，也会有与实际建筑构件对应的等比例缩放的积木模块，模块自带智能感应芯片，用于辅助建筑师进行积木的搭设。等软件中或者实体的积木搭设完成了，整个建筑设计也就完成了。软件会自动生成搭接所需的建筑构件清单和构件搭接关系图。

7.1.2 对施工的影响

施工单位根据构件清单采购对应的构件产品，在现场直接进行构件搭接，那个时候我们已经突破了构件连接技术，实现了快速拼接。

7.1.3 对材料厂商的影响

目前的材料厂商都会消失，与之对应的是各个建筑构件的加工厂。加工厂的名字是以建筑构件的编号进行命名，每个加工厂只生产一种建筑构件，全国有几千个构件加工厂。

7.2 要实现终极目标需要克服哪些困难

7.2.1 设计理念的改变

目前的装配式都是建筑方案设计完成后工业化设计师才介入，将已有的建筑方案对应的元素进行拆分，相当于先有了一个模型，然后将这个模型切为一定数量的积木，然后去生产积木。这个是一个本末倒置的设计理念。当我们用乐高积木去搭建模型的时候，都是用已有的乐高模块去搭建，为每个模型单独去设计乐高模块并不现实。建筑设计应该基于装配式的规则限制，在有条件约束的情况下进行建筑的设计。

7.2.2 标准的统一

建筑装配式又叫建筑工业化，工业化就是把建筑构件的加工搬到工厂中，像生产其他产品一样去生产建筑构件。工厂的优势是质量高、效率高，因为都是技术成熟的工人重复生产，质量有保证。所有这些能够实现的前提是建筑构件的重复生产，只有生产足够多的相同的产品，工厂的生产成本才会下降，高昂的模板费用可以分摊到成千上万的构件上，最终成本忽略不计。要实现所有构件的尺寸都相同就依赖于标准的制定，让相同的构件在不同的项目中通用才是标准化的真正目标。

7.2.3 关键技术的突破

任何看起来简单的东西背后都有大量技术研究的支撑，就好像苹果手机用起来很简单很流畅的原因得益于 IOS 系统几千万行代码的运行。

要实现简单的建筑搭接还需要突破以下技术：

（1）构件的适用性

建筑由上万个建筑构件组成，不同位置的建筑构件受力是不同的，相同的构件用在楼顶部位可能是安全的，用在二层可能就会破坏。在设计过程中怎么快速判断这个构件是否可行需要强大的算法的支撑和智能设计辅助系统的帮助。

（2）构件的连接技术的突破

以目前混凝土构件为例，构件的连接节点部位的混凝土都是后浇设计，原因就是单纯的构件连接无法做到刚性连接，不满足受力要求，最终造成了现在的构件连接措施很复杂。后期的构件搭接技术可以预期会引入新的材料和构件连接方式，连接方式为纯干性连接，简单快捷。

（3）施工技术的突破

装配式技术成熟之后，现场施工的时间会被大大压缩，原来几年的施工工期会变成以周为单位，在很短的时间内完成建筑的安装。目前以塔吊为中心的建筑施工系统很难满足建筑构件快速搭建的需求，相信会有更加快速高效的施工技术出现。构件的空间测量定位也会更加智能和高效，通过空间定位芯片和磁性对接等技术，实现构件安装的快速和准确。

7.2.4 建筑构件的设计

这里的建筑构件不是传统意义上的预制梁、柱等，是将建筑各个元素融合在一起的建筑构件。强电、弱电、管网、空调等系统要全部集成在这些构件中，构件拼接的过程就是这些系统管网联通的过程，这个是相当复杂和系统性的东西。在构件设计中，要借助 BIM 技术对构件可能使用的部位及可能存在的搭接进行模拟，保证建筑构件的通用性。

7.3 建筑装配式与智能化

未来的建筑构件是极其精细化的，以后要以生产手机的方式生产建筑构件，建筑构件将作为智能构件应用在整个建筑中，最终形成的建筑也将是智能建筑。

8 结语

任何技术的进步都是循序渐进的，都要不断通过技术的积累，厚积薄发，实现从量变到质变的飞跃。当前是装配式替代传统施工技术、BIM 替代传统CAD 设计的关键时期，面对挑战，我们要突破自己的舒适区，勇于改变，顺应时代的潮流。作为幕墙行业的一员，我们要有全局观，要突破行业的界限，站在整个建筑行业的角度去思考问题，审时度势，勇于担当，为装配式终极目标的实现贡献自己的力量。

作者简介

牟永来（Mu Yonglai），男，1968 年 9 月生，高级工程师，中国建筑金属结构协会铝门窗幕墙分会专家组专家、全国建筑幕墙顾问行业联盟专家组专家、上海市建筑科技委会幕墙结构评审组专家、苏州金螳螂幕墙有限公司总裁、幕墙设计总院院长。工作单位：苏州金螳螂幕墙有限公司；地址：江苏省苏州市吴中区临湖镇东山大道 888 号；邮编：215105；联系电话：13788905158；E-mail：1477329048@qq.com。

李书健（Li Shujian），男，1984 年 5 月生，一级建造师，苏州金螳螂幕墙有限公司设计所所长。工作单位：苏州金螳螂幕墙有限公司；地址：江苏省苏州市吴中区临湖镇东山大道 888 号；邮编：215105；联系电话：13776102802；E-mail：376150207@qq.com。

沈艳（Shen Yan），女，1994 年 10 月生，设计师，苏州金螳螂幕墙设计院院办主任。工作单位：苏州金螳螂幕墙有限公司；地址：江苏省苏州市吴中区临湖镇东山大道 888 号；邮编：215105；联系电话：18625000293；E-mail：850296951@qq.com。

可视化技术在建筑幕墙中的实践

◎ 梁曙光　黄秀峰　胡　博　范思宇

浙江中南建设集团有限公司　浙江杭州　310052

摘　要　建筑可视化技术已经在幕墙设计中得到了应用，在画面质量和出图效率上已经较既往传统的建筑表现方式有了很大的提升，但在结合 VR/AR 设备实现与虚拟现实的交互，以及与 BIM 打通实现项目全周期的视觉效果的生产和展示，还在持续探索中。随着硬件和软件技术的发展，国家层面上的推动，BIM 技术的提升以及数据平台的逐渐完善，建筑可视化已是必然的趋势。

关键词　建筑可视化；BIM 可视化；虚拟现实；UE4；商业游戏引擎；数据平台

Abstract　Architectural visualization technology has been applied in the curtain wall design, which has greatly improved the image quality and drawing efficiency compared with the traditional architectural expression mode. However, it is still in continuous exploration to realize the interaction between VR / AR equipment and virtual reality, and to connect with BIM to realize the production and display of visual effects in the whole project cycle. With the development of hardware and software technology, the promotion of national level, the improvement of BIM Technology and the gradual improvement of data platform, building visualization has become an inevitable trend.

Keywords　architecture visualization; BIM visualization; virtual reality; UE4; business game engine; data platform

1 引言

可视化（Visualization）是利用计算机图形学和图像处理技术，将数据转换成图形或图像在屏幕上显示出来，再进行交互处理的理论、方法和技术。建筑项目需要在其重点的环节或步骤上都能实现数据及模型的流动与共享，以便于项目参与各方可以进行最高效的沟通，通过可视化技术来满足各方的需求，释放数据的内在价值。

建筑可视化贯穿了从建筑方案到施工竣工的全周期，以提高设计、施工的效率与质量，增强管理的便捷性与透明性为目的。下文先对建筑可视化现状进行总结，之后会对作为建筑专业一个重要分支的幕墙，如何通过可视化技术，在设计和施工中实现跨行业的合作与共赢做出分析。

2 建筑可视化

2.1 建筑表现

设计草图、建筑效果图、包括建筑方案阶段的图纸和必要的分析图表及文字说明，所有这些用来展现建筑设计方案和构思的手段被统称为建筑表现，为的是能通过一切手段将建筑的体积、色彩和结构等信息提前展示在项目参与者的眼前，以便更好地认识这个建筑，理解建筑师想要传递的所有信息。

对于建筑可视化的探索，其中一个重要原因是传统的效果图和多媒体的表现方式已经不能完全满足现阶段的设计需求，具体表现在：

（1）设计师会因为过分追求建筑物的高大上，过分注重效果的表现而忽略了设计的真正表达，无法将建筑物内部空间和材质全面且真实地表达出来，在透视、光影和材质方面也常常会有偏移，导致许多建筑成品与效果图相差甚远。

（2）方案创作和研讨阶段，参与项目的各方特别是项目决策者会因信息不对称出现理解的误差，容易造成最终设计成果出现偏差。

（3）现阶段效果图和视频均采用离线渲染，制作周期长，成本也较高，不能高效地支持方案调整，也不利于建筑设计整个周期的效率提升。

正因为建筑设计是一个复杂的系统工程，所以如何让有不同建筑学知识储备的各方都能准确地理解建筑方案，高效沟通并最终确定方案，是所有设计师都会面对的问题。随着 VR、AR、MR 等外设及 GPU（图形处理器）等硬件的发展，以及相关软件的成熟，在进行建筑表现时，可实现在漫游中加入交互，营造沉浸式的体验，建筑可视化已随之成为建筑表现的新形式（图 1~图 3）。

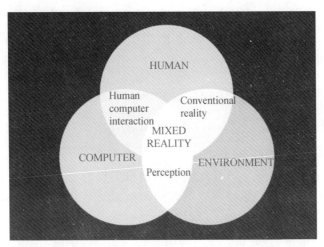

图 1 MR（混合现实）能实现人、机与环境三者的交互

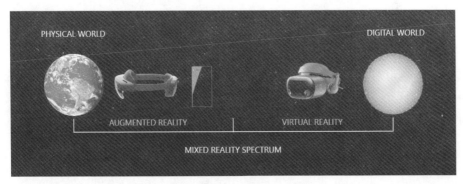

图 2 微软对于 MR 的定义

图 3 VR＝虚拟世界；AR＝真实世界＋数字化信息；
MR＝VR＋AR＝真实世界＋虚拟世界＋数字化信息

2.2 建筑可视化

建筑可视化是一种升级的建筑表现手段，它充分依托数字虚拟图像技术，通过工程设计模拟、建筑效果图、建筑动画、多媒体宣传片、虚拟现实等多种形式，对未来场景进行虚拟呈现，把设计理念变成生动、逼真的视觉效果，变抽象为具体，以最直观的方式展现设计方案，以及与方案对应的项目周期与项目成本。同时，可视化让讨论和修改方案都能变得更简单易懂，大大节约了时间和沟通成本。

2.3 基于 UE4 的建筑可视化

UE4（Unreal Engine 4）中文翻译为虚幻引擎，是由全球顶级游戏 EPIC 公司开发的，该产品目前占有全球商业游戏引擎 80% 市场份额。

游戏引擎是指一些已编写好的可编辑电脑游戏系统或者一些交互式实时图像应用程序的核心组件，它可以为游戏设计者提供各种编写游戏所需的工具，且支持跨平台操作。UE4 作为主流的商业游戏引擎，包含了：渲染引擎（即"渲染器"，含二维图像引擎和三维图像引擎）、物理引擎、碰撞检测系统、音效、脚本引擎、电脑动画、人工智能、网络引擎以及场景管理等模块。

由于 UE4 的实时交互和渲染功能非常适用于各种非游戏应用的项目，所以 EPIC 特别于 2018 年专门针对建筑和产品设计行业发布了融合 DataSmith 的 Unreal Studio，重点提升了它在建筑方案视觉效果，以及缩短方案修改迭代时间这两个方面性能。目前 UE4 在建筑领域的运用，相对于同类型其他软件会有以下优势：

（1）高品质的实时渲染

在众多的商业引擎中，包括 DCC（Digital Content Creation，数字内容创作）软件用的实时渲染插件在内，虚幻引擎的画质是最好的，而且能快速出图，这些功能都是离线渲染所无法实现的。

（2）高兼容的数据输入接口

UE4 中的 DataSmith 可以支持导入几乎所有主流的 DCC 软件的数据，如：Sketchup、Revit、Rhino、CAD、3ds Max、Maya 和 C4D 等。这些软件创作的项目可以直接通过 DataSmith 导入 UE4 进行渲染，而不用倒出庞大的 FBX，并且由于贴图、动画、摄像机及灯光可以同时导入，可全场景地搬入

UE4，也不用担心项目坐标会有变化，让设计师可以有更多的精力放在创作上（图 4）。

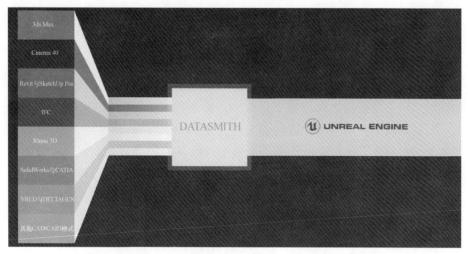

图 4 多种 DCC 软件可通过 DataSmith 导入到 UE4 进行渲染

（1）多通道的数据输出接口

UE4 除了能与多种格式的软件做连接外，它的输出还可以适应不同阶段和场景的需求：

设计阶段，可以结合 VR 和 AR 的设备与客户进行方案的讨论及实时调整。

施工阶段，可对重点工艺、施工步骤做演示，以便对方案进行二次推敲。

维护阶段，用 UE4 做智慧大楼甚至智慧城市，并用 Ndisplay 做多屏的展示。其中，UE4 中的 Task Graph 能帮助用户对大量的实时监控数据进行处理，从而保证交互的流畅和数据的时效。同时，UE4 中高度优化的延迟渲染管线能适应大场景的运维应用，同时保障渲染质量和运行效率。

营销阶段，可以用数字沙盘来展示建筑，用虚拟制作实现云看房，让客户能直观地感受到在不同时间、不同天气下场景的区别。

（2）安全、开放

UE4 是开源的，代码受到用户社区的监督。这既保证引擎的漏洞可以更快速地被人发现、反馈与修复，也可以保证其代码中无后门程序，保护隐私。同时也为行业中的有能力的高技术人才深度了解引擎原理，优化使用表现提供了可能。

3 BIM 可视化

3.1 BIM 的定义

建筑行业的 BIM（Building Information Modeling，建筑信息模型）技术是一种应用于工程设计、建造、管理的数据化工具，其核心是通过建立虚拟的建筑工程三维模型，利用数字化技术，为这个模型提供完整的、与实际情况一致的建筑工程信息库。借助这个包含建筑工程信息的三维模型，提高建筑工程的信息集成化程度，从而为建筑工程项目的相关利益方提供一个工程信息交换和共享的平台，从而提高参与各方的生产效率，达到节约成本和缩短工期的目的（图 5）。

图 5 可视化的部分应用场景

BIM 的作用主要体现在：

（1）模拟性

BIM 不但可以实现建筑节能模拟、紧急疏散模拟、日照模拟等，还可以实现 4D 及 5D 模拟，即在三维模型中加入项目的发展时间和造价控制的内容。

（2）协调性

项目参与的各方都可以基于 BIM 模型在建造前期对各专业的碰撞问题和重点部位进行协调，生成协调数据，从而优化整个流程。

（3）可出图性

BIM 模型不仅能绘制常规的建筑设计图纸及构件加工图纸，还能通过对建筑物进行可视化展示、协调、模拟、优化，并出具各专业图纸及深化图纸，使工程表达更加详细。

3.2 BIM 可视化

BIM 可视化指的是呈现和表达包含建筑信息的三维模型以及可以利用的

建筑数据。现阶段 BIM 可视化主要的应用点包括：

（1）可视化的图纸会审

即各专业都对本专业的模型进行检查，对重难点施工节点进行交底讨论并生成问题报告及工程量统计。但如果要将模型分享给客户观看，客户需要安装 Navisworks 以查看 BIM 输出的 NWD 文件，查看模型的门槛较高。

（2）可视化的深化设计及技术交底

对一些二维图纸无法表达的位置，或者多专业作业密集的位置，通过可视化的 BIM 模型，可以根据材料特点、工艺技术及甲方的要求对重点施工部位进行重点讨论和明确落实。同时，在与施工进行技术交底时，不仅仅是通过其他类似工程的经验与效果图以及方案进行工作，不仅依靠既往的经验和二维图纸进行施工，避免了信息不对称问题，提高了沟通效率以及准确度。

（3）可视化漫游

通过漫游可以直观地表达以及展示建筑物的形态和位置等信息。同时，通过 BIM 的虚拟建造，原有的 3D 静态模型可被加上一个描述变化的时间轴，以便展现模型构建的生命周期变化过程。后期在施工中，通过总控计划的导入，可周期性地观察施工进度与实际进度的区别，找出原因，及时做好补救措施。

4 幕墙行业的可视化实践

幕墙是建筑的外衣，最能直观地展现一座建筑的特色。幕墙设计作为建筑物的装饰性外围护结构，无论是在民用建筑还是在工业建筑的设计中，都对建筑师想要实现的建筑外观、建筑功能发挥着积极的作用。

现阶段，有幕墙公司已经在使用 Twinmotion、Lumion 等软件进行方案的输出。相对 UE4，这些都是比较轻量化的可视化软件，在方案的调整和输出的效率上，较以往的软件有了很大的提升，并且能够解决客户既往的痛点，收获了非常好的口碑。

目前，浙江中南幕墙设计研究院在建筑行业特别是幕墙行业可视化的进程中，无疑是走在行业的前端。设计院设有可视化工作室及方案创作工作室，近年来通过方案优化及可视化技术，在为客户解决精准建模和还原方案，内外装不同专业的碰撞检测及项目整体效果呈现等痛点上，获得了客户的一致好评，并取得了良好的业界口碑。

在设计中，幕墙施工图通常都是二维图纸，为了解决异形的工程，幕墙设计会用到 BIM 技术，具体方式是：三维建模软件创建项目模型，加载自适应的幕墙系统产品，自动生成材料订购表，根据三维模型自动生成幕墙材料加工图。BIM 在幕墙工程中的核心就是后期的下料工作。因为异形幕墙一般都造型复杂、属于三维空间造型，所有骨架和面板都要在工地三维定位、三维安装，对设计、加工和安装等方面都有很高的技术要求、质量要求和工期要求。

为了更好地贯通上下游，浙江中南幕墙设计院也设有专门的 BIM 团队，为客户量身解决施工过程中的痛点。前期通过可视化技术辅助客户决策，项目深化中通过 BIM 技术高效和完善地将项目落地，为客户提供全周期的数据及可视化服务。

建筑行业可以利用商业游戏引擎这个成熟的平台，在以数据为中心的辅助设计系统的开发中，降低图形系统开发的门槛，同时，淘汰掉传统繁琐的盲猜渲染，缩短客户等待时长，助力建筑和工程施工行业从频繁的设计修改当中解脱，这是游戏引擎在建筑可视化中最大的意义，也是浙江中南幕墙设计院的战略目标之一。

在浙江中南幕墙设计院看来，建筑可视化围绕的是建筑的全生命周期，根据其阶段性会有不同的可视化服务需求，这些可视化的数据纬度会由 3D 扩展到 4D（时间信息）甚至 5D（量价信息）；特别是作为专业的可视化服务商，还需要在项目的调整效率与可视化质量之间找到平衡点，这也是浙江中南幕墙设计院将继续探索的方向。

5 结语

建筑可视化的实现是一个漫长而复杂的过程。在可视化软件的后面，是一个大的数据平台。在 BIM 方面，从 2014 年 7 月 1 日的住房城乡建设部《关于建筑业发展和改革的若干意见》到 2018 年 11 月 12 日的《"多规合一"业务协同平台技术标准》公开征求意见稿，国家一直在政策层面上推动着 BIM 向前。如果要在数据和建筑之间搭一座桥，BIM 是必然的选择。AEC 行业针对工程建设的不同阶段，都要有入库标准和分别对应结果的编码。不仅如此，进入平台的所有成果数据，从跨专业标准数据的转换，到跨阶段的数据流动，都要遵循 XDB 这个统一的数据转化标准，以实现和总平台的对接，现在这一标准也正在不断完善。BIM 虽然也能将数据及模型可视化呈现，但是还不能与 VR/AR 设备连接，在输出的界面上观感也较差，需要与专业可视化软件的结合发展才能实现更多的可能性。

现代社会，学科和专业之间的壁垒会越来越低，竞争对手也完全会来自另一个行业，AEC 行业工序繁琐，任务量庞大且涉及的内容十分广泛，所以如何把要解决的问题和专业的知识融入软件系统中，开发出适应这个行业的高效快捷的可视化工具，轻量级易上手的建模工具以及便捷的量化分析工具等，实现启发设计、辅助施工，高效精准地完成项目全周期服务工作，是值得每个相关企业和个人去深入思考的问题。

随着越来越多新技术、新材料的出现，幕墙设计也变得更加多元化、智能化，并在发展中也不断尝试与其他行业交互，探索着更多的可能性。在建筑行业中，可视化是手段，数据平台是基础，BIM 是核心。5G 开始了，当不用担心流量延迟等问题时，手机上利用 UE4 的 Pixel Streaming 随时可以让你无论身处何处，都可以通过手机看到 3A 级画面表现效果的建筑可视化场景，值得让我们每 AEC 从业者期待。

浙江中南幕墙设计院是一家综合的设计院，设有方案创作工作室、可视化工作室、BIM 工作室，以及光伏幕墙所、灯光照明所、幕墙钢构所、施工图深化所等，致力于为客户提供业内全面的全周期的项目服务，可以完善对接项目各方。由于设计院还承接了不少海外工程的咨询和设计工作，所以在对接境外建筑方案工作室上也有丰富的经验。

作者简介

梁曙光（Liang Shuguang），浙江中南建设集团有限公司建筑幕墙设计研究院院长，全国幕墙联盟委员会副理事长，浙江省五一劳动奖章获得者，中国金属结构协会铝门窗幕墙委员会专家，杭州市优秀党员，多次被国家及协会授予荣誉称号。

黄秀峰（Huang Xiufeng），浙江中南建设集团有限公司幕墙设计研究院副总工程师，高级工程师，中国建筑装饰协会专家。

胡博（Hu Bo），浙江中南建设集团有限公司幕墙设计研究院标准化管理部经理，高级工程师，毕业于英国 Newcastle 大学土木工程与地球科学系。

范思宇（Fan Siyu），浙江中南建设集团有限公司幕墙设计研究院大数据开发部，毕业于湖州师范电子信息工程系。

注重门窗品质 共促房地产行业健康发展

◎ 赵文涛

广东博意建筑设计院有限公司 广东佛山 528312

摘 要 本文简要阐述门窗行业应该了解的建筑类标准规范中对门窗的要求，门窗行业要做好产品质量，配合房地产行业共同发展。

关键词 型材壁厚；开启通风率；气密性能；施工质量

1 引言

一场突如其来的新冠肺炎疫情，房地产销售交易跌至冰点，如此低迷的市场环境下，门窗行业也受到很大冲击。在党和国家领导人的英明领导下，疫情在我国已率先得到控制，经济逐渐复苏。

随着经济复苏，房地产行业逐渐回暖，门窗作为房地产下游产品，需求也随之加大。门窗主要需货方为房地产、私宅、公建等，房地产体量大，对门窗需求最高，门窗行业应能供应优质的产品给房地产，特别是满足房地产周期性的需求，依存于房地产更好发展。

2 门窗行业从业者需了解建筑规范中对门窗的要求

门窗按其所处的位置不同分为围护构件或分隔构件，有不同的设计要求，建筑外墙门窗需具有基本的抗风压、气密、保温隔热、隔声、防水等功能，部分要求具有防火、防蚊、新风等功能。

门窗是建筑造型的重要组成部分，建筑师对它们的形状、尺寸、比例、色彩等都有相关要求。建筑师在对住宅的设计过程中，只考虑门窗的形状、尺寸、比例、色彩等要求，并根据国家及地方规范、标准的要求，设置门窗的抗风压等级、水密性能、开启通风率、节能参数等。门窗行业的从业者必须了解相关规范的要求，熟悉建筑师的意图，方可对门窗分格形式等给予更专业的意见。

目前门窗行业的从业者，仅少数对建筑规范中门窗要求有所了解，下面列出部分建筑标准规范中对门窗方面的要求，供门窗行业的从业者参考。

2.1　气密性能

《夏热冬暖地区居住建筑节能设计标准》（JGJ 75—2012）第 4.0.15 条：居住建筑 1～9 层外窗的气密性能不应低于国家标准《建筑外门窗气密、水密、抗风压性能分级及检测方法》（GB/T 7106）中规定的 4 级水平；10 层及 10 层以上外窗的气密性能不应低于国家标准《建筑外门窗气密、水密、抗风压性能分级及检测方法》（GB/T 7106）中规定的 6 级水平。

《夏热冬冷地区居住建筑节能设计标准》（JGJ 134—2010）第 4.0.9 条（黑体字）：建筑物 1～6 层的外窗及敞开式阳台门的气密性等级，不应低于国家标准《建筑外门窗气密、水密、抗风压性能分级及检测方法》（GB/T 7106）中规定的 4 级；7 层及 7 层以上的外窗及敞开式阳台门的气密性等级，不应低于该标准的 6 级。

《严寒和寒冷地区居住建筑节能设计标准》（JGJ 26—2018）第 4.2.6 条（黑体字）：外窗及敞开式阳台门应具有良好的密闭性能。严寒地区外窗及敞开式阳台门的气密性能不应低于国家标准《建筑外门窗气密、水密、抗风压性能分级及检测方法》（GB/T 7106）中规定的 6 级。

《河南省居住建筑节能设计标准（夏热冬冷地区）》（DBJ41/071—2012）要求等级同《夏热冬冷地区居住建筑节能设计标准》。

《河南省居住建筑节能设计标准（寒冷地区75％）》（DBJ 41/T 184—2017）第 4.2.6 条：要求 1～6 层的外窗及敞开式阳台门的气密性能不应低于 6 级，7 层及 7 层以上不应低于 7 级。

2.2　开启通风率

《夏热冬暖地区居住建筑节能设计标准》（JGJ 75—2012）第 4.0.13 条

（黑体字）：外窗（包含阳台门）的通风开口面积不应小于房间地面面积的10％或外窗面积的45％。建筑师一般按10％的参数控制通风率。

《夏热冬冷地区居住建筑节能设计标准》（JGJ 134—2010）第4.0.8条：外窗可开启面积（含阳台门面积）不应小于外窗所在房间地面面积的5％。多层住宅外窗宜采用平开窗。

寒冷和严寒地区通常为外窗可开启面积不小于外窗所在房间地面面积的5％。

夏热冬冷、寒冷和严寒地区的居住建筑，当有绿建要求时，外窗可开启面积通常不小于外窗所在房间地面面积的8％。

《建筑防烟排烟系统技术标准》（GB 51251—2017）第3.2.2条（黑体字）：前室采用自然通风方式时，独立前室、消防电梯前室可开启外窗或开口的面积不应小于2.0m²，合用前室、共用前室不应小于3.0m²。

3 工程质量

房地产开发商依据国家、地方的法律、法规，依法在取得国有土地使用权的土地上，按照城市规划要求进行基础设施、房屋建设，其建设的房屋必须满足相关规范、标准要求，并且通过验收。

小业主作为房地产开发最终购买和长期使用者，特别关心房屋质量。门窗作为建筑的外围护构件，经常开闭，因此要求门窗开闭灵活、防风雨、节能环保。

门窗行业通过发展逐渐成熟，其企业的管理、生产技术、产品质量方面都有显著提高，市场、品牌、服务等意识明显增强。大部分企业由小规模的作坊式生产转变为大规模集约化、品牌化生产，形成了自己的门窗品牌。门窗企业在做大、做强同时，还需要特别关注产品质量，保证产品竞争力。

3.1 材料质量

门窗主要材料为框料、玻璃、五金、密封胶，门窗相关规范对框料的壁厚有明确要求。《铝合金门窗工程技术规范》（JGJ 214—2010）要求铝合金门窗主型材的壁厚应经计算或试验确定，除压条、损耗板等需要弹性装配的型材外，门用主型材主要受力部位基材截面最小实测壁厚不应小于2.0mm，窗用型材主要受力部位基材截面最小实测壁厚不应小于1.4mm；《塑料门窗设计及组装技术规程》（JGJ 302—2016）要求主型材可视面最小实测壁厚应符合国家标准要求，即门用主型材可视面最小实测壁厚不应小于 2.8mm，非可视面型材最小实测壁厚不应小于 2.5mm，门用主型材可视面最小实测壁厚不应小于 2.5mm，非可视面型材最小实测壁厚不应小于 2.0mm，并且门用增强型材壁厚不应小于 2.0mm，窗用增强型材壁厚不应小于 1.5mm。

为保证材料壁厚符合规范要求，施工单位在采购材料时，一定要注明型材的基材实测壁厚的具体要求，不能包含负公差，不能包含型材表面处理厚度。有些施工单位为节省成本，往往只要求所采购材料的基材厚度加表面处理厚度刚好达到规范要求的最小厚度，这种壁厚不符合相关规范要求。当材料在进场验收时，甲方抽检发现实测壁厚小于规范要求，材料会被退场，并且施工单位还需承担相应的违约责任，以及因供货安装延误导致房地产开发进度的延误，极有可能被房地产开发商索赔，也影响企业自身的信誉度。

3.2　加工质量

门窗业应根据现行国家技术规范要求，严格制订公司的产品加工工艺、规程和质量控制系统，充分使用公司现有的先进加工设备进行产品的精加工。

3.2.1　加工机具、量具检验

门窗加工用的设备、模具和器具应满足产品加工精度要求，检验工具、量具应定期进行检测和校正。确保材料验收、加工精度准确性。

3.2.2　型材入库验收

型材入库前需检查型材质量，表面处理是否合格，是否有变形，型材壁厚是否满足规范要求，若发现不符合质量要求的型材当即剔出，当场进行处理。不允许有质量缺陷的材料入库而进入加工工序，影响加工成品质量。

3.2.3　型材加工

型材按生产工艺图纸、优化单取料加工，要求取料仔细核对型材面、编号、尺寸、数量及颜色等。下料前再次确认型材编号、尺寸、角度，试开料确认无误后方可批量生产。型材开料后的端面应无毛刺、变形，冲孔、钻孔的偏差必须满足工艺图纸及规范要求，窗框组角接口平整，无明显缝隙，角度及对角线偏差在规范要求以内。

3.3　安装质量

根据门窗相关规范及施工图纸控制码片安装间距、位置，门窗塞缝尺寸及塞缝材料符合施工图纸要求，保证门窗框安装后平整度及垂直度。铝合金门窗还需要根据施工图纸做好防雷连接，保证接地电阻满足规范要求。

4　工程进度

房地产企业十分重视项目的开发进度，开发过程中各环节要求按规定时间节点完成，某一关键环节延误都将影响整个项目进度，因此开发商都严格控制各环节时间节点。门窗虽非关键节点，但有延误也将影响外墙及室内装修，不可避免对项目进度产生影响，因此门窗企业要重视并配合项目开发进度。

门窗企业与地产开发商通过一段时间的合作，双方有了深入合作的基础，门窗企业在有条件情况下，可考虑研究储存部分材料的可行性，在房地产企业急需时，直接供应门窗产品，减少从型材厂采购材料的时间，最大限度满足房地产开发进度要求，取得房地产企业的信任，促进双方建立战略联盟，实现合作共赢。

5　结语

受新冠肺炎疫情影响，国人长期居家不出，对居家品质有了更高要求。房地产行业也在加快推进住宅产业标准化、装配化，实行降本增效，并使用优质建筑门窗，且希望有成本更优、性能更好的门窗产品，为"建老百姓买的起的好房子"而努力。因此门窗行业要不断地提高产品的品质和创新研发，开发更加绿色、经济、环保的产品，实现可持续发展。

以上浅析希望能给门窗行业从业者提供一些参考。

作者简介

赵文涛（Zhao Wentao），男，1979 年 5 月生，幕墙所所长，高级工程师，二级建造师。工作单位：广东博意建筑设计院有限公司；地址：佛山市顺德区北滘镇碧桂园大道一号碧桂园中心九楼；邮编：528312；联系电话：13378682780；E-mail：54546231@qq.com。

第二部分

主流技术介绍

太阳得热系数与遮阳系数

◎ 刘忠伟

北京中新方建筑科技研究中心　北京　100024

1　光与热

太阳的表面温度大约为 $6000℃$，内部温度更高。太阳光是地球上几乎一切生命所需热量的来源，因此一般认为太阳光"很热"。现代科学认为，热是组成物质分子的热运动。根据斯蒂芬-波尔兹曼定律，任何物体，只要温度在 0K 以上，由于分子的热运动，每时每刻都在辐射电磁波，无需介质。其辐射的能量密度为：

$$E=C\left(\frac{T}{100}\right)^4 \tag{1}$$

式中　E——辐射能量密度；

　　　T——物质的温度；

　　　C——物质的辐射系数，不同的物质，其辐射系数不同。

这种辐射电磁波的波长范围是 $5\sim50\mu m$，属于远红外线，因此也被称为热辐射。

太阳光谱和热辐射波谱见图 1。由图可见，太阳光谱位于 $0.3\sim2.5\mu m$，其中 $0.3\sim0.38\mu m$ 是紫外光，$0.38\sim0.78\mu m$ 是可见光，$0.78\sim2.5\mu m$ 是近红外线，因此太阳光中没有热，只有光。如果太阳光中有热量，宇宙就不会如此的冷寂，而会变得温暖非凡，因为宇宙中有无数的恒星。

太阳光中虽然没有热量，但是太阳光有热效应，即太阳光照射在物质表面上，物质吸收太阳光子获得能量，使得物质中分子的热运动加剧，温度升高，特别是太阳光中的近红外线的热效应更显著。这也就是太阳光温暖地球的机理。

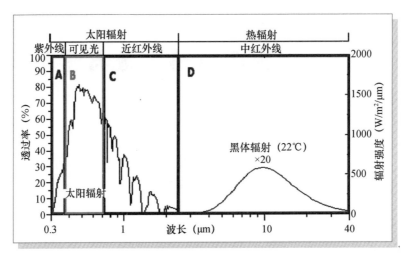

图 1　太阳光谱和热辐射波谱

按照斯蒂芬-波尔兹曼定律，只要高于 0K，任何物质都在辐射热辐射，人们所在的空间充满了热辐射。北方冬季，人们主要采用暖气采暖，暖气使得房间温暖的主要途径就是暖气向其周围不断发射热辐射。由于热辐射位于远红外线，人们只是看不见而已，但是远红外线无时不刻环绕在人们周围。

2　建筑玻璃传热机理及表征方法

图 2 是浮法玻璃的光谱图。由图 2 可见，浮法玻璃对于太阳光几乎是完全透明的，而对于热辐射则是完全不透明的，这也是玻璃能够作为围护材料使用的根本原因。试想，如果玻璃对于热辐射是透明的，那么对于热量即没有室内外之分，热量在室内外之间传递没有任何阻力，玻璃也就不能作为围护材料使用了。

图 3 表示了浮法玻璃对于太阳光的传播特性。

图 3 中显示，85％的透射比称为太阳光的一次透射比或直接透射比，这85％透过的是太阳光。2％的透射比称为二次透射比或再次透射比，这 2％透过的就不是太阳光了，虽然它源于太阳光，但它是玻璃吸收部分太阳光，使得自身温度升高，向室内发射的热辐射，即这 2％透过的是远红外线。太阳光一次透射比加上二次透射比称为太阳光总透射比。

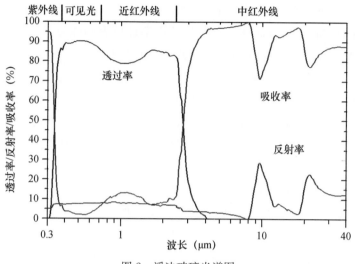

图 2 浮法玻璃光谱图

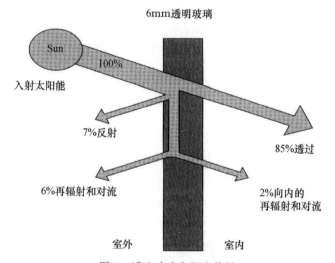

图 3 浮法玻璃太阳光传播

设太阳光的辐射照度为 I，玻璃的太阳光总透射比为 G，则单位时间通过玻璃单位面积进入室内的太阳能为 E：

$$E = I \times G \qquad (2)$$

太阳光总透射比完美、准确地表征了玻璃对于太阳光的透过性能，即表征了太阳光对室内的热效应。

《建筑玻璃 可见光透射比、太阳光直接透射比、太阳能总透射比、紫外线透射比及有关窗玻璃参数的测定》（GB/T 2680—1994）是参照 ISO 9050—1990 标准制定的。在该标准中，虽然给出了玻璃太阳能总透射比这一参量，但是仅仅将其作为过程量使用，表征玻璃太阳光透过性能采用的是遮阳系数。玻璃遮阳系数的定义是：玻璃太阳光总透射比与 3mm 透明玻璃太阳光总透射比理论值 0.889 的比值。此后我国建筑玻璃行业和玻璃幕墙行业全部采用遮阳系数表征玻璃、门窗和玻璃幕墙的太阳光透过特性，《公共建筑节能设计标准》（GB 50189—2005）也采用遮阳系数表征玻璃幕墙和遮阳系统对太阳光的透过性能。

如采用遮阳系数，设太阳光的辐射照度为 I，玻璃的遮阳系数为 S，则单位时间通过玻璃单位面积进入室内的太阳能为 E：

$$E = 0.889 \times I \times S = I \times G \tag{3}$$

G 为玻璃的太阳光总透射比，公式（3）恢复为公式（2）。由此可见，遮阳系数的引进纯属多此一举。

《建筑门窗玻璃幕墙热工计算规程》（JGJ/T 151—2008）是参考 ISO 15099、ISO 10077 和 ISO 9050 制定的。在该标准中采用了遮阳系数，但与 GB/T 2680 不同的是，该标准 3mm 透明玻璃太阳光总透射比的理论值采用 0.87。玻璃太阳光总透射比是绝对值，一块玻璃只有一个值。而遮阳系数是相对值，同一块玻璃采用 GB/T 2680 是一个值，采用 JGJ/T 151 是另外一个值。

《公共建筑节能设计标准》（GB 50189—2015）版摒弃遮阳系数，采用太阳得热系数 $SHGC$，对于玻璃而言，太阳得热系数即玻璃太阳光总透射比。由于《公共建筑节能设计标准》（GB 50189—2015）是建筑行业节能设计的纲领性标准，其他相关节能标准将会陆续采用太阳得热系数替代遮阳系数。

3　透明幕墙的太阳得热系数

透明幕墙一定是玻璃幕墙，但透明幕墙除玻璃外，还有型材等非透明部分。设太阳辐射照度为 I，幕墙玻璃的太阳光总透射比即太阳得热系数为 G，幕墙玻璃面积为 S_g，幕墙型材太阳辐射吸收率为 ρ，型材的传热系数为 U_f，型材的面积为 S_f，幕墙外表面换热系数为 β。根据牛顿定律，由室外传入室内的热量为：

$$E = \beta(T - T_1) + I \times \rho = \beta\left[\left(T + \frac{I \times \rho}{\beta}\right) - T_1\right] \tag{4}$$

式中 T——室外空气温度；

T_1——型材外表面温度。

令 $T_2 = T + \dfrac{I \times \rho}{\beta}$，称为室外综合温度，则公式（4）恢复为牛顿定律的一般形式，即

$$E = \beta(T_2 - T_1) \tag{5}$$

单位时间通过透明幕墙 S_w 面积进入室内的太阳能 E 为：

$$E = I \times G_g \times S_g + \dfrac{I \times \rho}{\beta} \times U_f \times S_f \tag{6}$$

设透明幕墙的太阳得热系数为 $SHGC_w$，则

$$E = I \times S_w \times SHGC_w = I \times G_g \times S_g + \dfrac{I \times \rho}{\beta} \times U_f \times S_f \tag{7}$$

$$SHGC_w = \dfrac{G_g \times S_g + \dfrac{\rho}{\beta} \times U_f \times S_f}{S_w} \tag{8}$$

在上述公式中有一参量 ρ，有些文献称之为材料太阳辐射吸收系数。一般情况下，物理学中定律的吸收系数通常有量纲，而出现在上述公式中的 ρ 无量纲，本文称其为材料太阳光吸收率。对于非透明材料，太阳光透射率为零，因此只要测得材料太阳光反射率 R，通过计算即可得到材料太阳光吸收率 ρ，因为 $\rho + R = 1$。

对于玻璃，太阳得热系数即玻璃的太阳光总透射比。对于透明幕墙，太阳得热系数也可理解成太阳光总透射比，只不过此时的非透明部分的太阳光直接透射比为零，透明部分和非透明部分按面积进行了计权平均。

4 结语

名词术语的定义非常重要，理解其物理内涵更重要，只有准确理解其物理内涵，应用时才会正确。

大跨度宽扁钢梁结构体系在超高层建筑幕墙中的实践

◎　欧阳立冬　　花定兴

深圳市三鑫科技发展有限公司　广东深圳　　518054

摘　要　现代建筑幕墙追求表皮通透，大跨度空中大堂尽量设计结构轻薄，对超高层建筑实行个性化设计，既要满足结构安全要求，又要满足建筑个性展现。通过大跨度来实现建筑通透性，这对于建筑幕墙及支承结构本身具有一定挑战。本文阐述了在超高层建筑幕墙中超大跨度宽扁钢梁与拉索结构的设计体系与实践。

关键词　超高层空中大堂；超大跨度宽扁梁；建筑幕墙

1　工程概况

本项目建筑总高度 199.05m，幕墙面积约 4 万 m²。分别采用 3 个直立面与 3 个倾斜立面进行建筑立面切割，以挺拔张扬、蓬勃向上的六边形切体造型塑造了风帆的抽象美感，渐变六边形的立体设计极具视觉冲击（图1）。

本文主要介绍位于塔楼 3 个斜面的超大跨度宽扁梁钢结构与拉索幕墙系统，索网幕墙共由三部分组成：顶部空中大堂、中部中庭以及底部中庭，如图2所示。为了保证建筑效果协调统一，三部分的索网幕墙采用一致的结构体系，本文重点介绍顶部空中大堂幕墙及结构体系。

2　顶部空中大堂结构分析

2.1　主体结构

顶部空中大堂的整体结构包括主体框架和幕墙结构。其中幕墙结构由竖

图 1 项目效果图

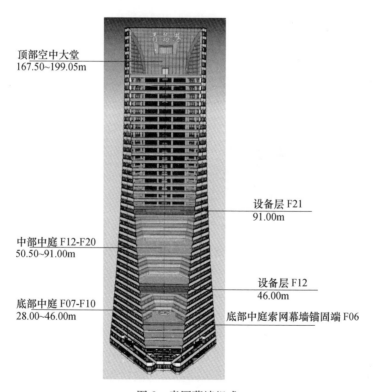

顶部空中大堂
167.50~199.05m

设备层 F21
91.00m

中部中庭 F12-F20
50.50~91.00m

设备层 F12
46.00m

底部中庭 F07-F10
28.00~46.00m

底部中庭索网幕墙锚固端 F06

图 2 索网幕墙组成

97

向的拉索和水平的钢结构横梁组成，均需要锚固或支承于主体框架结构上，主体框架需要有足够的刚度和强度承担竖向力和水平力。竖向的拉索上端锚固在顶部的主框架梁上，下端锚固在下部楼层的框架梁上；水平钢结构横梁则支承在竖向框架转角钢柱上（图3和图4）。

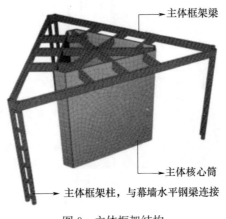

图3　主体框架结构

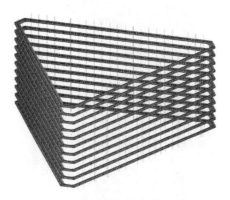

图4　索网幕墙结构示意图

2.2　幕墙结构体系

幕墙结构体系由竖向传力体系和水平抗风体系组成。

在图5所示幕墙体系构件图中，双水平横梁标示为上下两道钢横梁，具体示意详剖面图。双索为两根拉索纵向排布（前后端），间距为500mm，两道双索之间的横向间距为4.2m（2个面板分格间距布置）。两道双索之间还布置有一道单索，单索与双索的横向间距为2.1m。双索布置在幕墙结构的短跨方

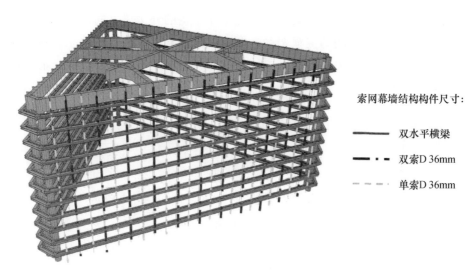

索网幕墙结构构件尺寸：

——— 双水平横梁

—‧—‧— 双索D 36mm

— — — 单索D 36mm

图5　幕墙体系构件图

向，作为幕墙结构的主要抗风构件和水平钢横梁一起提供了结构的水平刚度，同时可以作为悬挑横梁的支座。

幕墙结构由水平宽窄焊接扁钢横梁、前后拉索以及吊杆组成。前拉索与宽横梁和窄横梁连接，后拉索仅与宽横梁连接，吊杆直接与宽横梁和窄横梁连接。其中宽扁钢梁规格为 1400mm×80mm×20mm、窄扁钢梁规格为 600mm×80mm×12mm。钢梁与主体结构均为铰接（图6）。

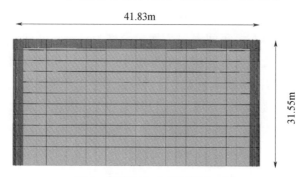

图6　顶部空中大堂幕墙尺寸图

2.3　竖向传力体系

在主体框架中，位于三个角部的竖向立柱、立柱之间的水平主框架梁、从核心筒延伸出的悬挑梁以及核心筒均作为主体结构体系。由于幕墙结构体

系的竖向拉索均锚固在主框架梁和下方主体结构的外边梁之间，竖向拉索的
竖向力将传递至立柱间的主框架梁，再由主框架梁传递至竖向的立柱和悬挑
梁，其中悬挑梁的内力再传递至主体结构的核心筒。这样就形成了一个清晰
有效的竖向传力体系（图 7）。

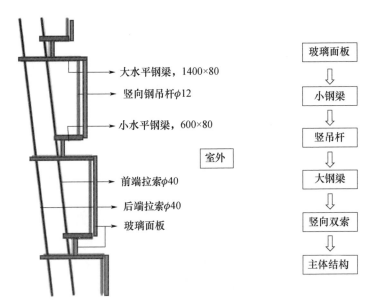

图 7　幕墙承重传力体系图

　　索网幕墙的承重体系主要是由竖向的拉索和水平不等宽悬挑钢梁组成。
竖向拉索为前后端排布，每间隔一个面板分格为双索，另外一个分格只有前
端索；玻璃面板安置在大小钢横梁的外边缘，每 2 块相邻玻璃面板接缝处内
侧都有 $\phi12mm$ 不锈钢吊杆，大玻璃自重传递到小水平钢横梁前端，但小水平
钢横梁与拉索为铰接，无法承受弯矩，因此玻璃面板的荷载通过前端的竖向
吊杆传递至上端的大悬挑钢梁，再由悬挑梁传递至竖向的拉索。

2.4　水平抗风体系

　　本体系中水平钢横梁和竖向拉索是抗风体系的组成部分。水平力先作用
在外表面的玻璃面板，再传递至水平钢横梁，由于水平钢横梁的水平刚度远
大于竖向拉索的刚度，水平钢梁将水平风荷载再传递至主体框架中的竖向的
转角部位钢结构柱和核心筒。其中作用在水平 600mm×80mm 钢横梁的水平
风荷载，通过前端竖索传递到 1400mm×80mm 的大水平钢横梁。

3 结构分析

考虑几何非线性，对顶部空中大堂幕墙结构进行 13 种荷载工况下的大变形静态分析。按照荷载工况对 ANSYS 有限元模型进行荷载组合加载。荷载工况通过荷载步的方式定义，一个荷载步定义一个荷载组合工况。对顶部空中大堂幕墙结构进行非线性全过程分析，各部分幕墙结构的稳定系数均满足规范要求。

3.1 总位移

对顶部空中大堂幕墙结构进行共 13 种标准组合荷载工况下的大变形静态分析，各荷载工况的最大总位移为 194.431mm，与钢扁梁跨度的比值为 1/209，符合要求（图 8）。

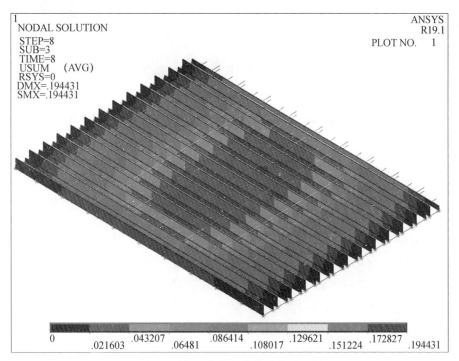

图 8 顶部空中大堂荷载总位移云图

3.2 钢扁梁 Mises 应力

对顶部空中大堂幕墙结构进行 13 种基本组合荷载工况下的大变形静态分

析，各荷载工况的最大钢扁梁 Mises 应力为 226MPa，小于钢扁梁 Q345 设计强度为 310MPa，符合要求（图 9）。

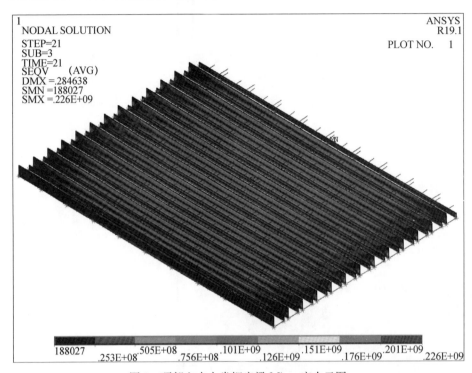

图 9　顶部空中大堂钢扁梁 Mises 应力云图

3.3　拉索应力

对顶部空中大堂幕墙结构进行 13 种基本组合荷载工况下的大变形静态分析，各荷载工况的最大拉索内力和最大拉索应力详见图 10，各荷载工况的最大拉索内力为 367.792kN、最大拉索应力为 394MPa（最大拉索内力和应力出现在顶部空中大堂前索最中间一根拉索的最上部位置），拉索最小破断力与拉索内力标准值的比值大于规范规定要求。

3.4　吊杆应力

对顶部空中大堂幕墙结构进行 13 种基本组合荷载工况下的大变形静态分析，各荷载工况的最大吊杆应力为 161MPa（最大吊杆应力出现在顶部空中大堂中间最下部位置），小于吊杆设计强度要求（图 11）。

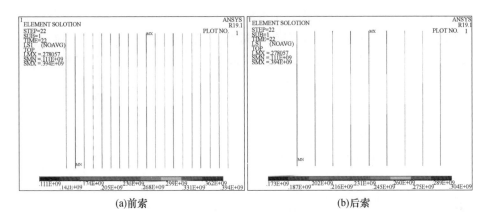

(a)前索　　　　　　　　　　　　　(b)后索

图 10　顶部空中大堂拉索应力云图

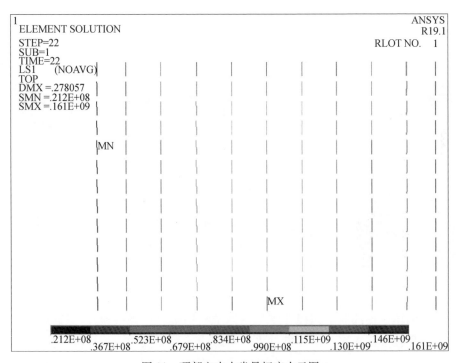

图 11　顶部空中大堂吊杆应力云图

4　连接设计

主体框架结构柱伸出悬伸支座，转角处幕墙水平钢梁通过悬伸支座与主体结构柱进行连接，大跨度水平钢横梁通过钢芯套与转角处水平幕墙钢梁通过钢芯套及高强螺栓，与转角处钢梁进行连接，连接节点按铰接支座设计。水平钢梁与主体连接为圆孔和长孔连接，以适应温度变形和安装调节要求（图12和图13）。

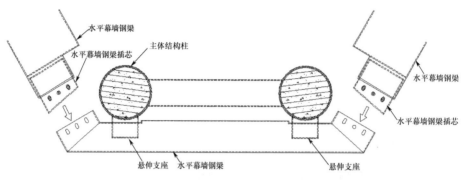

图 12　顶部空中大堂水平钢梁节点安装图

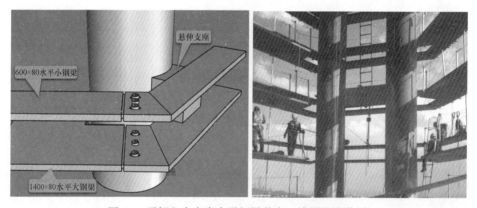

图 13　顶部空中大堂水平钢梁节点三维图及安装图

竖向拉索顶部通过钢板支座与主体结构钢梁进行焊接连接，拉索底部直接与钢耳板进行连接，钢耳板与主体钢结构采用焊接的形式连接，拉索顶部采用可调端，底部采用固定端头（图14和图15）。

拉索与水平钢梁连接，在拉索与水平钢梁连接位置，采用不锈钢环与拉索进行压制结合，压制件与水平钢梁进行限位设计连接，最后在水平大钢梁位置现场进行封口焊接，如图16所示。

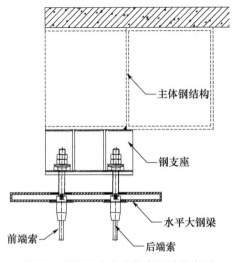

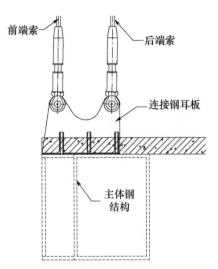

图 14 顶部空中大堂拉索顶端节点图　　图 15 顶部空中大堂拉索底部节点图

图 16 顶部空中大堂现场施工场景

5 现场施工

本项目水平钢梁与拉索结合体系，在超高层施工中，从钢梁的工厂加工、运输、吊装、拼装都成为本项目的难点；拉索与钢梁之间的穿插施工，拉索的张拉同样具有极大挑战。其具体工序如下：

鉴于扁钢梁长度达 42m，分为三段用塔吊吊装至 38 楼层边缘，采用工装分层临时整齐搭设，然后穿设竖向拉索挂接上下端连接，再分级张拉预拉力至 150kN，最后用设置在屋顶钢平台上 5 台卷扬机将钢板梁同步吊至指定标高锁紧，钢梁两端螺栓拧紧，装设前端吊杆。至此顶部空中大堂幕墙结构系统安装完成，为安装单元板块创造基本条件。需要强调的是，拉索锁紧夹具应保持足够的安全系数，钢板梁也需要适当起拱处理，拉索上下主体大梁也要随时观测上下变形（图17和图18）。

图17　顶部空中大堂现场施工场景（一）

图18　顶部空中大堂现场施工场景（二）

6　结语

当代大型建筑更加追求个性化设计，建筑追求的空中大堂大气通透性，已经突破了现代的建筑幕墙的常规设计理念。本项目在超高层采用超大跨度水平钢梁与竖向拉索进行设计结合，为建筑立面及功能的实现提供了完美的解决方案，为以后超高层拉索幕墙设计提供参考和借鉴。

本工程结构分析得到东南大学土木学院冯若强教授团队支持，在此一并感谢！

参考文献

[1] 中国建筑科学研究院. 索结构技术规程：JGJ 257—2012 [S]. 北京：中国建筑工业出版社，2012.

[2] 中华人民共和国住房和城乡建设部. 钢结构设计规范：GB 50017—2017 [S]. 北京：中国建筑工业出版社，2018.

[3] 中国建筑科学研究院. 玻璃幕墙工程技术规范：JGJ 102—2003 [S]. 北京：中国建筑工业出版社，2013.

作者简介

欧阳立冬（Ouyang Lidong），深圳市三鑫科技发展有限公司设计研究院副院长，副总工程师。

花定兴（Hua Dingxing），深圳市三鑫科技发展有限公司设计研究院总工程师，教授级高级工程师。

空间索杆结构体系在玻璃金字塔项目中的应用

◎ 王德勤

北京德宏幕墙工程技术科研中心　北京　100062

摘　要　本文以空间索杆结构体系在贵阳人民广场玻璃金字塔的应用为例，介绍了在玻璃金字塔的预应力索杆支承结构设计与施工中的一些方法和体会。在文章中同时又以探求的方式揭示和介绍了古代金字塔中那些最神秘和有着超能力的原因所在。介绍了怎样形成最稳定的角，也就是人们把它称为"自然塌落现象的极限角和稳定角"在建筑外围护上的实际应用过程和效果，并用实际例子进行了解析。

关键词　玻璃金字塔；点支承玻璃连接技术；柔性空间索杆结构体系

1　引言

随着空间索杆结构设计与施工技术的发展，许多新思想、新技术、新材料和新工艺被开发出来，并成功应用到建筑外围护的设计和建造上，从而使建筑幕墙、玻璃采光顶以及由建筑玻璃为载体的各种大型的有着强烈艺术感染力的造型体，在近年来获得飞速的发展。这些技术为建筑设计师们提供了有着很高现代技术含量的艺术表现手段，在建筑艺术的塑造上得到了广泛的应用。

作为不断发展中的前沿建筑技术，索杆结构是一种较活跃的结构类型。工程师们充分发挥钢材抗拉性能好的特性，利用包括钢棒、扁钢、高强度冷拉钢丝编织而成的钢索等材料，布置出空间张拉结构体系。特别是具有较高抗腐蚀、装饰性的不锈钢材料解决了人们不同的需要，在不同空间形态下表现出各种迥异的结构艺术特点。

点支承玻璃连接技术，因安全可靠的连接构造早已被广泛应用于各类建筑之中。已从刚架、桁架、网架、玻璃肋等刚性支承体系，发展到基于预应力张拉技术的柔性支承体系。柔性结构体系与点支式玻璃结合使用，将两者轻盈、通透的共性发挥到极致，使建筑内外空间自然和谐的融为一体。

实际工程中，柔性空间索杆结构体系与点支式玻璃面板结合早已得到应用并取得了理想的效果，我国于 20 世纪 90 年代就开始了探索性的应用。采用这种技术建造大型玻璃金字塔，取得了极大的成功。

2　空间预应力索杆结构玻璃金字塔营造技术

金字塔的形象，千百年来被人们所熟知，引起无数人的惊叹。古代世界七大奇迹中，其他六大奇迹都已毁损，惟有代表着古代文明灿烂成就的金字塔依然屹立在大地之上。

金字塔作为一种建筑形式，以它那神秘的信息和古朴的外形给我们留下了深刻的印象，特别是它历经 5000 余年而不倒。无论遇到多大的自然力和无数风雨的侵蚀，至今还能展示出当年的风姿。这不得不让人们产生一些联想。为什么与它同一时期的建筑和城池都已灰飞烟灭了，只有金字塔岿然傲立。其中的奥秘是什么呢？比如埃及的胡夫金字塔、墨西哥的库库尔坎金字塔、尼罗河下游散布的约 80 多座大小不一的金字塔，以及分布在世界各地的千年以上的各式金字塔，是不是有一种神秘的力量在支撑着它们？

我对此进入了深思和探求。这是我在当年设计建造贵阳人民广场玻璃金字塔时，在对金字塔的斜面玻璃和支承结构的各种角度的确定过程中一直在思考的事情。

2.1　在金字塔中有着超能力的神秘角度

把一定数量干燥的米、沙、碎石子或其他小颗粒形状的物体，分别从上向下慢慢地倾倒，不久就会形成三个圆锥体。尽管它们质量不同，小颗粒的形状各异，但倾倒后所形成的圆锥体形状却非常相似。不管倒出多少沙子，与水平地面所形成的圆锥体，地面与侧线的角度也都是 $51°50'9''$。这种自然形成的角是最稳定的角，人们把它称为"自然塌落现象的极限角和稳定角"。

有研究证明：埃及的胡夫大金字塔正好是 $51°50'9''$，这说明它就是按照这种"极限角和稳定角"来建造的。沙漠的风是暴力的，金字塔独特的造型把风的破坏力化解到最小程度。人们知道磁力线的偏向作用可以使地面建筑甚至高山崩溃，而这座金字塔塔基正好处于磁力线中心，它随着磁力线的运动而运动，随着地球的运动而运动，因此它所承受的振幅极其微弱，地震对它的影响也就不大了。近 $52°$ "角"、方锥体的"形"与磁力线同步运动的"位"是金字塔稳定之谜。

在资料中了解到古人已经做出了样板，剩下的就是按照这些具有超能力和神秘力量的角度和比例用现代的高科技手段和材料建造我们的玻璃金字塔。

2.2 空间索杆结构支承玻璃金字塔在设计过程中要考虑的问题

随着我国幕墙技术的发展，预应力索杆结构作为玻璃幕墙、采光顶、各种穹顶的支承系统早已在建筑上得到了广泛的应用。在现代建筑中，鱼腹式双层索系玻璃幕墙、自平衡索桁架玻璃幕墙、单层索网玻璃幕墙、单向单索结构玻璃幕墙等柔性支承体系的玻璃幕墙已不再凤毛麟角。在 2020 年 9 月份的空间结构技术交流会上，北工大的薛素铎团队又公布可以抗连续倒塌的新型无内环索结构体系，进一步丰富了柔性结构体系。对于建筑师和幕墙工程师来说，索杆结构支承体系的玻璃幕墙已经成为常见的幕墙形式。同时在国家标准和工程技术规范中已对索结构幕墙有了严格、详细的技术规定。对于幕墙企业来说，对此类幕墙的设计与施工技术也已日趋成熟。不过，在 20 年前用拉杆系统作为玻璃幕墙的支承结构还是最前沿的技术。

2.2.1 钢桁架作为主体支撑结构

在玻璃金字塔的结构设计时，我们在每个玻璃金字塔的四个角部设置了大型钢桁架，以此来作为金字塔上四个三角形玻璃平面内，预应力空间拉杆结构的边缘支点；同时在每榀钢桁架的中间段又布置了两个抗弯曲支点，用以保证金字塔主体结构在预应力拉杆系统侧向作用力下的稳定性（图1和图2）。

在主体结构的设计中，考虑到环境、温度、地震力以及预应力索杆结构的内力变化、地下商场空间震动等工况对主体结构稳定性的影响，我们将金字塔斜面四个三角形的底边结构整体进行连接，并将底部的四个支点之一作为固接点，其他三个固定点作为可滑移支座。采用这种构造方法来确保这座大型玻璃金字塔在工作状态下的安全可靠性。

图 1　玻璃金字塔内部　　　　　　　图 2　玻璃金字塔内部结构

2.2.2　索杆桁架支承体系的布置

对于玻璃金字塔的结构体系布设，在当时是没有参考资料的，只有一张来自法国卢浮宫的玻璃金字塔照片。只能看到外形，无法了解其内部索杆结构的布设情况。

我们根据金字塔的体型，并分析了金字塔在各种工作状态时承受荷载的工况，结合预应力索杆结构受力特点，布置了预应力索杆桁架支承体系，并按 1/200 确定了在承受风荷载时的最大变形量（图 3 和图 4）。

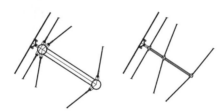

图 3　拉杆桁架悬空杆

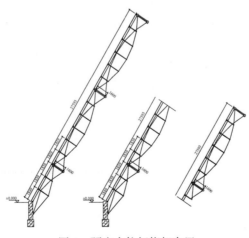

图 4　预应力拉杆桁架布置

2.2.3 预应力拉杆桁架点支承玻璃金字塔的节点设计

在预应力拉杆桁架点支承玻璃金字塔的节点设计时，我们根据其受力的需要开发研制了不等长星型不锈钢爪件。在菱形玻璃的钝角边支点处设计了长孔，在锐角边设计了大圆孔，彻底解决了玻璃面板在自重、温度荷载、风荷载等作用时适应变形能力的难题，在国内首次使用在实际工程中。每根不锈钢拉杆的两端连接处，采用了正反螺纹预紧方案，用索接头与悬空杆件上的耳板进行连接。这个方案同时解决了拉杆各种不同方向的需要和对拉杆形成的桁架施加预应力的需要（图5和图6）。

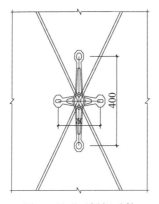

图5 星型不锈钢爪件

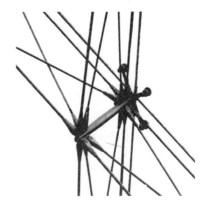

图6 拉杆桁架悬空杆

2.2.4 玻璃金字塔菱形玻璃面板的设计

玻璃金字塔菱形玻璃面板的设计是按照埃及胡夫金字塔的神秘角度的数据：斜坡对地面51°50′09″；本身底部角度：58°17′15″。金字塔底部是一个边长为49.2m的正方形，四个等腰三角形的玻璃面，每个三角形底角均为58°17′15″。

我们在玻璃金字塔的每个大面上按一定的模数分成六个正菱形区域，同时在这个面上的下方还有四个等腰三角形。在每个菱形区域内有36片菱形玻璃，每片菱形玻璃的对角线都为长3.1m、宽1.9m；在每片玻璃的角上设计了与不锈钢驳接系统连接的安装孔。玻璃采用了钢化夹胶玻璃，并在夹胶膜中增加了一层0.38mm厚的蓝绿色胶片，使得整个玻璃金字塔呈现出蓝绿色（图7和图8）。

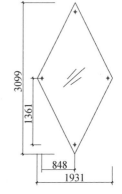

图7 菱形玻璃面板

在设计金字塔最顶部的玻璃时，增加了顶部的不锈钢金属造型板，使其与避雷接闪器连接，确保金字塔的防雷性能。

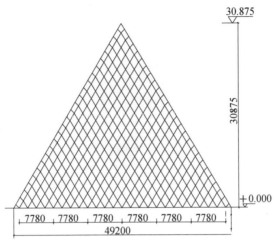

图 8　金字塔的玻璃分布图

2.3　空间索杆结构支承玻璃金字塔的施工技术

当年，在玻璃金字塔的施工过程中，我们没有任何可借鉴的方案，特别是四根主支撑钢结构的空中对接，在保证其可靠连接、相互支撑的同时还要确保尺寸定位精度，一旦有大的偏差，将无法进行后续的施工。我们采用了大型汽车吊将四根主支撑钢结构同时吊装。在对安装的部位进行了精密测量后做了临时辅助支撑，利用辅助工装设备将所有支撑钢结构调整安装到位；同时按设计要求，结合测量比例进行放线、描点，确定边缘尺寸控制基准。对全部索杆桁架的边缘支点做精确定位之后，进行耳板的焊接。受力耳板的焊接采用了一级焊缝。在完成全部结构的精度校核后，开始对索杆桁架进行试安装，索杆桁架的安装和调整是在四个面同时进行的。当拉杆内力调整到位后，开始安装不锈钢连接系统，最后进行玻璃安装。

由于施工现场所限，全部玻璃都采取了由人工进行二次转运和安装的方案；在金字塔的四周搭起了环形脚手架，从最上部逐步向下进行安装，最后对四个转角和底边的三角玻璃做收口安装。在 1999 年的"十一"国庆节的前两天完成了全部玻璃金字塔的安装（图 9）。

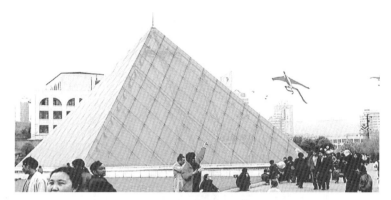

图9 贵州省贵阳市人民广场北广场上的玻璃金字塔

3 结语

近年来，由于建筑技术的发展和建筑形式的多样化，各种新技术、新工艺、新材料在建筑外围护上得到广泛的应用。在2020年的全国空间结构技术交流会上，又公布了一项可以抗连续倒塌的新型"无内环索结构系统"，进一步丰富了柔性结构体系。对于建筑师和幕墙工程师来说，索杆结构支撑体系的外围护结构已经成为常见的形式。对于幕墙行业来说，对此类幕墙的设计与施工技术也已日趋成熟。

本文中所介绍的内容和设计方案都是我在当年方案设计和工程实践中的一点经验总结，如果能给建筑外围护体系设计的同仁提供一些有益的启发也就深感欣慰了。

参考文献

［1］中国建筑科学研究院. 索结构技术规程：JGJ 257—2012［S］. 北京：中国建筑工业出版社，2012.

［2］王德勤. 单索结构玻璃幕墙的安全保障系统解析［J］. 幕墙设计，2018（2）.

空心陶板的强度及挠度计算公式分析

◎ 曾晓武

深圳市建筑门窗幕墙学会　广东深圳　518053

摘　要　作为一种人造板材，空心陶板的结构计算比较麻烦。本文通过理论推导公式后，与有限元计算结果进行对比，两种计算结果基本吻合，来验证理论推导公式的可行性。

关键词　空心陶板；计算公式

Abstract　As a kind of artificial panel, structural calculation of hollow terracotta panels is always troublesome. Though comparison between theoretical formulas and finite element simulation methods, the two methods are basically identical, so that theoretical formulas is verified to be feasible.

Keywords　Hollow terracotta panels; Calculation formulas

0　引言

空心陶板的面板强度计算一直以来比较混乱，绝大多数设计人员都是用空心陶板的总厚度按实心板的计算公式进行计算，包括百度上搜到的关于陶板的强度计算也是如此，存在一定的安全隐患。在《人造板材幕墙工程技术规范》（JGJ 336—2016）的相关规定中，空心陶板的最大弯曲应力标准值宜采用有限元方法分析计算，也可通过均布静态荷载弯曲试验确定其受弯承载能力。由于采用有限元进行空心陶板建模时比较麻烦，对计算人员要求较高，工程中往往是采用试验的方法来确定其承载能力，即按《天然饰面石材试验方法

第 8 部分　用均匀静态压差检测石材挂装系统结构强度试验方法》（GB/T 9966.8—2008）的相关要求进行均布静态荷载弯曲试验。但是，检测试验相对来说比较复杂，能否采用理论公式进行计算呢？本文通过理论推导公式后，与有限元计算结果进行比较，探讨空心陶板的理论计算公式的可行性。

另外，《人造板材幕墙工程技术规范》中对陶板无挠度计算要求，本文中的挠度公式仅作为理论公式与有限元法进行比较验证，也可作为有变形控制要求时的补充计算。

由于空心陶板在长度和宽度两个方向上的截面不一样，截面较复杂，为确保结果准确，特采用了两种有限元软件进行分析，其中，SAP2000（以下简称"SAP"）计算结果明确，可直接查询各点的准确值，但建模相对复杂些，而 INVENTOR（以下简称"INV"）建模非常便利，但毕竟不是一种专业计算软件，主要数值可准确查询，但要查询各点的准确值较为困难。通过采用 SAP 和 INV 两种有限元，来相互验证计算结果的正确性。

1　理论公式推导

空心陶板的规格较多，宽度一般为 300～800mm，长度一般不大于 1500mm。由于空心陶板通常采用四点支承的固定方式，所以，理论公式也按四点支承进行计算。

（1）基本参数

空心陶板长度为 b，宽度为 a，厚度为 t。另外，空心陶板为小挠度变形，不考虑折减系数。

（2）计算原理

不同于普通的实心陶板，空心陶板长度方向和宽度方向的横截面完全不同，造成横截面惯性矩和抵抗矩也不同，无法采用统一的公式进行计算，所以，考虑采用长度和宽度两个方向分别进行计算。

首先，根据弹性小挠度矩形板计算理论，计算矩形四角支承板两个方向的最大弯矩，并假设两个方向的最大弯矩均布在各自的横截面上；其次，分别计算两个方向的截面惯性矩和抵抗矩，可采用 AutoCAD 等软件直接求出，其中，长度方向截面为空心陶板的常见横截面（图 1），惯性矩和抵抗矩分别为 I_a 和 W_a（取较小值），宽度方向为上下两个板厚、中间空心的横截面（图 2），惯性矩和抵抗矩分别为 I_b 和 W_b（取较小值）；最后，计算出空心陶板两个方向上的强度以及最大挠度值。

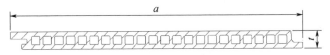

图 1 空心陶板长度方向横截面示意图

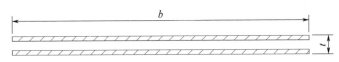

图 2 空心陶板宽度方向横截面示意图

（3）空心陶板两个方向上的弯矩

按弹性小挠度矩形板理论，陶板两个方向上的弯矩系数和跨中最大挠度系数按图 3 的四角支承板计算简图进行计算，具体数值可从《建筑结构静力计算手册》或相关规范中查表得出。由于最大弯矩系数在面板两个方向自由边中点位置，故两个方向中心点 m_x 和 m_y 位置无需计算。

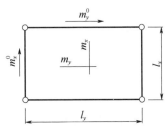

图 3 四角支承板计算简图

其中：m_x、m_x^o——分别为板宽方向中心点、自由边中点的弯矩系数；

　　　m_y、m_y^o——分别为板长方向中心点、自由边中点的弯矩系数；

　　　l_x、l_y——分别为空心陶板的宽度方向和长度方向支承点间距离，且$l_x \leqslant l_y$。

（4）空心陶板的最大弯曲应力标准值

最大弯曲应力标准值 σ_{wk}

$$\sigma_{wk} = \frac{6 m w_k l_y^2}{t_e^2} \tag{1.1}$$

采用等效刚度原理将空心陶板换算成实心板等效截面厚度 t_e

$$t_e = \sqrt{\frac{6 W_a}{a}} \quad \text{或} \quad t_e = \sqrt{\frac{6 W_b}{b}} \tag{1.2}$$

式中 σ_{wk}——垂直于面板的风荷载下产生的最大弯曲应力标准值，MPa；

　　　w_k——垂直于面板的风荷载标准值，kN/m^2；

　　　m——面板两个方向自由边中点的弯矩系数，按相关规范确定；

　　　t_e——等效截面厚度，取两者中较小值，mm；

W_a、W_b——长度方向和宽度方向横截面的截面抵抗矩，均取较小值 mm^3。

117

（5）空心陶板的跨中挠度 d_f

$$d_\mathrm{f}=\frac{\mu w_\mathrm{k} l_y^4}{D_\mathrm{e}} \tag{1.3}$$

$$D_\mathrm{e}=\frac{E_\mathrm{t} t_\mathrm{e}^3}{12(1-V_\mathrm{t}^2)} \tag{1.4}$$

式中　d_f——风荷载标准值作用下的挠度最大值，mm；

　　　　μ——挠度系数，按相关规范确定；

　　　　D_e——空心陶板的等效弯曲刚度，mm^4；

　　　　E_t——陶板弹性模量，取 20000MPa；

　　　　V_t——陶板泊松比，取 0.13。

2　理论公式与有限元法对比

考虑到目前陶板的规格尺寸越来越大，同时宽度方向上自由边中点弯矩也较大些，本文采用宽度较大的 500mm 陶板进行理论公式和有限元法的对比计算，选取陶板宽度 500mm，厚度 30mm，长度从 600~1500mm 为分析对象，四角支承仅承受风荷载，风荷载标准值为 1.0kN/m^2，设计值为 1.5kN/m^2，不考虑板自重影响。

为方便采用有限元进行建模计算，图 4 中陶板的截面形状及空心截面的尺寸进行了局部调整，理论公式推导及有限元法的计算均按此截面进行分析。由于空心陶板截面比较复杂，本文采用 INV 和 SAP 两个有限元软件进行分析。

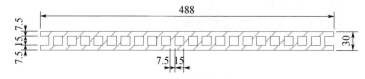

图 4　空心陶板宽度方向横截面示意图

（1）基本参数

以陶板 800mm×500mm×30mm 为例，板宽 a 为 488mm，板长 b 为 800mm，扣除四点支承的边距，l_x 为 488mm，l_y 为 800−27×2=746（mm），l_x/l_y=0.654。本例计算 4 个点应力以方便比较分析，查表可得板弯矩系数 m_x 为 0.0388，m_y 为 0.1190，m_x^o 为 0.0833，m_y^o 为 0.1360，挠度系数 μ 为 0.0156[1]。

采用 AutoCAD 软件计算，该规格陶板长度方向横截面的惯性矩和抵抗矩分别为 $I_\mathrm{a}=1.004×10^6$ mm^4 和 $W_\mathrm{a}=66938\mathrm{mm}^3$，宽度方向横截面的惯性矩和

抵抗矩分别为 $I_b = 1.575 \times 10^6 \, \text{mm}^4$ 和 $W_b = 1.05 \times 10^5 \, \text{mm}^3$。

（2）陶板两个方向上的弯曲应力

按式（1.2）计算陶板等效厚度

$$t_e = \sqrt{\frac{6W_a}{a}} = 28.69 \, \text{mm}; \quad t_e = \sqrt{\frac{6W_b}{b}} = 28.06 \, \text{mm}$$

取两者中的较小值，故等效厚度 t_e 取 28.06mm。

按式（1.1）计算两个方向上的弯曲应力：

宽度方向中心点的弯曲应力 σ_x 和自由边中点的弯曲应力 σ_x^o

$$\sigma_x = \frac{6m_x w l_y^2}{t_e^2} = 0.247 \, \text{MPa}$$

$$\sigma_x^o = \frac{6m_x^o w l_y^2}{t_e^2} = 0.530 \, \text{MPa}$$

长度方向中心点的弯曲应力 σ_y 和自由边中点的弯曲应力 σ_y^o

$$\sigma_y = \frac{6m_y w l_y^2}{t_e^2} = 0.757 \, \text{MPa}$$

$$\sigma_y^o = \frac{6m_y^o w l_y^2}{t_e^2} = 0.865 \, \text{MPa}$$

（3）陶板最大挠度

按式（1.4）计算陶板等效弯曲刚度

$$D_e = \frac{E_t t_e^3}{12(1 - V_t^2)} = 3.746 \times 10^7 \, \text{mm}^4$$

按式（1.3）计算最大挠度

$$d_f = \frac{\mu w_k l_y^4}{D_e} = 0.129 \, \text{mm}$$

（4）有限元法

根据有限元法，INV 得出最大应力 $\sigma_y^o = 0.739$MPa，最大挠度 $d_f = 0.101$mm（图5～图6）；SAP 得出最大应力 $\sigma_y^o = 0.655$MPa，最大挠度 $d_f = 0.091$mm，具体各点的弯曲应力见表1。

表1　理论公式与有限元法计算结果汇总

计算法	宽度方向中心点应力 σ_x（MPa）	长度方向中心点应力 σ_y（MPa）	宽度方向自由边中点应力 σ_x^o（MPa）	长度方向自由边中点应力 σ_y^o（MPa）	最大挠度（mm）
理论	0.247	0.757	0.530	0.845	0.129
INV	0.198	0.659	0.439	0.739	0.101
SAP	0.150	0.593	0.539	0.655	0.091

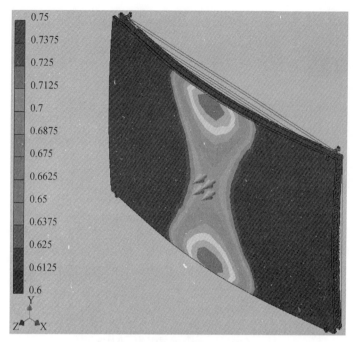

图 5　INV 长度方向自由边中点应力云图

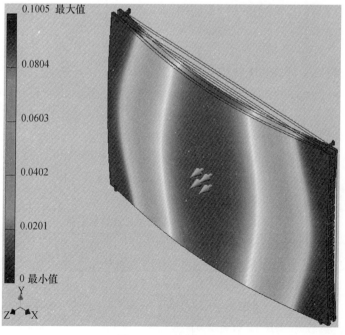

图 6　INV 变形云图

（5）理论公式和有限元法的对比与分析

采用理论公式和有限元法分别对从 600～1500mm 不同板长的空心陶板进行计算，理论公式的结果见表 2，有限元 INV 的结果见表 3，有限元 SAP 的结果见表 4。

表 2　理论公式计算结果汇总

板长 (mm)	宽度方向中心 点应力 σ_x（MPa）	长度方向中心 点应力 σ_y（MPa）	宽度方向自由边中 点应力 σ_x^e（MPa）	长度方向自由边中 点应力 σ_y^e（MPa）	最大挠度 (mm)
600	0.286	0.383	0.443	0.505	0.051
700	0.267	0.555	0.485	0.670	0.081
800	0.247	0.757	0.530	0.865	0.129
900	0.229	0.987	0.579	1.087	0.201
1000	0.211	1.246	0.629	1.339	0.303
1100	0.181	1.534	0.684	1.614	0.441
1200	0.161	1.851	0.740	1.923	0.621
1300	0.147	2.197	0.795	2.259	0.855
1400	0.139	2.567	0.859	2.630	1.152
1500	0.134	2.966	0.930	3.023	1.529

表 3　有限元 INV 计算结果汇总

板长 (mm)	宽度方向中心 点应力 σ_x（MPa）	长度方向中心 点应力 σ_y（MPa）	宽度方向自由边中 点应力 σ_x^e（MPa）	长度方向自由边中 点应力 σ_y^e（MPa）	最大挠度 (mm)
600	0.235	0.345	0.406	0.427	0.043
700	0.217	0.490	0.418	0.573	0.066
800	0.198	0.659	0.439	0.739	0.101
900	0.179	0.854	0.460	0.926	0.154
1000	0.164	1.071	0.477	1.134	0.228
1100	0.148	1.303	0.497	1.364	0.328
1200	0.134	1.557	0.524	1.612	0.457
1300	0.123	1.836	0.551	1.883	0.622

续表

板长 （mm）	宽度方向中心 点应力 σ_x（MPa）	长度方向中心 点应力 σ_y（MPa）	宽度方向自由边中 点应力 σ_x^0（MPa）	长度方向自由边中 点应力 σ_y^0（MPa）	最大挠度 （mm）
1400	0.111	2.127	0.578	2.167	0.822
1500	0.106	2.435	0.611	2.475	1.070

表 4　有限元 SAP 计算结果汇总

板长 （mm）	宽度方向中心 点应力 σ_x（MPa）	长度方向中心 点应力 σ_y（MPa）	宽度方向自由边中 点应力 σ_x^0（MPa）	长度方向自由边中 点应力 σ_y^0（MPa）	最大挠度 （mm）
600	0.190	0.306	0.430	0.354	0.034
700	0.168	0.439	0.484	0.493	0.056
800	0.150	0.593	0.539	0.655	0.091
900	0.135	0.771	0.595	0.840	0.143
1000	0.121	0.943	0.650	1.020	0.212
1100	0.111	1.163	0.709	1.248	0.314
1200	0.104	1.407	0.768	1.501	0.451
1300	0.097	1.673	0.828	1.776	0.626
1400	0.092	1.961	0.887	2.074	0.850
1500	0.088	2.272	0.948	2.396	1.130

现将空心陶板长度方向自由边中点和中心点的弯曲应力进行对比，具体见图 7～图 8。从图中可以看出，理论公式完全包络了有限元，两个有限元计算结果基本吻合。

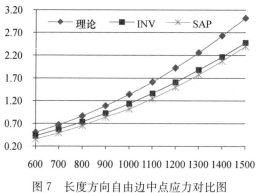

图 7　长度方向自由边中点应力对比图

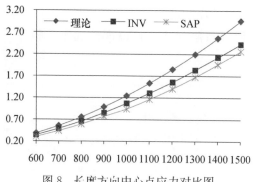

图 8　长度方向中心点应力对比图

　　空心陶板宽度方向自由边中点和中心点的弯曲应力对比见图 9～图 10。从图中可以看出，自由边中点的弯曲应力中，理论公式没有完全包络有限元，与 SAP 的计算结果基本接近，并且 SAP 与 INV 有一定的差异，但中心点的弯曲应力则完全包络。

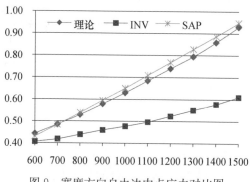

图 9　宽度方向自由边中点应力对比图

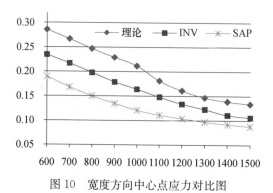

图 10　宽度方向中心点应力对比图

最后，对陶板的最大挠度进行对比，具体见图 11。从图中可以看出，理论计算完全包络了两个有限元法，且挠度值远小于板厚，符合小挠度变形理论。

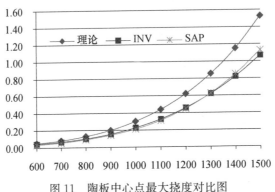

图 11　陶板中心点最大挠度对比图

从汇总的计算结果对比来看，理论公式在强度和挠度计算上基本上都包络了两种有限元的计算结果，空心陶板的最大应力在两个方向自由边中点，而两个方向中心点位置可不计算。

3　结语

根据理论公式和有限元法的计算比较，可以得出以下结论：

（1）虽然本文只分析了 500mm 宽、30mm 厚的空心陶板，但计算了长度从 600～1500mm 的受力情况，具有很好的代表性，无须再分析其他规格的面板；

（2）空心陶板理论公式和有限元法在个别位置虽然有一定偏差，但最大强度和挠度计算结果均能包络有限元法，且有一定的安全富余，所以，空心陶板采用本文的理论公式进行强度和挠度计算可行；

（3）从挠度计算结果可以看出，空心陶板最大挠度远小于板厚，且数值很小，均为小挠度变形，不考虑折减系数；根据相关规范要求，除特别要求外，无须进行挠度计算；

（4）空心陶板的最大应力在长边和短边自由边中心 m_x^o 和 m_y^o 位置，如果空心陶板的长度小于或与宽度尺寸接近时，应分别计算长边和短边自由边中心的强度，从中选取相对位置的最大应力；如长度大于宽度时，只需计算长度方向自由边中心 m_y^o 位置的最大应力；

（5）如陶板采用非四点支承的其他固定方式，强度和挠度计算公式应按相关规范进行相应调整。

参考文献

[1]《建筑结构静力计算手册》编写组. 建筑结构静力计算手册［M］. 北京：中国建筑工业出版社，1998.

[2] 中华人民共和国住房和城乡建设部. 人造板材幕墙工程技术规范：JGJ 336—2016［S］. 北京：中国建筑工业出版社，2016.

BIM 在曲面建筑装饰构件
实施上的应用

◎ 胡忠明　朱应斌　吴雷方

武汉凌云建筑装饰工程有限公司　湖北武汉　430040

摘　要　科技的不断进步，生产力水平的不断提高，加工制造业的飞速发展，激发了人们对美好生活的更高追求，人们已不再拘泥于对传统思维的认知，希望通过更先进的技术挑战创造的极限。于是，在全球各大城市极富想象力与视觉冲击力的不规则曲面建筑层出不穷，宛如城市的艺术品，影响着我们的生活。如何通过先进的技术去打造它们，是一项至关重要的任务。

对于不规则异形曲面建筑外装饰构件的实施，BIM 的应用能够有效解决因复杂的建筑外形造成的实施过程中产生的相关难题，特别是在当今建筑业飞速发展的环境下，其应用显得尤为重要。

关键词　BIM；异形曲面；曲率分析；优化设计；曲面拟合；样条曲线；碰撞检测；模拟安装

1　引言

本文主要结合北京望京 SOHO 不规则异形曲面雨篷设计这个典型案例，对 BIM 技术在建筑外装饰幕墙设计方面的应用作了简要的分析。重点介绍了 BIM 在异形曲面建筑装饰构件设计实施一体化应用的思路及方法。对复杂建筑构件的实施起到抛砖引玉的作用。

2 不规则异形曲面建筑外装饰构件的设计思路及方法

2.1 分析建筑体型——把握特点、重点、难点

项目简介：望京 SOHO 是由国际著名建筑师 Zaha Hadid 设计的商业写字楼。项目整体造型是由三座山峰状的复杂空间几何体的塔楼构成，俯视鸟瞰效果又似三条游动的鱼（图 1 和图 2）。

图 1 整体效果图

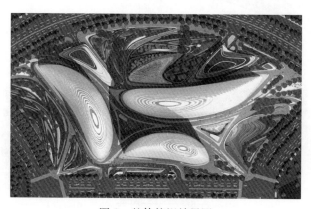

图 2 整体俯视效果图

建筑整体外立面呈现的均为复杂变化的曲面，造型非常丰富，视觉冲击力极强。而本项目的一大亮点就是曲面铝板，所有复杂曲面造型均是以曲面铝板面材来实现。尤其是位于塔楼二层的入口及商业店面处不规则异形挑檐雨篷，

127

与主楼采用了相同的建筑表达语言，对建筑整体起到了锦上添花的作用。

通过对雨篷模型的分析，雨篷体型呈流体型渐变，最大悬挑距离4170mm，根部高度尺寸为定值1600mm，表皮也为不规则渐变曲面，特殊的体型使得雨篷的剖面在每个部位都各不相同，如此，雨篷的细部设计采用传统的二维图纸根本无法全面表达详尽，必须借助BIM参数化建模来实现。此部位设计的重点是异形曲面表皮的优化、拟合，难点在于参数化模型的建立和构造设计（图3～图5）。

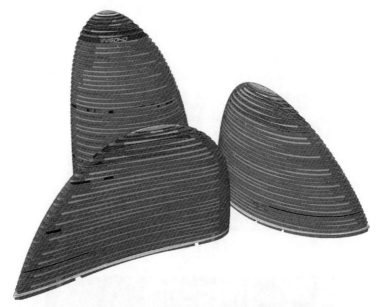

图3　望京SOHO整体BIM模型截图

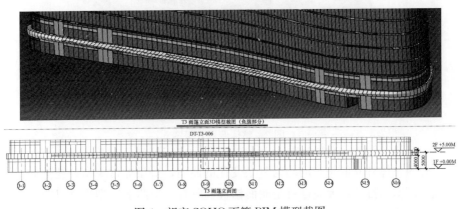

图4　望京SOHO雨篷BIM模型截图

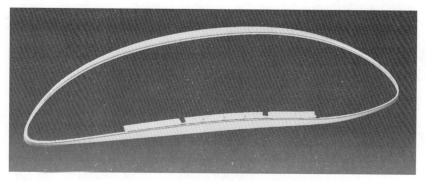

图 5　望京 SOHO T3 塔雨篷原始 BIM 模型截图

2.2　优化异形曲面表皮——通过曲率分析、曲面拟合，使曲面铝板加工方便可行，更有利于保证加工制作质量，保证建筑效果

首先根据雨篷模型进行整体曲率分析，局部铝板的曲率由上端到下端呈越来越小渐变，即为双曲面（图 6）。

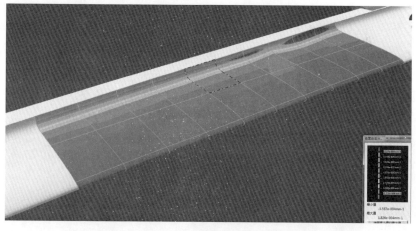

图 6　望京 SOHO T3 塔二层雨篷铝板曲率分析局部截图

不仅如此，部分曲面边缘线为样条曲线，这使得我们无法输出准确的加工参数给加工厂指导加工（图 7）。

另外，针对双曲面的加工，需根据每块曲面进行单独的模具加工，加工工艺复杂，在保证建筑效果的前提下，通过三维拟合成近似单曲，减小了铝板加工难度，从而能够更有效地保证加工质量。

我们结合曲面曲率渐变的特点对曲面进行处理，曲率大的地方尽量保持

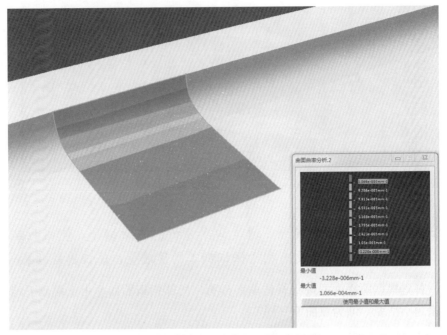

图 7　未拟合雨篷单块铝板曲率分布图

原曲面的弯曲度，从原曲面边线提点优先用三点拟合成弧，并将得出的曲面和原始表皮进行比对进行调整以选出最接近原曲面的结果，曲率小的地方我们根据拟合得出来的面进行延展并与原曲面比对，以保证整块铝板的平滑过渡（图 8）。

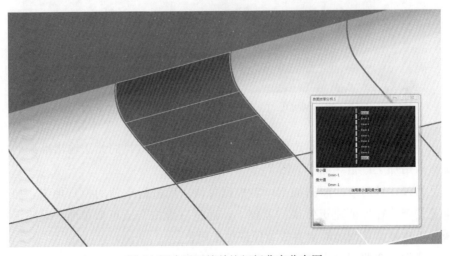

图 8　拟合后雨篷单块铝板曲率分布图

　　我们以曲率小的上下两端边线作为直线边，侧边边线以一个弯曲度方向扫掠进行重建面，拟合后的曲面几乎近似单曲，曲率都呈现为零。

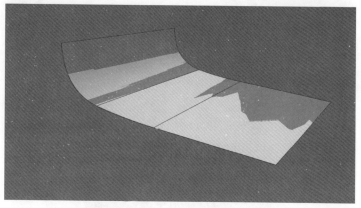

图 9　拟合前后重叠图（一）深色为原曲面，浅色为拟合后曲面

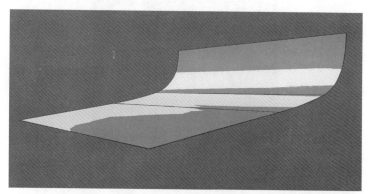

图 10　拟合前后重叠图（二）深色为原曲面，浅色为拟合后曲面

　　根据图 9、图 10 的对比，两曲面重叠几乎接近。

　　对整体拟合后的效果进行查看并分析平滑过渡性，两相邻分格之间过渡平滑。

　　从图 11 能看到有颜色区分，这是根据不同段的曲率特点，我们进行了不同半径的拟合，在模型里，我们把它用图形集来分类，这样我们就能直观地看出每块曲面的特点，发给加工厂，他们也能更直观地进行参数的输出（图 12）。

　　由图 13 我们可以看到原曲面已由两小块单曲面加一块平面组合，单曲面半径都为整数，这样我们可以直接从模型中生成带参数的加工图，简化了加工工艺，大大提高了生产效率，更有利于保证加工质量和建筑效果（图 14）。

图 11　拟合后局部分析图

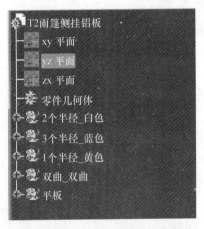

图 12　拟合后的半径图形集分类图

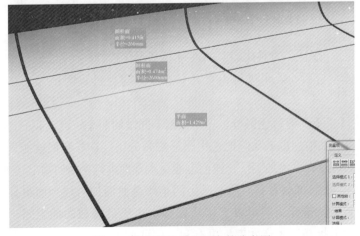

图 13　拟合后单块曲面参数分布图

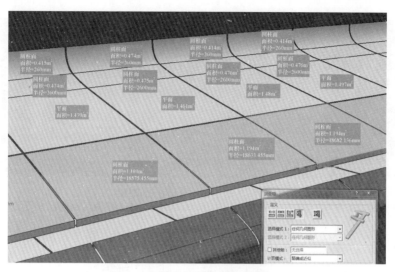

图 14　拟合后相邻曲面参数分布图

最后，我们得出经拟合后的完整表皮模型，如图 15 所示。

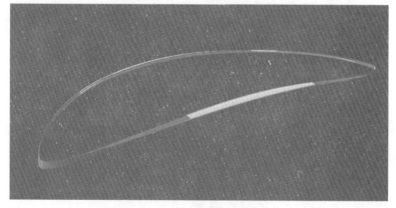

图 15　拟合后的雨篷表皮模型

2.3　确定节点构造形式——结构安全合理、安装方便快捷

节点构造要以表皮分格为基础进行设计，根据拟合后的表皮模型进行分格，如图 16 所示。

根据分格模型导出分格平面图，如图 17 所示。

经过模型的剖切可以得到典型部位的节点剖面，在此剖面基础上通过节点构造设计作出雨篷典型部位的节点图（图 18 和图 19）。

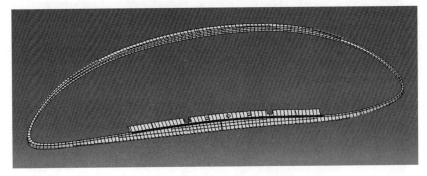

图 16　雨篷表皮分格模型截图

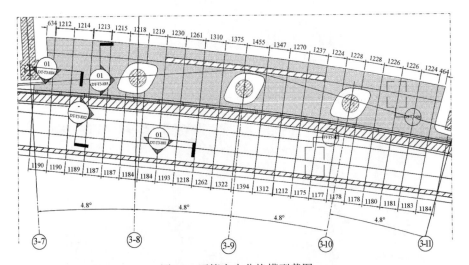

图 17　雨篷表皮分格模型截图

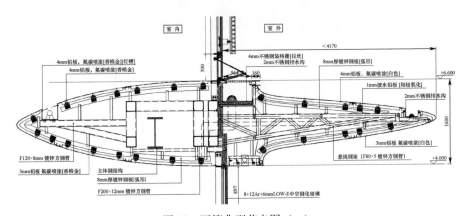

图 18　雨篷典型节点图（一）

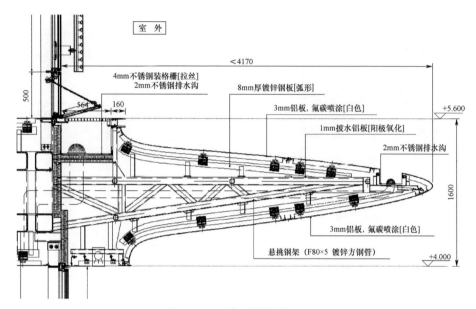

图 19 雨篷典型节点图（二）

进行雨篷的节点构造设计的主要思路就是通过雨篷的表皮模型向内偏移一定值，得到一个包络曲面，然后在这个曲面以内的空间进行雨篷结构的布置（图 20）。

通过表皮模型分析，根据区域划分，确定各区域的结构形式（图 21）。

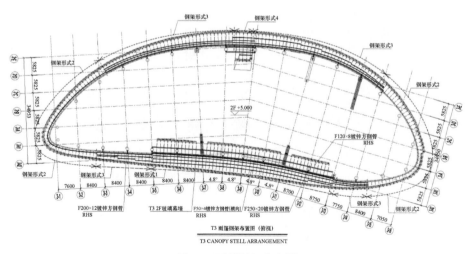

图 20 雨篷钢架分布图

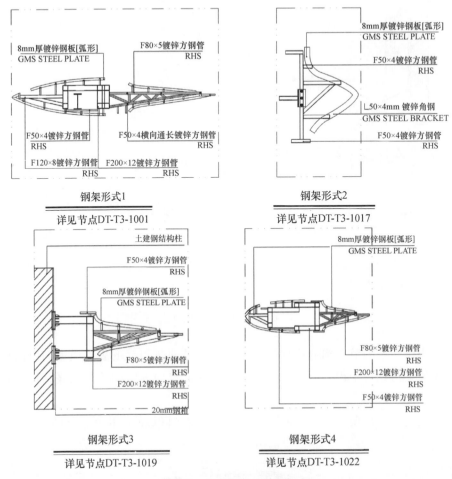

图 21　雨篷钢架形式图

经过力学分析计算后，最终确定结构的截面形式和节点构造。

2.4　根据节点构造进行 BIM 参数化建模——模型完整、注重细节

建立雨篷结构模型，如图 22、图 23 所示。

建立雨篷整体构造模型，如图 24～图 26 所示。

2.5　BIM 模型碰撞检测、3D 模型模拟安装——找出问题，局部调整，保证系统构件自身不冲突、与其他专业不干涉

将雨篷整体模型建立完成后与主体结构 BIM 模型进行合模，进行碰撞检测（图 27～图 31）。

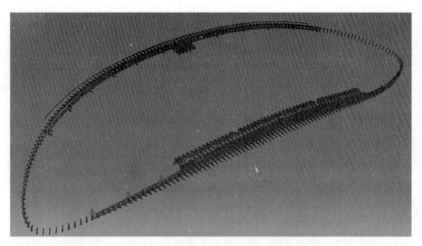

图 22　雨篷结构整体 BIM 模型截图

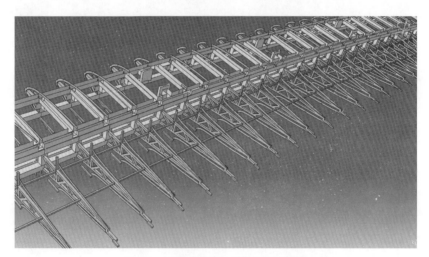

图 23　雨篷结构 BIM 模型局部截图

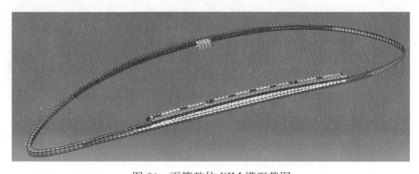

图 24　雨篷整体 BIM 模型截图

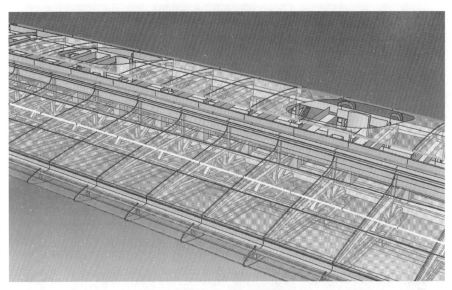

图 25 雨篷局部 BIM 模型截图

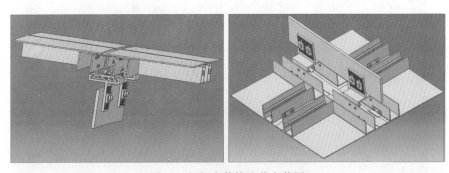

图 26 铝板安装构造节点截图

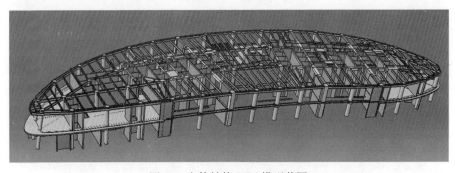

图 27 主体结构 BIM 模型截图

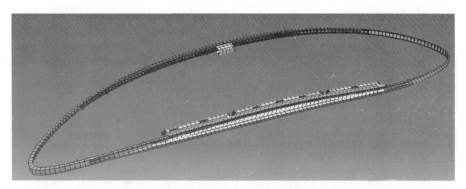

图 28　雨篷整体 BIM 模型截图

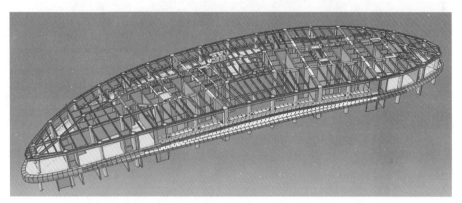

图 29　主体结构与雨篷整体合模后的 BIM 模型截图

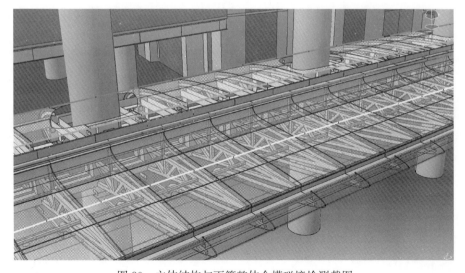

图 30　主体结构与雨篷整体合模碰撞检测截图

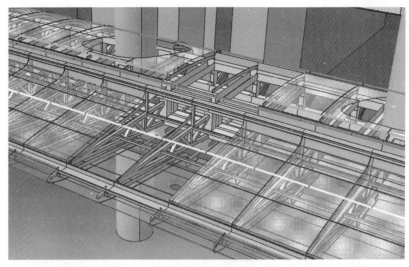

图 31　3D 模拟安装截图

通过碰撞检测、3D 模拟安装，确认无误后方可进行后续零件图输出的工作。

2.6　BIM 模型导出零件图，用于加工生产

通过严格控制模型设计的各环节，使得模型完全还原实施方案。模型完成后，直接通过软件将零件导出，进行后续的加工（图 32 和图 33）。

铝板的零件输出也是直接从软件中将每块铝板导出，将铝板模型发往铝板加工厂家，直接输入数控加工设备进行面材下料，铝板背筋及辅助连接件的安装完全依照模型执行（图 34）。

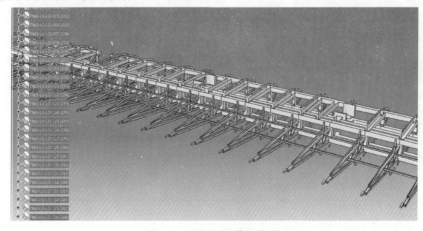

图 32　雨篷钢架模型截图

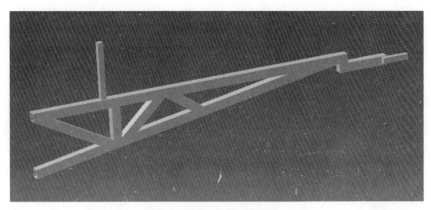

图 33　雨篷钢架零件截图

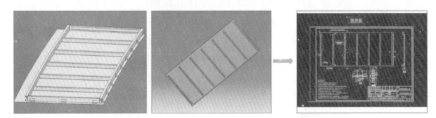

图 34　铝板零件模型及铝板二维布筋图

待零件加工完成后进行后续的施工安装。施工过程及完工后实景照片如图 35 所示。

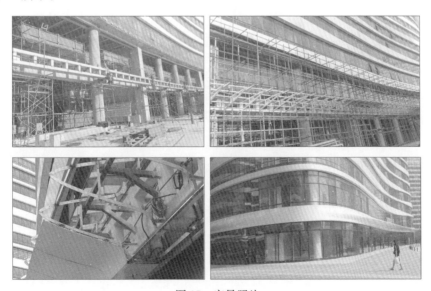

图 35　实景照片

3 结语

综上所述，通过 BIM 技术的应用，我们对不规则异形曲面建筑外装饰构件的设计进行了科学有效的实施，使建筑创意得到了完美的展现。同时也希望借此案例，使 BIM 技术在幕墙行业内得到大力的推广，使幕墙设计、施工更加科学、高效。

参考文献

［1］清华大学 BIM 课题组、互联立方 isBIM 公司 BIM 课题组. 中国 BIM 丛书：设计企业 BIM 实施标准指南［M］. 北京：中国建筑工业出版社，2013.

［2］赵国友，刘朝生. 双曲面铝板造型设计及加工的简化方法与运用. https：//www. docin. com/p-539371228. html［OL］.

［3］本社编. 现行建筑材料规范大全（增补本）［M］. 北京：中国建筑工业出版社，2000.

空间异形钢结构体系中的幕墙及屋面系统技术分析

◎ 吴智勇[1]　张　毅[2]　王雨文[2]　韦现梓[2]　阳玉燕[2]

1. 四川省装配式建筑产业协会　四川成都　610041
2. 上海旭博建筑装饰工程有限公司　四川成都　610041

摘　要　空间异形钢结构体系上的幕墙、屋面系统工程应充分考虑建筑钢结构与幕墙系统不同技术的差异，设计上两者之间应有补偿、调整连接构造；应采用全面站位检测及 BIM 参数化设计为施工提供依据；应考虑钢结构在后加荷载作用下形变带来的影响。

关键词　空间异形钢结构；幕墙、屋面系统；补偿、调整连接构造；BIM 参数化设计

1　引言

本工程位于四川省成都市天府新区成都直管区兴隆湖湖畔，鹿溪智谷核心区，为扎哈哈迪德事务所设计的整个成都独角兽项目众多造型各异的办公写字楼中第一个建筑项目，成都独角兽项目方案设计形态创新多变，可以适应多种不同需求，规划上也强调生态和科技的结合，旨在打造以高品质、全周期、全要素良性发展为目标的产业生态圈。

本项目的外观造型设计理念构想具体阐述如下。

在独角兽岛规划方案上，扎哈哈迪德事务所整个采取了睡莲的概念，建筑单体形态独特，形态上犹如一朵朵绽放的莲花，与生态学结构十分贴切，许多单体中心都是雨水花园，用于收集雨水，起到自然环保的作用。以独角

兽岛启动区项目为例，该示范区建筑形态上犹如一朵展开的睡莲，中心的漏斗结构，可以很好地收集雨水，同时该中庭也能为建筑办公提供良好的自然采光和环境景观（图 1 和图 2）。

图 1 睡莲形态

图 2 中心漏斗

　　独角兽岛启动区项目主体结构为钢结构作为主承力系统，建筑由主楼和地下室组成，主要功能包括展示大厅、媒体发布大厅、工程建设指挥部、办公室、会议室、停车场、设备机房等其他配套服务设施。主楼地上 2 层，地下 1 层，建筑总高度 20m，该楼屋面以下主体结构采用钢框架结构。

　　屋盖平面形状为 71m×44m 近似椭圆形，屋盖最高点标高为 14.100m。根据建筑选型、空间使用和视觉美观要求，屋面及内部支撑筒体采用单层空间交叉钢结构网格构造系统。整个屋面网格结构由内部支撑网格筒＋外围 8

个钢管柱＋周边立体环桁架支撑；节点均采用相贯焊接节点，支撑筒柱脚采用铰接节点。表皮为双曲面，主要材料采用了铝蜂窝板（檐口部位）、铝塑板（屋顶部位）、夹胶玻璃（屋顶及漏斗下凹部位）共同形成整个外形。

2　幕墙、屋面系统的实现设计

异形建筑的结构框架及表皮设计也是一种建构艺术，幕墙及金属屋面在原始建筑模型基础上，用犀牛等软件进行模型的深化设计、参数建模、数据输出等工作，进一步深化表皮、龙骨等所有加工安装信息。通过参数化进行优化，既保证每一块面板尺寸都在可施工面积范围内，同时也能与后期加工及施工预制化息息相关，并可以在施工前期对结构进行碰撞检测，发现施工可能出现的问题，这些技术手段极大地提高了在设计、加工和施工过程中的效率。

BIM 参数化设计步骤过程如下：

1. 技术手段的选取：输入数据为建筑表皮的定位点坐标，表皮为典型的非线性高阶曲面，需求的数据量非常大且涵盖面广；为了优化设计流程，更好地体现参数化特征，幕墙建模并没有采用流行的 GrassHopper 方式建模，而采用了 Rhino 软件平台及其内部集成的 Python 开发环境的技术路线。其显著特点是集成度高、运行稳定、提取数据功能强大灵活，尤其适合设计中的参数调整。

2. 幕墙实施步骤（以屋面及竖筒部位为例）：依据设计单位和建筑师的设计意图，根据定位点，将分格线建立模型，并且与建筑师设计的建筑表皮进行拟合度校对，再依据建筑设计效果以及确定的幕墙系统图纸，将面板和主龙骨等构件生成模型（图 3 和图 4）。

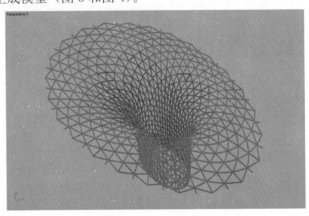

图 3　建立模型

图4　生成模型

　　在龙骨上进行切角、打孔等处理，因为项目的特殊性，每一根龙骨的切角尺寸和角度、打孔的位置以及辅助连接构件等，其尺寸和距离都是不一样的，需要根据幕墙系统的尺寸逻辑，对每一根龙骨进行处理。其3000多根龙骨按照编制的参数化驱动的程序，由软件全自动处理。配合加工图和工艺图，从模型中提取导出加工尺寸，供生产单位加工制造。通过BIM参数化设计，所有构件的加工信息、料单以及施工定位数据可以在不到一个月时间即完成。

3　空间交叉网格钢结构及幕墙、屋面系统的实施过程

　　由于本项目主体钢结构设计、施工是按照建筑钢结构独立进行的，基于一般建筑钢结构的应用理解及施工工期要求，实施中忽略了其大部分由单层矩钢（～400×80×10）形成的空间交叉网格结构，最终作为建筑内部活动空间可视、具有装饰效果的并与其外表幕墙、屋面协调的构件系统，因而，其矩钢构件没有按照空间曲面造型拼装要求进行弯曲、扭转、塑形处理，只是简单采用直线的杆件进行空间拼接，在较大的空间弯曲处甚至在杆件中部切断、转折再焊接，勉强形成空间交叉网格系统，造成了空间交叉网格曲面的不平顺、空间位置偏差大、交叉点内外面错位不一致、可视感观效果不佳的情况。

　　针对这种状况，幕墙公司在主体钢结构施工完成后立即进行空间交叉网格结构现场施工偏差分析。现场扫描步骤如图5。

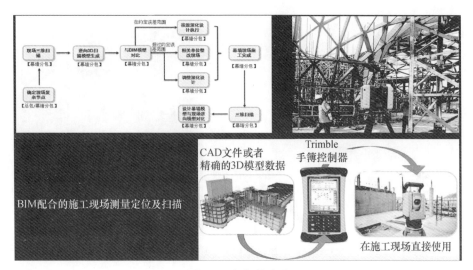

图 5　现场扫描步骤

施工偏差分析：中间漏斗处钢结构均为矩形截面，每个交点处由 6 根不同方向的空间钢管拼接而成，由于原设计方案中幕墙分格走向需要与主体钢结构的钢梁方向完全一致，因此对主体钢结构的施工精度要求非常高（图 6）。

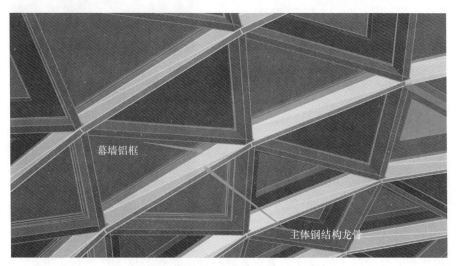

图 6　主体钢结构与幕墙铝框位置关系理论模型

但由于实际上钢结构是由具有截面厚度达 400mm 的矩钢、以直线段来简单拟合空间曲面，其内外形面存在形位差，交接点无法内外兼顾，就形成了如下状况：

From interior side 从室内侧
Accepted

From enterior side 从室外侧

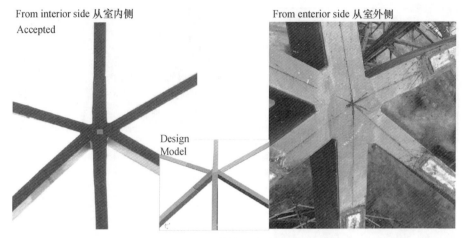

图 7　中筒钢结构节点照片（一）

从图 7 中可以看出，此位置外表面的钢结构节点与理论节点基本一致，原设计的幕墙分格可以实现。

From interior side 从室内侧
Rejected

From enterior side 从室外侧

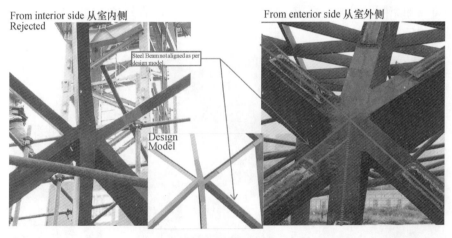

图 8　中筒钢结构节点照片（二）

从图 8 中可以看出，此位置外表面的钢结构节点与理论节点偏差较大，有的钢框完全偏离了原设计的方向，原设计的幕墙分格无法实现。为此，采用三维扫描仪对整个钢结构进行了扫描和测量，得到大量点云数据，运用 Geomagic Control X 2018 软件进行了数据处理，与原理论模型进行分析对比，发现现场钢结构与理论模型产生了大量的错位、干涉等偏差，在喇叭口曲面变化最大区域偏差最大值达到了 150mm（图 9～图 11）。

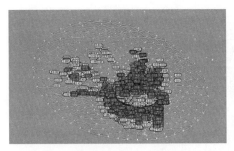 

图 9 实测钢结构与幕墙理论 图 10 实测钢结构与幕墙理论
铝框 Rhino 模型 铝框干涉 Rhino 模型

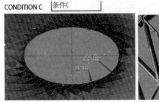 

AFTER TODAY'S (21 AUG 2019 VC WITH ZHA, CSWADI, CSCEC AND THE CLIENT/TIANFU) WE UNDERSTAND FROM CSCEC THAT DUE TO THE OVERALL DEFLECTION OF THE STEEL STRUCTURE -EVEN AFTER THE NODES REMEDIATION AND STRUCTURAL ADJUSTMENTS PLANNED FOR THE BEGINNING OF SEPTEMBER ARE DONE - THE REDESIGN OF THE TRIANGULATED GLASS FACADE IS UNAVOIDABLE AS CONDITION 1 & $ WILL STILL REMAIN TO SAME EXTENT. ZHA AWAIT FOR NEW CRITERIA FOR THE GLASS FACADE REDESIGN.

今天（2019年8月21日，与Zha、C Swadi、中国建筑和客户/天府合作）结束后，我们从中国建筑了解到，由于钢结构的整体变形，即使在9月初计划的节点修复和结构调整完成后，三角形的重新设计玻璃幕墙不可避免，因为条件1和Y仍将保持相同的程度。扎哈等待玻璃立面重新设计的新标准。

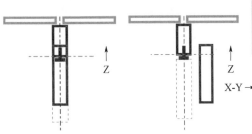

CONDITION 1 CONDITION 4
Z DEFLECTION TOWARDS GLASS SIDEWAY DEFLECTION AND
FACADE TOWARDS THE GLASS

图 11 偏差

4 幕墙节点及表皮调整

经过项目各方分析、协调达成意见：原表皮模型必须要通过调整、重新塑形以适应现有已经成型的空间钢结构的形位偏差。

原幕墙方案图如图 12 所示，采光顶玻璃龙骨与主体钢结构之间由铝单板衔接，铝单板与主体结构间仅保留 20mm 缝隙，原设计理念中幕墙龙骨与主体结构完全对齐，缝隙均匀一致，室内观感平顺且构件简洁，此为扎哈设计初衷。

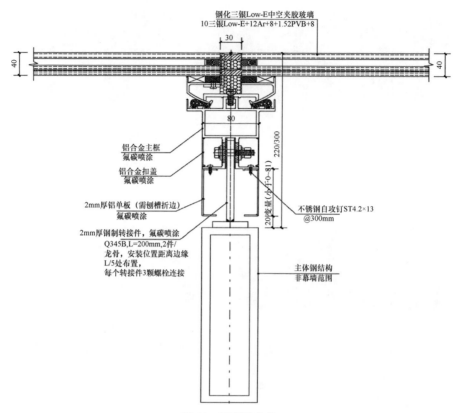

图 12　原幕墙方案

　　但由于空间异形构造的特殊性，由双曲面表皮生成的龙骨如需与钢结构完全一致对应，幕墙龙骨及主体结构均需要按扭曲＋弯弧加工工艺方能实现，且需要钢结构及龙骨的定位安装与模型提供的理论位置完全一致。此加工及安装方式难度极大，并且现有空间造型钢结构实施中采用以折代曲加工安装，则必然出现幕墙龙骨与钢结构龙骨无法完全对应的现象。同时，由于现场施工的误差，部分主体钢龙骨均偏移了原理论位置，按照方案节点做法，将出现连接耳板无法连接至钢结构上的情形，因此需要重新来设计幕墙铝框与主体钢结构的连接节点，并以此新节点来调整幕墙表皮（图 13 和图 14）。

　　调整设计后，新的幕墙连接节点通过在钢结构交接点处挑出一个钢圆球，幕墙铝框通过连接耳板和螺栓连接于钢圆球上。增加钢圆球后，连接点由距交点 1/5 处改为交点中心，且取消衔接铝板，主体结构与铝龙骨间距加大，弱化了因主体结构与幕墙龙骨导致的错位观感。连接耳板中心线与钢圆球中心对齐，可以适应钢框的各种调节角度。且连接耳板和钢圆球均可做成同一规格，方便批量化加工（图 15 和图 16）。

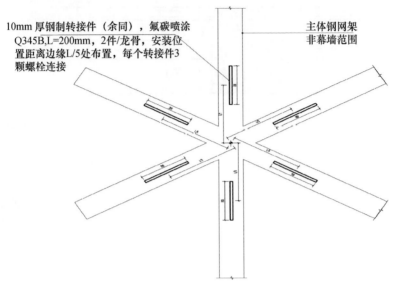

图 13 原主体钢结构与幕墙铝框连接耳板位置关系

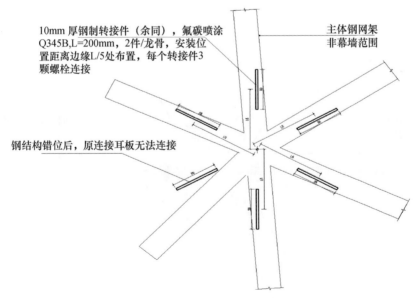

图 14 实测钢结构与幕墙铝框连接耳板位置关系

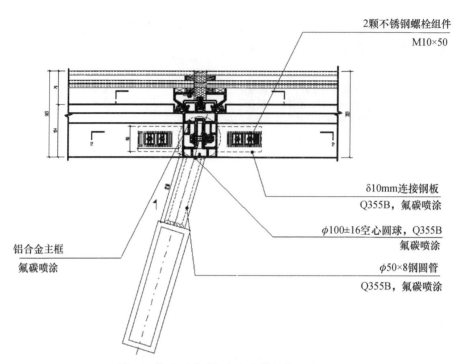

2颗不锈钢螺栓组件
M10×50

δ10mm连接钢板
Q355B，氟碳喷涂

φ100±16空心圆球，Q355B
氟碳喷涂

φ50×8钢圆管
Q355B，氟碳喷涂

铝合金主框
氟碳喷涂

图 15　修改后幕墙铝框与主体结构连接节点

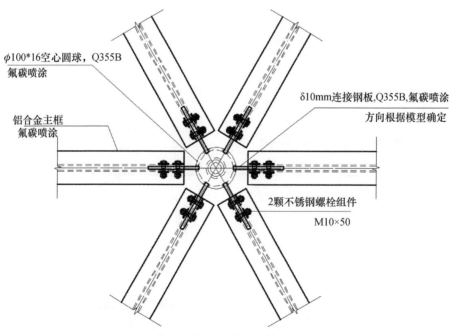

φ100*16空心圆球，Q355B
氟碳喷涂

δ10mm连接钢板，Q355B,氟碳喷涂
方向根据模型确定

铝合金主框
氟碳喷涂

2颗不锈钢螺栓组件
M10×50

图 16　修改后幕墙铝框与钢圆球位置关系

由于安装钢球，铝龙骨室内侧必然会形成六角形空腔，为堵住空腔，龙骨与主体结构间用圆柱形铝板包裹，室内效果更为简洁（图17和图18）。

图17　圆柱形铝板包裹（一）

图18　圆柱形铝板包裹（二）

根据新的节点，在漏斗处原幕墙表皮需要往外退180mm才可满足安装设计要求。由于幕墙表皮为异形双曲面造型，在顶部与檐口铝板的交接线不能有变动，因此新的幕墙表皮不能整体往外偏移180mm，而应该在漏斗处至檐口铝板交接处为不等量的渐变偏移，偏移量由180mm渐变至0，再通过采用Python编程方式找出原曲面的控制点、生成新的曲面，偏移后得到的新曲面跟原曲面一样光滑顺畅，得到了扎哈哈迪德设计团队的一致认可（图19和图20）。

153

图 19　曲面偏移 Python 编程过程

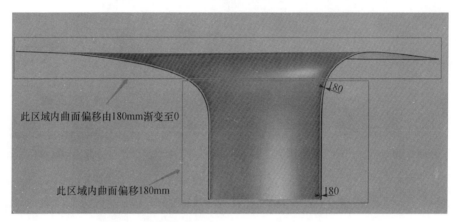

图 20　曲面偏移结果（中间对称轴处剖面）

5　幕墙分格调整

　　根据扎哈哈迪德设计团队的要求，新的幕墙分格需要按照现场实际的钢结构来做相应的调整，务必使每根铝框与主体钢结构的偏移量尽可能小，且调整后的分格线需要在径向上与原分格径向保持同一直线，以漏斗竖桶处分格线为铅垂线，上下分格点不允许存在左右方向的偏差。为此采取了以下 Python 编程建模，利用扫描后得到的主体结构模型，求出每段钢梁的中心线。一共有 2656 段钢梁，共生成 2656 条对应的中心线。再以原分格点为参考点，找出这个参考点附近的 6 条钢梁的中心线，求出这 6 条钢梁的中心线与原分格点所在径向面的等效交点，一共生成 697×6＝4182 个交点。

　　以原分格点为参考点，找出这个参考点附近的 6 个钢梁中心线与径向面的交点，以这 6 个交点再求出一个加权平均点的坐标值，最后找出以此加权平均点到调整后曲面的最近点即为新的分格点。将新的分格点连线，即得出了幕墙新的分格线模型。在建模的过程中，对各条线、点以及线所在的三角形等进行编号、分类处理，以便进行下一步的模型 BIM 参数化下料（图 21）。

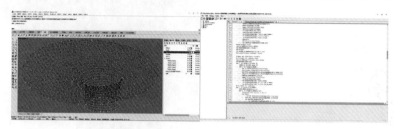

图 21　以 6 点的加权平均点求出新的分格点、以分格点生成分格线

6　幕墙 BIM 参数化下料

6.1　面材 BIM 参数化下料（图 22）

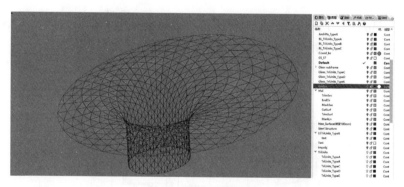

图 22　面材 BIM 参数

根据原建筑表皮设计，三角形板块面材可分为 5 种组合类型：6Low-E＋12Ar＋6 钢化中空玻璃、10Low-E＋12Ar＋8＋1.52PVB＋8 钢化中空夹胶玻璃、4mm 厚铝复合板、三角形中间为 10Low-E＋12Ar＋8＋1.52PVB＋8 钢化中空夹胶玻璃其余为 4mm 铝复合板、三角形中间为 4mm 铝复合板其余为 4mm 铝复合板。由于阳角处的玻璃需要悬边处理，因此在下料时首先需要测量每条边相邻两个面的角度，以区分玻璃的加工方式。

在建立分格线时已经区分好了面材的类别，此时只用 Python 编程测量各条边相邻两个面的角度，并提取相应的各个边长数据，然后一并导出、用于面材加工。同时可以生成面材的实际板块，便于查看和校对（图 23）。

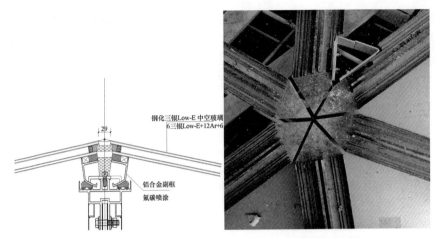

图 23　阳角处玻璃节点、提取各面材边长尺寸参数及各种角度、
从模型中导出面材的加工数据

6.2　铝副框 BIM 参数化下料

玻璃与铝复合板均通过铝副框固定于铝合金主框上，根据各条分格线相邻的两个三角形的角度，所采用的铝副框也不同（图 24）。

铝复合板夹角与副框对照表

	角度范围	副框编号	副框截面
阴角	200°<θ<210°	B-4# 副框	
阴角	185°≤θ<200°	B-3# 副框	
阴角	180°≤θ<185°	B-1# 副框	
阳角	170°≤θ<185°	B-1# 副框	
阳角	150°<θ<170°	B-2# 副框	

玻璃夹角与副框对照表

	角度范围	副框编号	副框截面
阴角	200°<θ<220°	A-4# 副框	
阴角	185°≤θ<200°	A-3# 副框	
阴角	180°≤θ<185°	A-1# 副框	
阳角	170°≤θ<180°	A-1# 副框	
阳角	150°≤θ<170°	A-2# 副框	

玻璃夹角与副框对照表

	角度范围	副框编号	副框截面
阴角	200°<θ<210°	C-4# 副框	
阴角	185°≤θ<200°	C-3# 副框	
阴角	180°≤θ<185°	C-1# 副框	
阳角	170°≤θ<180°	C-1# 副框	
阳角	150°≤θ<170°	C-2# 副框	

图 24　铝副框分类图

在此可以重复利用上一步中测量角度及边长的 Python 程序模块，再经过数据处理就可得出对应每个面材板块的各个铝副框的加工参数。同时，模型中还可生成 1∶1 的副框模型，以便查看和校对。

6.3　铝合金主龙骨 BIM 参数化下料

铝合金主龙骨的下料是整个项目当中最复杂的一个环节，在一个交点处有 6 根铝框相交，各个铝框之间需要两两相切，所切的角度无一相同。根据所切角度的方式不同，铝框的加工类型可分为 8 种形式，如图 25 所示。

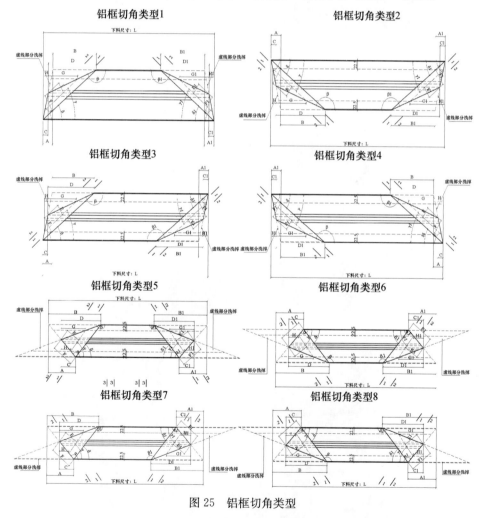

图 25　铝框切角类型

再考虑耳板处铝框开孔等其他参数，单根铝框的加工参数多达 28 个。

6.4 其他连接件 BIM 参数化下料

钢圆球的定位决定了铝合金主龙骨的安装精度，因此需要对钢圆球采用三维坐标来定位（图 26）。

图 26 坐标定位

最终现场施工按照通过 Python 编程提取的各个加工参数、定位坐标等数据，每块面材和龙骨均完美定位安装，无一出现加工错误或安装错位的情形（图 27）。

图 27 定位安装效果完美

7 施工完成后沉降形变、渗漏的处理

本工程屋面 3 月份竣工，在工程尚未交付使用、内部装修进行过程中，经过夏季的暴雨，可见到铝板、玻璃板块之间缝隙变化比较大，因各方面因素导致屋面胶缝撕裂发生局部渗漏，需进行全方面排查，以彻底消除隐患，满足用户使用功能要求（图 28）。

从设计源头分析，玻璃采光顶部位打两道胶缝，铝蜂窝板部分外层为开放式构造，内层防水板胶缝处除打胶外再粘 60mm 宽弹性聚烯烃胶带，理论上屋面的防水性能是可靠的。

打开渗漏点处屋面板排查漏水原因

内装正在施工，内装GRG材料使用叠加在主体结构上有可能导致屋面胶缝应变导致渗水

图 28 排查渗漏原因

经分析主要原因如下：

1. 本项目主体钢结构自身沉降尚未趋于稳定，可能会造成钢结构的变形与屋面结构变形不一致导致密封胶的撕裂。

2. 经过夏季既有大雨倾盆，又有烈日暴晒，一冷一热间造成屋顶金属面板的热胀冷缩变形；屋面坡度平缓，不利于排水；同时屋面铝蜂窝板部分外层为开放式构造、多点固定支座给防水增加漏点。

3. 屋面工程竣工后，内装开始施工，内装附加的 GRG 等材料荷载叠加到钢结构上，因钢结构重力荷载加大而导致的沉降引起屋面防水密封胶的撕裂，也是可能造成这次漏水的原因之一。

为了使屋面适应各种极端天气，并保证工程的安全使用，有必要对屋面进行防水施工。防水施工的步骤如下。

1. 全面排查屋面各处可能会发生渗漏的部位，特别是防水层上众多支座点。

2. 在原设计屋面的普通防水耐候密封胶，改用变位能力更大的（变位能力＋100～－50）专用屋面耐候密封胶重新施工。

3. 屋面开放式铝蜂窝板部分改为耐候密封胶密缝方式。

8 结语

（1）应充分理解作为建筑承力主体钢结构与围护装饰幕墙系统的差异性：制作精度、外观表现等，特别是当支撑钢结构不再封修，将作为装饰体系直接展现情况下，对其构件的型面、空间形位差异，应做更精细的设计、施工要求。

（2）支撑钢结构系统因其构造及实现工艺及准确性客观存在的问题，应要求在其加装的屋面、幕墙系统与其之间一定要设有必要的可补偿、调整安装形位的设计技术措施和手段，以弥补两者空间形面之间的误差。

（3）对于复杂的空间表面-屋面、幕墙、采光顶等系统，为保证其设计效果、光滑平顺等，在建筑承力钢结构体系形成后，空间站位检测采取 BIM 技术手段，重塑、弥合造型是一个不可缺少的步骤。设计过程中，主模型的较大改动，并没有导致随后的技术缺陷及工期滞后，通过 Python 与 Rhino 的合理结合，所有相关模型参数（包括面材、龙骨信息）的同步调整便捷而准确，充分体现了 BIM 技术的强大。

（4）空间造型钢结构作为整体建筑体系的承力基础，在其内外装修荷载加载后，必然产生再次形变是不可忽略的问题，它将对先行定位、安装完成的外围护表面（屋面、幕墙、采光顶等）产生一定的影响，可能产生部分板块的移位、胶缝的变化、开裂渗透的现象，是此类构造系统完成后的一种形态，因而二次检查、排除渗漏是一个不可少的步骤。

（5）屋面系统尽量不要采用开缝形式，因其上加装系统的众多支座给渗漏提供更多的可能，当产生渗漏时，将对排查、围护产生更大的困难；可采用复合式屋面（装饰面板开缝），下部屋面最好采用更为可靠的系统，如直立锁边系统＋卷材系统（需增加造价）。事实上，采用优质的、大变位能力的密封胶可以提供表面无污染不开裂的可能。

第三部分

市场热点分析

绿色建材认证工作概述及门窗幕墙行业推进情况

◎ 寇　月[1]　柴玉莹[1]　张仁瑜[2]

1. 中国建筑科学研究院有限公司认证中心　北京　100013
2. 国家建筑工程质量监督检验中心　北京　100013

摘　要　发展绿色建材是调节供需失衡，促进产业优化，实现建筑绿色化和工业化的重要途径。使用绿色、节能的建筑门窗是降低建筑能耗，促进我国碳中和的有效手段。本文介绍了我国建筑门窗节能性能标识、绿色建材评价和绿色建材认证工作的发展现状和存在问题，探讨和分析了三者之间不同之处，简述了建筑门窗认证实施规则，进而对绿色建材认证工作推进提出对策建议。

关键词　绿色建材；认证；建筑门窗

1　引言

　　我国人均可消耗能源缺乏，建材生产能源消耗高，生产过程造成大量环境污染，成为可持续发展的障碍。河沙禁采，矿山资源利用受限，天然建筑材料可利用资源渐渐短缺，严重影响我国建筑业的发展，绿色建材发展势在必行。推动绿色建材的应用与推广是贯彻实施"绿色青山"理论，打赢"蓝天保卫战"，建设美丽中国的重要途径，是调节建材行业供需失衡，进行产业优化，促进供给侧改革，化解产能过剩的重要手段，是建筑绿色化、建筑工业化发展、建筑质量提升的重要基础，是提升建筑居住环境和品质的重要保障。同时，我国建筑规模高居世界第一，每年建筑能源消耗约占全国能源消耗总量的三分之一，而建筑门窗能源消耗的总量占建筑围护结构能耗的一半，占建筑总能耗的四分之一[1]。我国新建建筑体量依然巨大，既有建筑节能改造项目不断增加，建筑门窗市场依然潜力十足。推广和应用绿色、节能的建筑门窗是降低建筑能耗的有效保障。我国在绿色建材的识别上做了大量工作，以建筑门窗为例，建设部2006年开展建筑门窗节能性能标识工作的探索，2015年住房城乡建设部与工信部开始绿色建材评价的相关工作，2017年五部委联合推动绿色建材产品认证相关工作。绿色建材认证成为甄别其"真伪"的重要手段。随着国家、部委、省市等相关政策的出台，绿色建材认证已成为必然趋势。

2 建筑门窗节能性能标识发展现状

建筑门窗节能性能标识是为了保证建筑门窗产品的节能性能，规范市场秩序，促进建筑节能技术进步，提高建筑物的能源利用效率的一种信息性标识[2]。2006年建设部印发《建筑门窗节能性能标识试点工作管理办法》，标志着工作正式开展，2007年标识工作正式实施。2010年住房城乡建设部发布《关于进一步加强建筑门窗节能性能标识工作的通知》，有效地促进了建筑门窗节能标识的推广和应用。根据中国建筑门窗节能性能标识网数据，截止到2020年12月20日，全国共有标识实验室31家，560种标识产品。其中，经过标识的内平开窗536种，外平开窗20种。从相关数据来看，我国建筑门窗节能性能标识工作开展具有一定的局限性，整个工作推动效果不佳。主要原因有以下几点：

①建筑门窗检测只对来样负责，无法保障企业生产的产品持续有效符合性能指标

检测机构只对来样负责，让部分企业"投机取巧"：送样检测高性能产品，实际生产不合格产品。这种行为严重损害了标识的公信力，使得标识效果大打折扣，阻碍了标识的大面积推广。

②门窗标识推广力度较小，宣传效果不到位，各利益相关方对门窗节能标识工作认识较浅

政策支持力度小，且没有做好相应的宣传推广工作，使得公众知之甚少。在不了解其性能的前提下，房地产开发商和自由市场购买者就不会去选择高性能但是高价格的节能门窗产品，从而阻碍了建筑节能门窗在市场上的应用。

网站宣传不到位，较多的制造商并不了解标识工作和标识能带来的益处。

③经过标识的产品应用效果不佳，企业在增加投入的情况下，看不到实际效益，严重打击了企业参与标识工作的积极性

高性能的门窗必然带来产品成本的增加，与此同时，对建筑门窗进行标识也会增加企业成本。但是经过标识的门窗在市场上的推广应用效果不佳，导致企业在增加成本的同时却得不到期望的回报，打击了其他企业对标识工作的积极性。

④某些性能指标要求较高，较多企业无法达到标识水平

相关数据显示，我国建筑门窗行业的企业规模多为小型，中型企业和大型企业占比不高。从企业销售收入来看，小型企业约占 66％；中型企业次之，为 20％；大型企业销售收入占比仅为 14％。大多数小规模门窗制造商无法通过标识，因为他们的产品性能无法达到通过标识的水平。

3　绿色建材评价发展现状

2015 年住房城乡建设部与工信部共同发布《绿色建材评价标识管理办法实施细则》与《绿色建材评价技术导则（试行）》，绿色建材评价工作逐渐开展，经过多年发展，绿色建材已经在全国范围内形成一定的规模。根据全国绿色建材评价标识管理信息平台的有效数据显示，截止到 2020 年 12 月 20 日，全国范围内已组建日常管理机构如下：

其中已经组建并确定一、二星级评价机构：20 个；已组建日常机构但未确定一、二星级机构：6 个；仅完成两部门沟通但未组建管理机构：7 个；未开展工作的为港、澳、台。全国各地一、二星级评价机构总计 83 家，具体各省市评价机构数量如表 1 所示[3]。

表 1　各省市评价机构数量表

省区市	北京	天津	上海	重庆	河北	河南	山西
机构数量	10	4	5	4	7	2	1
省区市	宁夏	青海	新疆	吉林	辽宁	内蒙古	湖北
机构数量	4	2	2	3	4	2	9
省区市	湖南	安徽	云南	贵州	浙江	江西	陕西
机构数量	2	7	4	3	2	0	0

续表

省区市	山东	广西	福建	海南	四川	黑龙江	江苏
机构数量	0	0	0	0	0	0	0
省区市	广东	西藏	甘肃	新疆兵团	香港	澳门	台湾
机构数量	0	0	0	0	0	0	0
计划单列市	厦门	青岛	深圳	宁波	大连		
机构数量	5	1	0	0	0		

全国三星级评价机构共 4 家，分别为：中国建筑科学研究院有限公司、北京康居认证中心、中国建材检验认证集团股份有限公司、北京国建联信认证中心有限公司。截止到 2020 年 12 月 20 日，全国共颁发绿色建材评价标识证书 1629 张，其中一星级 28 张，二星级 554 张，三星级 1047 张。绿色建材评价以三星级为主。全国绿色建材评价证书获取情况如图 1 所示。

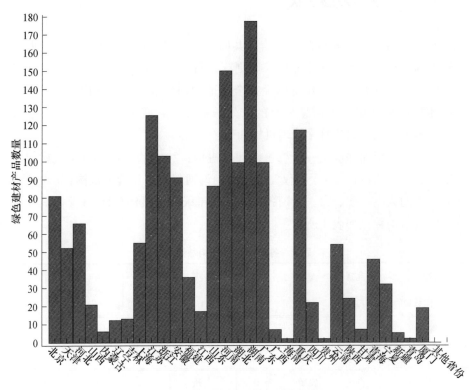

图 1　全国绿色建材评价分布情况

由图1可知绿色建材评价在全国范围内开展情况一般，主要集中在经济发达地区，比如我国东部和中部大部分省市，西南部以重庆市为多。虽然绿色建材评价工作已经取得了一定成绩，但在整个推动过程中，仍然存在一定的问题，比如：

①绿色建材市场整体发展仍然缓慢，消费市场仍未完全打开

绿色建材的完整供应链体系尚未完全形成，绿色建材应用概念尚未完全普及，导致绿色建材产品在整个建材市场中的占比较小。绿色建材性能更高，导致成本较高，房地产商或者其他甲方在进行产品采购时往往注重"低价格"，导致整个绿色建材的消费市场尚未打开。发达国家绿色建材市场占比已经到达90%左右，我国与之相比还有很大差距。同时，我国从事绿色建材产品生产的企业数量较少，企业实力不强，融资能力较差，难以在资本市场上筹集到企业开发生产绿色建材产品所需的必要资金，制约了绿色建材生产企业的发展壮大。

②绿色建材宣传推广不到位，社会认可度依然较低

我国绿色建材市场仍然处于起步阶段，宣传推广力度小，产品应用力度仍待加强。由于知识普及度不够，同时市场上充斥让人难以辨别的假冒伪劣产品，导致公众的认可度较低，同时绿色建材市场消费需求空间小，且生产时环保要求高，质量要求高、成本高，研发投入大等经济效益因素也导致了企业涉足绿色建材市场动力不足，这些都严重制约了绿色建材的发展。

③绿色建材评价标准和产品认证体系需要完善

我国绿色建材评价仅仅有七种品类，没有形成正式的国家或者行业标准。各地方在推动绿色建材评价，形成绿色建材产品目录的过程中，往往评价过程不够严格，管理水平不够，监督程序不够完善，使得评价结果有失公正性，导致市场有较多由其他机构推出的"假冒"绿色建材。从某些程度上说，此类评价极有可能造成产品的鱼目混珠，误导消费者，导致整个绿色建材市场信任度不高，使得绿色建材评价有失公信力。

④国家针对绿色建材鼓励性财政政策不足

绿色建材在性能上、在生产过程的环保上具有相关规定，导致其成本较普通建材价格较高，从而导致开发商缺乏使用绿色建材的动力。国家目前在财政上缺乏相关的鼓励政策，或者相应消费补贴，从而无法激发市场活力，促进绿色建材市场的投资力度，鼓励下游选用绿色建材。

⑤从事绿色建材相关专业人员少，生产技术水平落后

绿色建材行业的专业技术人员目前仍然比较缺乏，导致企业的创新力不足，

生产技术水平相对落后，绿色建材的研制、开发和生产需消耗大量的人力、物力、财力，建材企业多为小企业，研发投入不足，致使企业对新技术的研发产生惰性，缺少绿色建材生产的驱动力，导致生产与应用技术体系不完善。

4 绿色建材认证发展现状

①习近平新时代中国特色社会主义思想为绿色建材认证发展提供理论指导

"五位一体"总体布局、"五大发展理念"等要求坚定不移的走绿色发展道路。党的十九大精神指出要坚持人与自然和谐共生，加快生态文明体制改革，建设美丽中国。"2035 远景"规划、"十四五"规划要点指出生态文明建设要实现新进步，推动绿色发展，促进人与自然和谐共生。坚持绿水青山就是金山银山理念，促进经济社会发展全面绿色转型，建设人与自然共生的现代化。

②国家政策和省市政策对认证工作进行引导，推动认证工作全面开展[4]（详见表 2）

表 2 推动认证工作的国家和省市政策汇总表

颁布机构	文件名称	相关要求
国务院办公厅	《关于建立统一的绿色产品标准、认证、标识体系的意见》	建立符合中国国情的绿色产品认证与标识体系，统一制定认证实施规则和认证标识，并发布认证标识使用管理办法
质检总局、住房城乡建设部、工信部、认监委、国家标准委	《关于推动绿色建材产品标准、认证、标识工作的指导意见》	在全国范围内形成统一、科学、完备、有效的绿色建材产品标准、认证、标识体系，实现一类产品、一个标准、一个清单、一次认证、一个标识的整合目标，建立完善的绿色建材推广和应用机制，全面提升建材工业绿色制造水平
市场监管总局、住房城乡建设部、工信部	《关于印发绿色建材产品认证实施方案的通知》	结合实际制定绿色建材认证推广应用方案，鼓励工程建设项目使用绿色建材采信应用数据库中的产品，在政府投资工程、重点工程、市政公用工程、绿色建筑和生态城区、装配式建筑等项目中率先采用绿色建材
市场监管总局、住房城乡建设部、工信部	《关于加快推进绿色建材产品认证及生产应用的通知》	扩大绿色建材产品认证实施范围；培育绿色建材示范企业和示范基地；加快绿色建材推广应用；加强认证及生产应用监督管理

③雄安新区绿色建材技术导则表率全国，认证评价标准覆盖广泛

部分第1批《绿色建材评价标准》在雄安新区开展实践应用，以绿色建材三星绿色度指标要求作为基准，完成编制41项产品雄安标准，通过专家审查，达国际先进水平。2019年3月7日，河北雄安新区管理委员会印发《雄安新区绿色建材技术导则（试行）》。第一批100项《绿色建材评价标准》包括预拌混凝土等绿色建材评价7个产品，还有防水材料、建筑涂料、装饰装修材料、木质板材、门窗幕墙、暖通空调设备等。目前已经编制完成并发布51项系列标准，2020年3月1日起实施。其余标准即将公示和陆续发布。标准出台后，将取代导则作为评价依据。

④政府采购积极示范引领，绿色金融引导绿色转变

财政部《关于政府采购支持绿色建材促进建筑品质提升试点工作的通知》指出，在政府采购工程中推广可循环利用建材、高强度高耐久建材、绿色部品部件、绿色装饰装修材料、节水节能建材等绿色建材产品，积极应用装配式、智能化等新型建筑工业化建造方式，鼓励建成二星级及以上绿色建筑。中国人民银行、发改委和证监会发布的《关于印发〈绿色债券支持项目目录（2020年版）〉的通知（征求意见稿）》指出，要对部分绿色建材企业进行债券支持。

5　绿色建材认证与性能标识、评价区别

自2021年5月1日起，绿色建材评价机构停止开展全部绿色建材评价业务。绿色建材认证即将逐步开展，那么认证与标识和评价的区别如何？具体如表3所示。

表3　绿色建材认证与性能标识、评价区别

	绿色建材认证	绿色建材评价	建筑门窗标识
法律依据不同	《产品质量法》《认证认可条例》《认证机构管理办法》	无上位法支撑，依据《绿色建材评价标识管理办法》开展工作	无上位法支撑，依据《建筑门窗节能性能标识试点工作管理办法》开展工作
主管部门不同	市场监管总局、住房城乡建设部、工信部	住房城乡建设部、工信部	住房城乡建设部
操作主体不同	获得绿色建材产品认证资质的认证机构	取得主管部门备案资质的评价机构	取得住房城乡建设部备案资质的实验室

续表

	绿色建材认证	绿色建材评价	建筑门窗标识
标准依据不同	《绿色建材产品分级认证实施通则》	《绿色建材评价技术导则（试行）》	建筑门窗的相关检测国家标准和行业标准
产品类别不同	分级管理，目前涵盖六大类（围护结构及混凝土8种、门窗幕墙及装饰装修类16种、防水密封及建筑涂料类7种、给排水及水处理设备类9种、暖通空调及太阳能利用与照明类8种、其他设备类3种）51种建材产品，仍在不断补充	7种建材产品（砌体材料、保温材料、预拌混凝土、建筑节能玻璃、陶瓷砖、卫生陶瓷、预拌砂浆）	窗户、门、天窗
工作流程不同	受理→合同评审→技术评审→产品检验工程检查＋整改→认证决定→颁发证书和标识→年度监督→复评	企业申请→形式审查→现场评审→公示→颁发标识→年度监督→复评	联系标识实验室→标识测评委托→现场调查→出具现场调查报告→产品抽样、封样→模拟计算、检测、出具测评报告→专家审查→公示→颁发证书标识
证书有效期不同	五年	三年	三年

由表3可见，绿色建材认证的工作具有上位法等相关法律的支撑，工作开展更加规范可靠；主管部门更加全面，三部联合能够有效保障认证工作的进展；认证可覆盖产品范围更加广泛，能够有效促进我国绿色建材的全方位发展；工作流程更加严谨，工作内容更加具体，评价指标更加完善，能够有效保障产品持续符合性能指标。

6 绿色建材认证实施规则与标准——以建筑门窗及配件为例

《绿色建材产品认证实施通则》要求绿色建材认证应主要包括规定适用范围、认证模式、认证流程及认证时限、认证等级与认证依据标准、认证单元划分规定、认证申请要求、工厂保证能力及获证后的监督等要求。认证机构在满足通则要求的基础上，根据具体产品特征编制实施细则。下面将以建筑门窗及配件为例对认证工作实施的几个重要环节进行详细阐述。

①划分认证单元：认证机构根据市场上常用的门窗类型、规格型号、企业规模等要素对门窗进行单元的划分，人日数与认证单元划分具有直接联系，每增加1个认证单元，在表4的基础上相应地增加1人日。不同的生产场所应当分别计算人日数。

表4　一个认证单元的现场检查基础人日数

企业规模	100人及以下	100～500人	500人及以上
基础人日数	5	6	7

②企业根据标准《绿色建材评价 建筑门窗及配件》（T/CECS 10026—2019）的一般要求和评价指标要求提供相应的材料。其中，一般要求主要包括：企业近3年内无重大环境污染和重大安全事故；企业需具备质量、环境和职业健康管理体系；不生产国家明令淘汰的产品；产品满足《建筑幕墙、门窗通用技术条件》（GB/T 31433—2015）规定的性能要求；铝型材企业采用绿色环保的工艺回收废铝。评价指标要求包括资源属性、能源属性、环境属性和品质属性四个方面。资源属性指企业在生产过程中对自然资源的利用情况，如包装袋的循环利用率；能源属性是指产品对能源利用及消耗情况，主要包括气密性、传热系数和太阳得热系数；环境属性指产品在全寿命周期内对周围环境的影响，生产过程中产生的有害污染物的情况，例如木材甲醛释放量，企业可根据实际生产提供相关材料；品质属性主要涉及产品的具体性能，门窗企业产品类型较多，企业可根据申报的产品类型，对应标准中的相应指标提供相应产品的检测报告。

③产品抽样检验：认证机构指定抽样方案，CMA实验室具备对应资质。认证机构可根据具体的产品性能制定抽样方案，如产品的检验项目、依据的标准、要求等。以门窗为例，检验项目主要包括水密性能、空气隔声性能、窗反复启闭性能、门反复启闭性能等，经过检验后根据CMA实验室出具的抽检报告做出结果评价。

④监督检查：主要包括对工厂保证能力的监督检测、绿色评价要求持续性符合验证、产品一致性监督检查、产品监督检验以及其他需要监督检查的情况。

7　绿色建材认证推进意义及建议

绿色建材认证能够有效助推绿色建材全面应用，可以实现环境效益、社会效益和经济效益的多方共赢，具体体现为以下几点：

①绿色建材认证保障绿色建材质量，促进我国生态文明建设，有利于绿色发展主旨理念贯彻实施

绿色建材认证工作能够持续有效地保障绿色建材真"绿"。绿色建材多为新型建筑材料，通过认证可保障绿色建材质量，促进固废综合利用，利于节约资源、保护环境。绿色建材生产合理，采用先进的生产工艺和生产设备，极大降低了环境污染，进行绿色建材认证将有利于保证生产过程的绿色环保，有利于我国环境友好型社会和可持续社会的建立。

②绿色建材认证有法可依，能够有效保障建筑质量，夯实建筑工业化和绿色化的发展道路

《建筑节能与绿色建筑发展"十三五"规划》中指出，到 2020 年绿色建材应用比重超过 40％。《关于大力发展装配式建筑的指导意见》提出要大力推广绿色建材，提高其在装配式建筑中的应用比例，强制淘汰不符合节能环保要求、质量性能差的建筑材料，确保安全、绿色、环保。通过绿色建材认证工作，可以有效提升建筑绿色化水平和建筑工业化比例。

③绿色建材认证有利于行业健康发展、企业建立行业优势，塑造核心竞争力，优化产业结构

认证结果受政府及市场主体采信，可以扩大企业影响力，提升企业口碑，有利于企业加速淘汰落后产能和工艺，优化产业结构，保护企业自身知识产权，防止假冒伪劣，展示企业绿色发展理念，有效证明企业实力，提升企业核心竞争力。

④绿色建材认证为提升建筑居住环境和品质开拓重要途径

对新型绿色建材进行认证，确保产品性能、安全、污染物排放等达标。提高应用比例，改善建筑性能，提供健康、舒适环境。

借鉴建筑门窗节能标识工作和绿色建材评价工作的经验和不足，对绿色建材认证工作提出以下几点建议：

①绿色建材认证工作应加强统筹规划，强化顶层结构设计[5]

根据国家政策目标、"十四五"规划等形成针对绿色建材行业发展规划的过程及纲要。在形成政策文件的过程中，为繁琐复杂的建材产品分类别构建绿色建材体系，并随技术的进步不断更新绿色建材体系，逐步淘汰绿色指标较低的建材，稳步优化产业结构。

②利用认证手段加快推动建材企业绿色化转型

通过绿色建材认证手段，引导企业向绿色程度更优的建材方向发展。同时创设标准的绿色建材产业化基地，通过搭建产业平台等，推动支持绿色建材上下游产业链的衔接工作。

③通过绿色建材认证工作，实施好绿色建材推广应用政策

通过推动政府投资工程率先采用绿色建材，试点城市优先政府采购使用绿色建材等政策手段，以点带面，逐步提高城镇新建建筑及既有建筑改造项目中绿色建材应用比例。

④利用绿色建材认证手段，进行绿色建材市场管理，规范建材行业，以良币驱逐劣币，提高绿色建筑绿色化水平

利用认证的特性，考虑对绿色建材产品进行信息追溯，提高宣传力度，增强影响力。以标杆企业带领行业发展，规范建材市场，促进行业的绿色发展，推动绿色建筑由浅入深，提升建筑质量与品质，提高我国建筑绿色化水平。

⑤加大宣传力度，提高社会知晓度和认知度，加强监督，推动绿色建材应用

建立有效的绿色建材宣传平台，对绿色建材认证的益处进行科学普及，提高各个利益相关方对绿色建材的认知程度。同时，要对绿色建材的认证工作进行有效监督，加大惩罚力度，从而避免"绿色建材不绿"的事情发生，提高绿色建材认证的公信力，最终有效推动绿色建材在全国的发展和应用。

参考文献

［1］曹凯利. 浅析建筑门窗节能对能耗的影响［J］. 建筑技术开发，2019（S1）.

［2］阎强，张喜臣. 浅谈系统门窗的认证［J］. 建筑，2020（02）：75-76.

［3］徐敏. 绿色建材评价及相关趋势分析［J］. 工程与建设，2019，33（03）：486-488.

［4］牛凯征，王新捷. 绿色建材发展政策动向［J］. 砖瓦，2019（10）：82.

［5］张舒航. 浅谈发达国家绿色建材认证制度［J］. 建筑，2020（10）：35-37.

国内外建筑铝结构的标准对比与研究

◎ 韩维池

摘　要　本文对中国铝结构标准与国外标准进行了对比研究：对各国标准的总体编排、表达方式、编制手法进行了对比分析，美标以方便工程设计应用的易读、易用为尺度进行编写，为结构标准的典范。对各标准的法律地位、全球范围内的应用范围和影响力进行了对比分析，美标和英标、欧洲标准应用最广。对中外标准极限状态设计法进行了对比，美标和欧标是严格按照极限状态设计法编写，即使是美标的容许应力法也是基于极限状态的，相当于变形的极限状态设计法。按照极限状态设计法，对中国标准的"材料分项系数"计算方法进行了探讨，这种表达方式概念不清，不利于针对不同极限状态确定不同的分项系数。对中外标准的轴心受拉构件的净截面计算规则、承载力计算方法、安全系数进行对比；国外标准比较全面具体，国内标准比较粗略且个别情况存在不够安全的情况。对中外标准普通螺栓和高强螺栓连接的极限状态、计算方法、安全系数进行对比分析，中国标准的螺栓强度取值比较混乱，高强螺栓滑移控制连接极限状态不够全面。

关键词　螺栓连接；轴心受拉；净截面；滑移控制连接；可靠度；材料分项系数

　　在世界范围内，铝结构最广泛的应用是门窗幕墙。作为一名幕墙设计师，有幸参与《铝合金结构技术标准》（现在为征求意见稿阶段，以下简称征求意见稿）的编制工作。编制过程中，结合之前在海外工作的一点经验，我深入比较了中国、欧盟和北美铝结构标准。

1　三个标准简介

1.1　美标

美国通用的铝结构标准是 The Aluminum Association（AA）出版的《ALUMINUM DESIGN MANUAL 2015》，以下简称美标。美标的编写方式和公式、极限状态、可靠度等与 AMERICAN INSTITUTE OF STEEL CONSTRUCTION（AISC）出版的 ANSI/AISC 360《Specification for Structural Steel Buildings》十分相似。两者的出版时间也基本同步，都是差不多 5 年更新一个版本，都是结构行业最新技术的集大成者，引领国际钢结构和铝结构发展潮流。与 AISC 360 一样，美标同时包含了公制和英制两种单位制、容许应力设计法（ASD）和极限状态设计法（LRFD）。两本标准的两种设计法的可靠度指标基本一致。容许应力设计法实际上也是根据不同的极限状态设计法给出相应的安全系数，与极限状态设计法的计算公式一致，只是极限状态设计法采用分项系数，容许应力法采用安全系数。

美标中最主要的是下列内容：PART Ⅰ Specification for Aluminum Structures、PART Ⅱ Commentary on the Specification for Aluminum Structures、PART Ⅲ Design Guide、Part Ⅶ Illustrative Examples，分别是技术要求、条文说明、设计指南（主要是例题）。这三部分的编写都很经典、很详细。美标的编写特点主要是易读和易用。这从美标的名字（中文名为《铝（结构）设计手册》）上就能看出来，他们是按设计手册的思路编写的。条文看不懂可以看条文说明，条文说明还看不懂也没关系，后面还有例题。基本上可以在完全不了解美国标准的情况下不借助其他参考书就可以轻松读懂并应用于工程实践。

幕墙用铝合金结构紧固件连接设计部分的内容也可以使用 AMERICAN A RCHITECTURAL MANUFACTURERS ASSOCIATION（AAMA）出版的 AAMA TIR-A9-14《Design Guide for Metal Cladding Fasteners》（有 2015 年局部更正版），其内容更详细。

1.2　英标和欧标

欧洲铝结构方面的标准影响力比较大的是英国国家标准 BS 8118-1-1991

《Structural use of aluminium Part 1：Code of practice for design》。但是在 1991 版以后就没有更新了，转而使用欧盟标准。

欧盟铝合金结构方面的标准有 BS EN 1999-1-1：2007《Eurocode 9：Design of aluminium structures—Part 1-1：General structural rules》（以下简称欧标，有 2013 局部更正版），其范围和 BS 8118 基本相同，内容也一脉相承。而 BS EN 1999-1-4：2007《Eurocode 9—Design of aluminium structures—Part 1-4：Cold-formed structural sheeting》（有 2011 局部更正版），主要针对冷成型铝板结构。两者的关系类似于国内的钢结构规范和冷弯薄壁型钢规范。

欧标没有条文说明和例题，比较复杂的内容通过大量的附录表达。标准不如美标简洁，对工程设计应用考虑不如美标周全，设计应用不方便。

1.3 国标

国内铝合金在建筑上的应用起步于 20 世纪 80 年代，用于门窗幕墙，但是发展迅速，目前我国是世界第一铝生产和应用大国。但是和其他的如钢结构和混凝土一样，铝结构在我国的研究水平和先进水平还有很大差距。《玻璃幕墙工程技术规范》（JGJ 102—1996）是国内第一部包含铝结构计算的标准，主要内容参照了 1987 版钢结构规范的构件计算部分。《铝合金结构设计规范》（GB 50429—2007）（以下简称老标准）是国内第一部专门的铝结构规范，是基于国内的试验研究，主要参考了 BS 8118-1-1991《Structural use of aluminium Part 1：Code of practice for design》和《钢结构设计规范》（GB 50017—2003），并添加了部分中国特色的内容。老标准相比于《玻璃幕墙工程技术规范》算法上改进明显，引入了屈曲后强度和有效截面等概念，包含了焊接部分和结构体系部分内容。和其他国内标准一样，老国标也是春秋笔法、微言大义，可能造成有的人要么看不懂，要么各有各的理解。

1.4 法律地位和标准的影响范围

美标是一部团体标准，但是按美国法律体系，团体标准和多数国家标准都属于推荐性标准，所以评判用什么标准是以市场接受度为原则，很少会考虑是不是国家标准。实际应用最多的是团体标准，多数国家标准绝大多数也是团体标准被 ANSI 认可为国家标准的。法律地位上欧标是国家标准，但执行约束力上和国标有较大区别。按欧标设计如果出现标准错误导致的工程事故不能免除工程师的法律责任。这和国标作为设计正确与否的依据有根本区别。

国标有强制性条文，还有很多地方有图纸审查，司法鉴定国标是硬指标，这都是中国不同于世界上其他国家的地方。这造成国标在中国的约束力很强。

我国的建筑结构标准的编制在 20 世纪 70 年代末才起步，同样国际上还是有很多国家自己没有制定标准，还有很多国家制定了一小部分标准，就像我国长期使用苏联标准一样，这些国家长期使用其他国家标准和 ISO 等国际标准。各个前殖民地国家会延续之前的习惯继续使用宗主国的标准，如菲律宾使用美国标准、中东地区使用英国标准、非洲部分国家使用法国标准等。同时，一些编制水平较高、体系比较健全的标准在这些国家也是被广泛接受的，比如中东地区这些前英国殖民地也接受使用美标。中国标准由于水平有限，中国特色鲜明；其他国家标准差异较大，大陆以外极少有工程应用。

1.5　极限状态设计法、"材料分项系数"和容许应力法表达式

《建筑结构荷载规范》（GB 50009—2012）（以下简称荷载规范）3.2.2 的公式其实是和欧洲标准、美国标准一致的：

$$\gamma_0 S_d \leqslant R_d$$

按可靠度理论，应该是通过分项系数（partial safety factor，部分安全系数）调整不同的重要性、效应和抗力。对于抗力，应该是按极限状态设计法设计，也就是不同的极限状态应该有不同的分项系数。

和其他中国结构标准一样，新钢标和老标准里面用钢材和铝合金的强度标准值除以"材料分项系数"得到设计强度。这个做法在概念上并不妥当：材料已经按概率取了标准值了，根本就不应该考虑分项系数了。

极限状态有多种，破坏延性和危险性显然不同，那么分项系数应该是对应的极限状态的分项系数，最后得到总的结构可靠度。采用"材料分项系数"意味着对同一材料，每个极限状态都用统一的分项系数，这显然会造成有的过于保守，有的不够安全。这是中国标准与其他国家的显著不同。

2　标准对比——以轴心受拉构件

老标准是承袭了很多《钢结构设计规范》等一直以来沿用的苏联时代的典型的容许应力法表达式。这种用容许应力法表达式进行极限状态设计法计

算，会造成明显的概念混淆，而且为了保持可靠度一致，需要引进很多系数调整。是一种削足适履的做法。

轴心受拉构件有两个承载能力极限状态：毛截面屈服破坏；净截面拉断破坏。

这是由于净截面通常在整个构件长度上只存在一小段，净截面的屈服伸长造成的构件伸长较小，因此净截面屈服并不是在承载能力极限状态。因此，对于毛截面屈服破坏应采用屈服强度标准值，对于净截面拉断破坏应采用抗拉强度标准值计算。

由于铝结构焊接以后强度降低，所以：

1. 对于在横截面方向上的横向焊接，其效果是在局部削弱，形成的极限状态对应于净截面拉断破坏。

2. 对于在构件长度方向上的纵向焊接，其效果是在整个截面，形成的极限状态是屈服破坏，只是截面面积要折减。

所以，对于铝结构的轴心受拉构件，存在 4 个极限状态，2 种不同延性破坏。

2.1 美标

抗拉承载力标准值应按下列规定计算：

1. 毛截面受拉屈服极限状态应按下列公式计算：

$$对未焊接和垂直构件纵向焊接，P_{nt}＝f_{ty}A_{g} \tag{D.2-1}$$

$$对沿构件纵向上焊接，P_{nt}＝f_{ty}(A_{g}－A_{wz})＋0.9\,f_{tyw}A_{wz} \tag{D.2-2}$$

2. 净截面受拉断裂极限状态应按下列公式计算：

$$对非焊接构件，P_{nt}＝f_{tu}A_{e} \tag{D.2-3}$$

$$对焊接构件，P_{nt}＝f_{tu}(A_{u}－A_{wz})＋A_{ewz} \tag{D.2-4}$$

式中　P_{nt}——截面抗拉承载力标准值（N）；

　　　f_{ty}——铝合金材料的非比例伸长应力屈服强度（N/mm²）；

　　　f_{tu}——铝合金材料的抗拉强度（N/mm²）；

　　　A_{wz}——横截面焊接热影响区面积（mm²）；

　　　A_{ewz}——焊接热影响区的有效截面面积（mm²）；

　　　A_{g}——毛截面面积（mm²）；

　　　A_{e}——有效净截面面积（mm²），受拉构件仅考虑焊接热影响区和截面孔洞缺损的影响。

2.2 欧标

(1) 拉力设计值 N_{Ed} 应满足

$$\frac{N_{Ed}}{N_{t,Rd}} \leqslant 1.0 \qquad\qquad (6.17)$$

(2) 横截面抗拉承载力设计值 $N_{t,Rd}$ 应取

a) 沿构件整体屈服：$N_{o,Rd} = A_g f_o / \gamma_{M1}$ ·················· (6.18)

b) 在带孔截面局部破坏：$N_{u,Rd} = 0.9 A_{net} f_u / \gamma_{M2}$ ·················· (6.19a)

c) 在焊接截面局部破坏：$N_{u,Rd} = A_{eff} f_u / \gamma_{M2}$ ·················· (6.19b)

式中 A_g——毛截面面积或考虑纵向焊缝热应力区折减（见 6.1.6.2）后的
        毛截面面积；

 A_{net}——净截面面积，扣除焊接热影响区；

 A_{eff}——考虑焊接热影响区折减的有效面积。

可见欧洲标准与美标公式算法差别较小。欧标公式（6.19a）相当于美标的两个公式，确实表达简单，但不如美标每种情况都有公式拿过来直接用方便，实用性较差。

2.3 国标

老标准表达式如下：

$$\sigma = \frac{N}{A_{en}} \leqslant f$$

这是典型的容许应力法表达式。

式中应力是由净截面得出，设计指标是屈服强度/"材料分项系数"。可见老标准的公式只有一个极限状态，这明显是不合适的。

征求意见稿中计算方法如下：

7.1.1 轴心受拉构件，当端部连接及中部拼接处组成截面的各板件都由连接件直接传力时，其截面强度计算应符合下列规定：

毛截面：

$$\frac{N}{A_e f} \leqslant 1.0 \qquad\qquad (7.1.1\text{-}1)$$

净截面：

$$\frac{N}{0.9 A_{en} f_{u,d}} \leqslant 1.0 \qquad\qquad (7.1.1\text{-}2)$$

局部焊接截面：

$$\frac{N}{A_{u,e} f_{u,d}} \leqslant 1.0 \qquad (7.1.1\text{-}3)$$

式中　N——轴心拉力设计值（N）；

A_e——有效毛截面面积（mm^2），对于受拉构件仅考虑通长焊接影响，对于受压构件应同时考虑局部屈曲和通长焊接的影响，在考虑焊接影响时应使用 ρ_{haz} 计算有效厚度，若无局部屈曲和焊接时，$A_e = A$；

f——铝合金材料的抗拉强度设计值（N/mm^2）；

A_{en}——有效净截面面积（mm^2），应同时考虑孔洞及其所在截面处焊接的影响，在考虑焊接影响时应使用 $\rho_{u,haz}$ 计算有效厚度；

$f_{u,d}$——铝合金材料的极限抗拉强度设计值（N/mm^2）；

$A_{u,e}$——有效焊接截面面积（mm^2），对于受拉构件仅考虑局部焊接及其所在截面处可能存在的通长焊接的影响，对于受压构件应同时考虑局部焊接及其所在截面处可能存在的局部屈曲和通长焊接的影响，在考虑焊接影响时应使用 $\rho_{u,haz}$ 计算有效厚度；

当连续的局部焊接热影响区范围在沿纵向（构件长度方向）超过截面最小尺寸（如翼缘宽度）时，应进行改由 f 控制并用 ρ_{haz} 计算有效厚度的整体屈服验算，即公式（7.1.1-3）变形为 $N/A_{u,e} f \leqslant 1.0$，且 $A_{u,e}$ 在考虑焊接影响时应使用 ρ_{haz} 计算有效厚度。

这个算法与《钢结构设计标准》（GB 50017—2017）（以下简称新钢标）类似，考虑了净截面拉断极限状态。

现在的公式相当于把欧标的公式（6.17）套到后面的（6.18）和（6.19）上去，这种表达比较啰唆，也不实用，还降低可读性，是以教授而不是工程师视角编写。

征求意见稿还是采用的"材料分项系数"，分项系数取值为 1.2，很明显会造成材料浪费。而且即使是在浪费材料的情况下，还不安全。

2.4　安全系数分析

不考虑荷载分项系数差异的情况下：对净截面计算，征求意见稿公式（7.1.1-2）的安全系数是 1.2/0.9＝1.333，和美标一致，低于欧标；对焊接则只有 1.2，低于美标和欧标。

可见这种"材料分项系数"方法概念上不合适，这种不严谨的做法对于低碳钢这种比较"宽容"的材料问题不是太大；对于铝合金这种屈强比高、焊接后强度降低严重的材料，情况要复杂得多，问题比较明显，而且到紧固件连接部分，破坏情况远比轴拉复杂，问题就更严重。

不同承载能力极限状态的破坏延性明显不同，所以美标和欧标都是对两种极限状态取不同的分项系数，见表 J.1.1。

建筑构件受拉的分项系数 γ_m

极限状态	美标（LRFD）	美标（ASD）	欧标	欧标热影响区	老标准
受拉屈服	$1/0.9=1.11$	1.65	1.1	1.1	1.2
受拉断裂	$1/0.75=1.333$	1.95	$1.25/0.9=1.388$	1.25	—

对基本组合，国标、美标和欧标的荷载组合对比如下：

美标 ASCE 7-10	欧标 BS EN 1990：2002；BS EN1998-1：2004	国标《建筑抗震设计规范》（GB 50011—2010）、《建筑结构可靠性设计统一标准》（GB 50068—2018）
恒载分项系数：1.4 或 1.2 活荷载分项系数：1.6	恒载分项系数：1.35 或 1.0 活荷载分项系数：1.5	恒载分项系数：1.3 或 1.0 活荷载分项系数：1.5
$1.4D$	$1.35G$	$1.3G+1.0\times1.5W+0.6\times1.5T$
$1.2D+1.6L+0.5(Lr$ 或 S 或 $R)$	$1.35G+1.5Q_1$	$1.0G+1.0\times1.5W+0.6\times1.5T$
$1.2D+1.6(Lr$ 或 S 或 $R)+(L$ or $0.5W)$	$1.35G+1.5Q_1+\Psi_{0i}Q_i$	$1.3G+0.6\times1.5W+0.6\times1.5T$
$1.2D+1.0W+L+0.5(Lr$ 或 S 或 $R)$	$1.35G+1.5\Psi_{01}Q_1+1.5\Psi_{0i}Q_i$	$1.0G+0.6\times1.5W+0.6\times1.5T$
$1.2D+1.0E+L+0.2S$	$1.15G+1.5Q_1+\Psi_{0i}Q_i$	$1.3G+1.3E+0.2\times1.5W$
$0.9D+1.0W$	$1.0G+1.5Q_1$	$1.0G+1.3E+0.2\times1.5W$
$0.9D+1.0E$	$1.0G+1.0A_E+0.3Q$	
式中： $D=$ 恒荷载 $W=$ 风荷载 $E=$ 地震荷载 $L=$ 活荷载 $Lr=$ 屋面活荷载 $R=$ 雨荷载 $S=$ 雪荷载	式中： $G=$ 永久作用（相当于美标 D） $Q=$ 可变作用（$W\,L\,Lr\,R\,S\,T$） $A_E=$ 地震作用（E） $\Psi_{0i}=$ 可变作用组合系数 0.7（L S）或 0.6（$W\,T$）或 0（Lr）	式中： $G=$ 恒荷载 $W=$ 风荷载 $E=$ 地震荷载 $L=$ 活荷载 $T=$ 温度荷载

可见，对于国内铝结构的主要应用——门窗和幕墙来说，整体上美标比欧标有更高的总体安全系数。对于常规构件两者相差很小。对于横截面上焊接构件，美标的安全系数明显高于欧标，对于纵向焊缝的构件，美标热影响

区有 0.9 的折减系数,安全度也明显更高。

另外美标 LRFD 的分项系数是乘以小于 1 的数(0.9 和 0.75),欧标和国标都是除以大于 1 的数。运算上乘法比除法更方便,电算效率也会更高。

国标的抗震组合明显高于国外标准,但是不同于国外中震设防,国标以小震为设防烈度,而且通过大量的构造做法和系数进行调整。对幕墙,地震作用基本都不起控制作用。

2.5 关于屈强比

广泛应用的低碳钢的屈服强度/抗拉强度 $= 235/375 = 0.627$,倒数为 1.59。如果用老标准计算这种屈强比低的材料,会造成材料浪费。

铝合金材料的屈强比总体上要高于低碳钢,以应用最普遍的 6061-T6 为例,屈强比为 $240/260 = 0.923$,则老标准无论对比欧标还是美标,在净截面都不安全。对于屈强比更高的材料,问题就更严重。

因此,本次标准修改的计算方法是很有必要的。

2.6 净截面-剪切迟滞效应

2.6.1 征求意见稿

7.1.3 轴心受拉构件和轴心受压构件,当其组成板件在节点或拼接处并非全部直接传力时,应将危险截面的面积乘以有效截面系数 η,不同构件截面形式和连接方式的 η 值应符合表 7.1.3 的规定。

表 7.1.3 轴心受力构件节点或拼接处危险截面有效截面系数

构件截面形式	连接形式	η	图例
角钢	单边连接	0.85	
工字形、H 型	翼缘连接	0.90	
	腹板连接	0.70	

2.6.2 美标

美标给出了公式，条文说明有理论出处和解释。正文如下：

角铝、槽铝、T型、Z型、矩形管和工字型截面的有效净截面计算应符合下列规定：

1. 拉力在构件的全截面上直接通过紧固件或焊接传力时，构件的有效截面应为净截面。

2. 拉力在构件的部分截面上通过紧固件或焊接传力时，构件的有效净截面应按下式计算：

$$A_e = A_n \left(1 - \frac{\bar{x}}{L_c}\right)\left(1 - \frac{\bar{y}}{L_c}\right) \tag{D.3-1}$$

式中　A_n——连接处构件的净截面；

L_c——荷载方向上连接的长度，从紧固件中心或者焊缝末端计算，如果L_c为0，有效净截面为连接构件的净截面；

$\bar{x}$——连接在x轴的偏心；

$\bar{y}$——连接在y轴的偏心。

2.6.3 欧标

在附录K中有3页半的很详尽的计算规定。

2.6.4 三个标准对比

笔者认为剪切迟滞是很重要的，国标的规定过于简略，有的时候过于保守，有的时候很不安全。欧标的内容有点太细、太多，工程设计应用有难度。美标的表达式比较简单，应该是够用的，而且工程应用较方便。

2.7 净截面-螺栓孔削弱

国标考虑了摩擦型高强螺栓的孔前传力情况，欧标和美标都没有。

螺栓错列排列和角铝螺栓连接情况，国标没有规定，欧标和美标有详细规定，对比如下：

2.7.1 美标的规定

D.3.1 每个构件的净截面积为每个构件的厚度和最小净宽度的乘积之和。对冲成孔直径要在钻孔或扩孔公称直径基础上加上0.8mm；对角线或之字线上布置的孔，净截面为粗截面减去孔链上所有孔宽度之和并在每个孔-孔斜连接间隙加上构件纵向两个连续孔的中心距离s的平方，除以构件横向上紧固件连接成的直线上孔中心距离g的4倍。塞焊或角缝隙焊缝中的焊接金属不应包括在净面积内。

角铝构件纵向的孔在相对两个肢上，构件截面的长度应将两个边长相加减去孔的直径，截面厚度取较薄的肢的厚度。

2.7.2 欧标的规定

6.2.2.2 净截面

（4）紧固件孔错列排列时，总面积应取以下较大者（图 6.7）：

a）非错列的孔扣减方法按（3）考虑；

b）错列的取 $\sum td - \sum tb_s$，b_s 为以下二式中小者

$$s^2/(4p) \text{ 或 } 0.65s$$

式中　d——孔径；

　　　s——错列的波峰高，构件轴向两个连续的孔中心距离；

　　　p——构件轴向上两个同位置孔中心的垂直构件轴向方向的距离；

　　　t——厚度（焊接截面为有效厚度）。

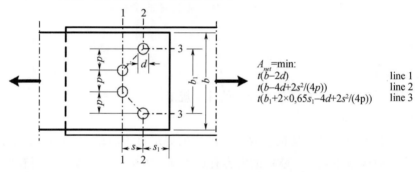

图 6.7　错列布置孔和关键拉断线

在多于一个平面上有孔的角铝或其他构件上，距离 p 应该沿材料厚度的中心线计算。实际工程设计时，需要先作图得到中心线，再算长度，相当麻烦（图 6.8）。

图 6.8　两肢上均开孔的角铝

2.7.3 几个标准对比

螺栓错列排列和角铝螺栓连接情况，国标没有规定，欧标和美标都采用

了 $s^2/4g$ 规则。

欧标图文并茂，表达比较清楚，比美标多了一个 $0.65s$ 的验算。这个计算的效果在螺栓间距在 $3\sim4.2$ 倍孔径时有效果，实际工程影响比较小。

美标考虑了冲孔加 0.8mm，这是因为冲孔要采用阴阳模，必然会在阴模侧（背面）造成孔径加大，这点更合理。美标条文采用文字描述比较简略，但是条文说明给出了条文说明和理论依据，可以找到相关的参考文献研究清楚。这是条文说明的优势所在。

对于角钢，欧标采用中心线计算，理论上更精确，但是这在实际工程计算中很麻烦。美标直接采用外边尺寸计算，计算简便，但是误差稍大。对于薄壁角钢，两者差别很小，厚壁差别较大。

这个对比清楚地反映了几个标准的区别：

美标算法简单方便，考虑了加工工艺造成的结构影响；欧标算法繁复，理论上更精确，但没有考虑工艺问题。对大多数工程两者差别很小。

美标采用手册型编写方法，条文说明和例题对标准分层次进行解释，很方便理解。

国标比较粗略，做复杂点的工程设计还是要参考国外标准等相关资料或辅以相关的设计手册（铝结构方面的国内还没有）才行。

3　标准对比-螺栓连接

3.1　概述

征求意见稿沿用了《钢结构设计规范》的做法，也继承了它的问题。

国内标准螺栓强度指标一直很乱。抗拉还号称考虑了 20% 的撬力——这个做法很不合理，有的时候不够，有的时候明显会太保守。

铝结构常用的不锈钢螺栓国内也没有像样的试验研究，国内各标准强度指标与美标和欧标差异很大。

3.2　普通螺栓

3.2.1　美标

美标普通螺栓分受拉、受剪、承压破坏三个极限状态。

普通螺栓计算（mm）

极限状态	公式	公式编号	注释
受拉	$R_n=\left[\pi(D-1.191/n)^2/4\right]F_{tu}$	J.3-1	$1/n$：螺距；F_{tu}：螺栓抗拉承载力
受剪	$R_n=\left[\pi(D-1.191/n)^2/4\right]F_{su}$	J.3-2	剪切平面有螺纹时；F_{su}：螺栓抗剪承载力
受剪	$R_n=(\pi D^2/4)F_{su}$	J.3-3	剪切平面无螺纹时；D：螺栓直径
承压	$R_n=d_e t F_{tu}<2Dt F_{tu}$	J.3-4	圆孔；d_e 在作用力方向上紧固件中心到构件的边缘的距离
承压	$R_n=1.33DtF_{tu}$	J.3-5	垂直受力边长孔

安全系数

受拉	受剪	构件承压
$1/0.65=1.54$	$1/0.65=1.54$	$1/0.75=1.33$

3.2.2　国标

普通螺栓（受剪面在栓杆部位）

$$N_v^b=n_v\frac{\pi d^2}{4}f_v^b \qquad (10.1.1\text{-}1)$$

普通螺栓（受剪面在螺纹部位）

$$N_v^b=n_v\frac{\pi d_e^2}{4}f_v^b \qquad (10.1.1\text{-}2)$$

承压承载力设计值应按下列公式计算：

$$\text{普通螺栓 } N_c^b=d\sum t\cdot f_c^b \qquad (10.1.1\text{-}4)$$

3.2.3　对比分析

螺栓抗剪存在螺纹的影响，这在《钢结构设计标准》没有体现。按老钢规条文说明是因为我们的试验粗糙而没有考虑螺纹，相当于简单粗暴地降低螺栓强度指标包括螺纹削弱的影响。征求意见稿考虑了螺纹的强度折减，但是由于螺栓强度指标照搬了《钢结构设计标准》里面的内容，会造成螺纹处螺栓强度取值偏低而过于保守。

征求意见稿承压计算比较简略，承压强度/抗拉强度系数为 $300\times1.2/260=1.38$。美标系数为 2，两差异过大。美标包含长圆孔的承压计算和边距计算，这些都是国标所没有的。

3.3　滑移控制螺栓连接

3.3.1　美标

滑移控制连接 ADM 分项系数如下：

拉剪	圆孔、垂直荷载方向短长圆孔	大孔、平行荷载方向短长圆孔	长长圆孔
1/1.75＝1.33	1	1/0.85＝1.18	1/0.7＝1.43

材料、构造、计算方法引用的是 Research Council on Structural Connections（RCSC）协会的《Specification for Structural Joints Using High Strength Bolts》2014 版（2015 局部更正，以下简称 RCSC2014），是英制单位，RCSC2014 中的内容很多，有 98 页，对材料、安装、设计、计算、检验等都有非常详尽的规定，其公式简要介绍如下：

极限状态	公式	公式编号	注释
受拉、受剪	$R_n = F_n A_b$	5.1	A_b：名义截面积；F_n：强度标准值；剪切强度为抗拉强度的 0.62 倍；连接长度超过 965mm 时折减系数 0.9，二阶效应时为 0.75
承压	$R_n = 1.2 L_c t F_u \leqslant 2.4 d_b t F_u$	5.3	正常使用机械状态螺栓孔变形时；L_c：净距，含孔边和构件边；d_b：螺栓名义直径
承压	$R_n = 1.5 L_c t F_u \leqslant 3 d_b t F_u$	5.4	常使用机械状态螺栓孔无变形时
承压	$R_n = L_c t F_u \leqslant 2 d_b t F_u$	5.5	长圆孔垂直于受力边，分项系数 1/0.75，低于 ADM 的 1/0.7
滑移	$R_n = \mu D_u h_f T_b n_s k_{sc}$	5.6	$D_u = 1.13$：过拧系数，也可根据工程实际取值；T_b：最小预紧力；h_f：连接板系数；$\mu =$滑移系数；n_s：滑移系数
	$k_{sc} = 1 - \dfrac{T_g}{D_g T_b n_b} \geqslant 0$		k_{sc}＝拉力荷载折减系数；T_b＝拉力荷载

剪切面在螺纹处折减系数 0.8；受拉螺纹应力面积系数 0.75。算法虽然精度差，但是比较简单，方便实用，不用再去查有效螺纹面积表了。

美标的一大好处是写明了理论出处和参考文献，遇到复杂的连接如栓焊混合连接可直接找到参考文献进行设计。

3.2.2　欧标

剪切连接

分类	公式	备注
A：承压	$F_{v,Ed} \leqslant F_{v,Rd}$ $F_{v,Ed} \leqslant F_{b,Rd}$ $\sum F_{v,Ed} \leqslant N_{net,Rd}$	不需要预紧力 适用于 4.6～10.9 级螺栓 $N_{net,d} = 0.9 A_{net} f_u / g_{M2}$
B：正常使用极限状态滑移控制	$F_{v,Ed,ser} \leqslant F_{s,Rd,ser}$ $F_{v,Ed} \leqslant F_{v,Rd}$ $F_{v,Ed} \leqslant F_{b,Rd}$ $\sum F_{v,Ed} \leqslant N_{net,Rd}$ $\sum F_{v,Ed,ser} \leqslant N_{net,Rd,ser}$	有预紧力的高强螺栓 正常使用极限状态不滑移 $N_{net,Rd} = \dfrac{0.9 A_{net} f_u}{g_{M2}}$ $N_{net,Rd,ser} = A_{net} f_o / g_{M1}$
C：承载能力极限状态滑移控制	$F_{v,Ed} \leqslant F_{s,Rd}$ $F_{v,Ed} \leqslant F_{b,Rd}$ $\sum F_{v,Ed} \leqslant N_{net,Rd}$ $\sum F_{v,Ed} \leqslant N_{net,Rd}$	有预紧力的高强螺栓 承载能力极限状态不滑移 $N_{net,Rd} = 0.9 A_{net} f_u / g_{M2}$ $N_{net,Rd,ser} = A_{net} f_o / g_{M1}$

受拉连接

分类	公式	注释
D：无预紧力	$F_{t,Ed} \leqslant F_{t,Rd}$ $F_{t,Ed} \leqslant B_{p,Rd}$	适用于 4.6～10.9 级螺栓
E：有预紧力	$F_{t,Ed} \leqslant F_{t,Rd}$ $F_{t,Ed} \leqslant B_{p,Rd}$	适用于 8.8 或 10.9 级螺栓

式中　$F_{v,Ed}$——承载能力极限状态每个螺栓的剪力值；

$\quad F_{v,Ed,ser}$——正常使用极限状态每个螺栓的剪力值；

$\quad F_{v,Rd}$——每个螺栓的剪力抗力；

$\quad F_{b,Rd}$——每个螺栓的承压抗力；

$\quad F_{s,Rd,ser}$——正常使用极限状态每个螺栓的抗滑移抗力；

$\quad F_{s,Rd}$——承载能力极限状态每个螺栓的抗滑移抗力；

$\quad F_{t,Ed}$——承载能力极限状态每个螺栓的拉力；

$\quad F_{t,Rd}$——承载能力极限状态每个螺栓的抗拉承载力；

$\quad B_{p,Rd}$——抗冲切承载力。

3.3.3　国标

承压型高强螺栓连接存在两个极限状态：正常使用极限状态，对应于摩擦面开始滑移；承载能力极限状态，对应于螺杆、承压面等破坏。我国标准只考虑了承载能力极限状态。

在螺栓受拉过程中，由于卸载效应，螺栓的拉力增加很少。规范里面 0.8

的折减有点过于保守。

10.1.2 2　在螺栓杆轴方向受拉的连接中，每个高强度螺栓的承载力设计值按下式计算：

$$N_t^b = 0.8P \qquad (10.1.2\text{-}2)$$

3.3.4　对比分析

预紧力和受拉：美标和欧标规定预紧力为抗拉强度的70%，新国标为60%。对于抗拉强度，美标在预紧力基础上考虑0.65的安全系数为抗拉强度的0.455，欧标考虑1.25为0.56。国标整体抗拉为0.6×0.8＝0.48。国标预紧力偏小，抗拉安全系数介于欧标和美标之间。

3.4　对比分析

美标的紧固件连接部分内容较多、很全面。欧标相对简单，国标内容较少。结构设计中，其实构件计算花不了多少时间，也较少遇到解决不了的难题，花时间最多、最容易出问题的其实是节点。从实用角度看，这一点上我们应该多向美标学习。

不同承载能力极限状态的破坏延性明显不同，所以美标和欧标都是对两种极限状态取不同的分项系数。下表中美标以LRFD计算。征求意见稿各个不同的螺栓各指标有差异，且里面有撬力的因素在里面，难以得出简单的安全系数规律。

普通螺栓的分项系数 γ_m

极限状态	美标	欧标
受拉	1/0.65＝1.54	1.25
受剪	1/0.65＝1.54	1.25
构件承压	1/0.75＝1.33	1/0.9×1.25＝1.39

4　结语

笔者认为概念清晰、安全可靠、易读、易用是衡量一本标准好坏的金标准。

标准不是论文。标准的成功与否要看使用标准的时候好不好用，多少人、有多少工程在用这本标准。

三本标准各有千秋。美标是以工程设计人员视角编写的手册，公式简洁明了，运用方便。从设计师的视角看，美标堪称结构标准的典范。欧洲标准内容更学院派一些，工艺方面的考虑少一些，实用性差一些。欧标和美标都是很成熟、编写水平很高的标准。国内标准比较有中国特色。

可靠度指标上，总体上美标高于欧标。老国标的总体可靠度指标高于美标，但具体构件和连接存在不够安全的情况。征求意见稿的构件计算安全系数接近于美标，螺栓连接安全系数不好衡量。

参考文献

［1］中华人民共和国住房和城乡建设部. 铝合金结构设计规范：GB 50429—2007［S］. 北京：中国计划出版社，2008.

［2］中华人民共和国住房和城乡建设部. 钢结构设计标准（附条文说明［另册］）：GB 50017—2017［S］. 北京：中国建筑工业出版社，2017.

［3］中华人民共和国建设部. 玻璃幕墙工程技术规范：JGJ 102—2003［S］. 北京：中国建筑工业出版社，2004.

［4］中华人民共和国住房和城乡建设部. 建筑结构荷载规范：GB 50009—2012［S］. 北京：中国建筑工业出版社，2012.

［5］ASCE. Minimum design loads for buildings and other structure：ASCE 7-10［S］. Reston，Virginia：American Society of Civil Engineers，2010.

［6］The Aluminum Association（AA）. Aluminum Design Mamual：AA ADM—2015［S］. 2015.

［7］American Institute of Steel Construction（AISC），Specification for Structural Steel Buildings：ANSI/AISC 360—2016［S］.

［8］American Architectural Manufacturers Association（AAMA）. Design Guide for Metal Cladding Fasteners：AAMA TIR-A9-14［S］. 2015.

［9］ES-AENOR. Eurocode 9：Design of aluminium structures—Part 1-1：General structural rules：UNE-EN 1999-1-1/A2-2014［S］.

［10］BSI，Eurocode 9：Design of aluminium structures—Part 1-4：Cold-formed structural sheeting［S］，BS EN 1999-1-4/A1：2011.

［11］王元清，关建，张勇，等. 不锈钢构件螺栓连接摩擦面抗滑移系数试验［J］. 沈阳建筑大学学报（自然科学版），2013，29（5）：769-774.

浅谈区块链技术在建筑幕墙行业中的应用（上）

◎ 陈　峻

华建集团华东建筑设计研究总院　上海　200002

摘　要　20 世纪末开始，中国建筑幕墙行业通过各类 CAD、CAM 等技术和工具的运用，极大提升了项目品质与建造效率；随着近年来 BIM 技术的推进与应用，项目的品质不断得到提升。但建筑幕墙对于数字科技的应用和融合，仍然还有较大的发展空间。区块链技术作为数字科技的重要组成部分，在建筑幕墙行业的应用与发展中具有着重要的意义。本文将从三个方面介绍区块链技术的基本原理和特征，建筑幕墙行业与区块链技术匹配，区块链应用的技术实现；另外，区块链在幕墙中应用场景以及未来的展望，将另篇讲述。

关键词　区块链；智能合约；去中心化；去信任；难以篡改

1　引言

新华社：（2019 年）中共中央政治局 10 月 24 日下午就区块链技术发展现状和趋势进行第十八次集体学习。中共中央总书记习近平在主持学习时强调，区块链技术的集成应用在新的技术革新和产业变革中起着重要作用。我们要把区块链作为核心技术自主创新的重要突破口，明确主攻方向，加大投入力度，着力攻克一批关键核心技术，加快推动区块链技术和产业创新发展。同时，国家发改委 2020 年 4 月 20 日明确的"新基建内容"已经将区块链技术作为信息基础设施上升到国家基础战略层面。

区块链技术作为前沿的科学科技之一，在数字金融、数字政务、数据服务等领域已初显其应用价值。区块链技术具有信息的去中心化、去信任、数据集体维护难以篡改、数据信息易查验可追溯等特点，符合政府监管"放管服"对建筑幕墙行业乃至建筑业的要求。但价格与产品、服务关系的差异化，存在不正当的市场竞争，项目信息碎片化、信息孤岛化，权责利的界面不清晰、不平等，这些问题随着高速建设的展开，越来越挑战幕墙行业的底线。建筑幕墙行业洗牌的趋势已经初现端倪。

2 区块链技术的基本原理和特征

区块链是一种由计算机网络维护的、去中心化的在线记录和保存系统（数据库），网络中这些计算机使用既有的加密技术来验证和记录交易（图 1）。

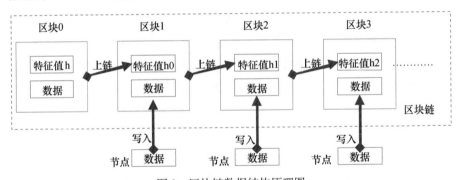

图 1 区块链数据结构原理图

区块链技术中的数据记录方式是根据记录数据先后次序，经过反复地进行哈希计算上链以及新数据的写入，最终形成一条有时间顺序的、上下关联的、不可篡改的"链条"。

数据上链并不是把数据全部放在区块链上，而是把数据仍然保存在原有的地方，只是把数据的校验信息（数据真实性和一致性的证明信息）放在链上。而区块链的"共识机制"在于确保区块链各节点上的数据是一致的，这就意味着节点上链需要其他每个节点独立验证通过后，才可上传保存形成链式结构。

区块链进行数据的验证需要计算机密码学：哈希算法和数字签名技术。在区块链里保存数据的时候，在每一"块"数据里都保留有这一块数据经过哈希函数计算的值，而区块链里每一块的数据还包含着前一块的哈希计算值，并且把前一块的哈希函数计算值作为当前区块来计算自己的哈希函数值。区块链上保存的来自用户的数据都包含该用户的数字签名，数字签名的特点是可以迅速验证签名的正确性，而且篡改数据、伪造签名几乎都是不可能的。每个区块链的节点软件都会独立验证每条数据的签名是否吻合。

图 2 为中心化账本和分布式账本的比较示意图。

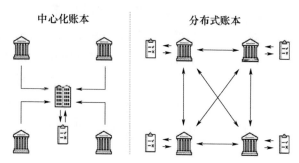

中心化账本　　　　　　　　分布式账本

图 2　中心化账本和分布式账本比较示意

与传统的中心化账本不同的是，区块链每个节点（node）的数据上传需要得到链中其他节点大多数的节点相互验证通过后，才能上传到区块链中，形成所有节点的共同存储。区块链是一种分布式数据库，即点对点的模式，每个节点都有独立验证的能力，通过共识算法来保证各个节点数据一致。如想"篡改"数据，首先得攻克每个节点的验证算法，其次还得攻克整个区块链的共识机制，让所有的节点都跟着改变，这种情况基本上不可能发生，从而实现区块链上数据的不可篡改性。

区块链技术具有信息去中心化、去信任、数据集体维护难以篡改、数据信息易查验可追溯等特点，使对应的第三方存管引起的风险集中，不同组之间数据交换的信任机制，系统抗内外攻击抗干扰，数据去伪存真等问题，迎刃而解。

由此看到，建筑业建筑幕墙行业的创新，就是在区块链存储数据系统的创新基础上，开启业务流程、商业模式创新的新纪元。

3　建筑幕墙行业与区块链技术匹配

3.1　幕墙行业的相关现状

作为建设方、设计方、施工方、监管方、材料制造供应方，在 30 年的中国幕墙发展中，都有自己完善的数据库，为什么我们还需要区块链？

从技术层面看，设计、材料、工程的验收付款过程中都需要公开可透明核实的记录。招标代理、材料代理商、工程代建方等第三方咨询、服务的机构普遍存在，大量的数字资产集中在第三方手上，如设备发生故障或受到黑客攻击，其数据商业保密性、可靠性面临巨大的挑战。项目政府审核和监管、建设方、设计方、施工方、材料制造方等多方协作，需要内部外部的共享和交换数据等数字资产的情况错综繁杂，双方、多方组织之间的数据交换的信任往往需要第三方背书来实现，造成大量第三方机构和审批程序的滋生，社会资源重复使用，营商环境没有得到优化和改善。项目中催生的知识产权、商业合同的秘密经常受到攻击，存储的用户个人信息，现在或未来将受第三方《通用数据保护条例》或类似的数据隐私法规的约束，不能有序有求地进行项目信息的流动。

另外，项目实操中表现出来的问题还有：招标的技术规格要求条款往往在施工时，甚至招投标中，由于工期要求紧的原因已经走样，设计最初的一层皮和施工验收时的一层皮，效果、质量上相差较远；施工高价中标后，施工使用材料与价格不匹配；如低价中标，各种签证，最终严重超出预算；项目信息不完整，各类建材数据缺失；建造过程中调换材料，信息验证不能及时跟上，合同的执行不能延续，导致使用成本高、质量难以控制；新建及既有项目量大面广，监管难度加大；行业诚信体系、保险体系还相当欠缺；项目建成时间较久，各类原始项目信息难调取、难查验等，亟须更高维度的技术手段或工具来攻克这种传统项目商业模式和运作模型的结构性顽疾。

3.2 建筑幕墙行业发展的需要

随着中国城市化进程的推进，建筑幕墙伴随公建项目的茂盛繁荣而茁壮成长。在政府监管、幕墙安全、项目运维、产品质量和溯源等方面均对幕墙行业提出了更高的要求。

政府监管：对城市管理安全、风险的控制及有效追责，建造有韧性的建筑表皮。项目运维：明确合作各方的权责利，促进信息的有效传递；进度、质量、成本控制，贯穿于建筑幕墙的全生命周期内。产品质量和溯源：规范市场行为，追溯产品的各类技术指标及其生产制造、运输、施工安装等信息，直至幕墙服役全寿命周期。

3.3　区块链技术的特性与建筑幕墙行业需求的匹配

建筑幕墙行业的需求与区块链技术的特点见表1。

表1　建筑幕墙行业的需求与区块链技术的特点

建筑幕墙行业需求	区块链技术的特点
加强项目信息的流动管理：幕墙工程一般由建筑设计、幕墙深化设计、幕墙招投标、施工、检测、材料采购与生产制造，竣工验收等阶段构成，前一环节的相关信息将作为后续环节的执行依据，并不断完善与推进。如何加强和保证信息传递过程中的真实性、完整性、可靠性、延续性，这是影响项目推进的重要因素	数据不可篡改（难以篡改），全过程留痕；以时间顺序记录，密码学技术上链，共识机制的流程控制，提升了数据的安全性以及数据被篡改的难度。而区块链上保存了完整的历史数据是数据追踪溯源的基本要求
明确项目责权利的范围：项目建设方与参建各方通过订立合约形成的协作关系；并且会有不同的参与方加入（或退出），各阶段的责任主体不断变化。项目的责权利在不同的阶段被不同的责任主体使用，对这一过程进行完整的记录留痕，形成明确的、易于查验的记录，从而促使各方规范履约、数据信息随时追溯，实现对项目有效控制	去中心化、去信任：数据集体维护，共同验证和管理，不存在由于一方（如甲方）数据丢失，而引起数据泄露、篡改、信息丢失的情况；也不存在目前运行框架下由于第三方监管的出现而存在敏感信息泄密的风险
推动建筑幕墙行业诚信体系建设：在建造企业、人员资质、施工、材料招采、产品制造安装、竣工验收，包括技术文件的审查环节，直至项目品质的确认，都离不开行业诚信体制的健康发展与运行。而判断诚信的基础就是信息和数据的可靠性	数据信息易查验可追溯：密码学哈希值和数字签名，以及共识机制，确保了区块链上数据的完整性和信息来源的确定性

3.4　应用原理

通常幕墙工程项目可分为设计、采购、工程建设、竣工与交付、运营维护等阶段；各阶段节点和成果内容是直接或间接推进项目的重要依据，各类项目信息需要在众多参与方中进行共享和传递。需将项目各节点和成果进行数字化后形成相关数据，并且将区块链作为数据传递的底层信息基础设施传递各类项目信息，最终推动项目不断前进。

应用的前提是标准的制定：首先将节点、成果、内容形成格式化的可读数据；确保不同阶段的主体之间数据上能够形成关联；要确保不同主体之间的数据格式能够相互可读、可编辑、可用。这些内容应该包含：节点成果的验收由谁进行、主体责任方、前序依据是什么、其前序信息由谁提供、本节点又是后续哪些节点的前序条件等。

幕墙工程建设主要节点和内容见表2。

表 2 幕墙工程建设主要节点和内容

过程		上链的内容
设计		设计招标、中标通知书、合同主要要素 光评、安评专项评审 施工图设计文件、BIM 模型 施工图预算 施工图审查合格证 工程概预算 ……
采购		幕墙专业分包、劳务采购发包：招采管理 合同管理 ……
		物料设备采购、工程机械租赁 ……
工程建设	施工准备	施工前各项计划管理（施工总进度计划、资金使用计划……） 施工前各项技术管理（施工组织设计、监理规划……） 施工前各项配套管理（办理配套建设申请、组织现场配套工作……） 开工准备管理（资源到位情况、核查质量安全保证体系） ……
	施工阶段	施工质量控制（各工程验收记录、质量问题、质量事故的处理……） 施工造价控制（资金使用计划、进度款支付管理……） 施工安全管理（各类安全检查考核记录、应急救援预案……） ……
竣工验收交付、 保修及后评估		各阶段验收文件 竣工图 幕墙验收合格通知书审价与结算 工程质量保修书 移交证书 工程尾款支付 审计与决算 项目后评价报告 ……
运营维护		各设备的运行状态和参数（自动执行机构、电机等） 索、埋件、反力等健康监测记录 双层幕墙能耗检测与分析 主要建材维修记录（门窗、胶、玻璃……） 五金、易损件的保养、更换记录 ……

4 幕墙行业应用的技术实现

4.1 逻辑构架

通常，区块链的应用逻辑框架见表 3。

表 3　典型区块链应用框架系统表

应用层级	执行内容
应用层	可编程货币 金融 建筑行业……社会
合约层	脚本代码 算法机制 智能合约
激励层	发行机制 分配机制
共识层	POW POS DPOS……
网络层	P2P 网络 广播机制 验证机制
数据层	数据区块 链式结构 时间戳 哈希函数 Merkle 树 非对称加密

可以看到从数据层到激励层，主要以计算机学科为主，用户面对的是应用层，即功能界面业务操作流程。而合约层是区块链技术连接应用不可或缺的一环。

智能合约如何构建？首先明确的是在幕墙工程项目中，是以实物与资产的交换作为项目推进的物质基础，商业合同作为见证物资交换的重要凭证，是记录参建各方责权利关系的重要角色，也是工程管理的核心要素，因而可作为连接智能合约与建筑幕墙工程应用的切入点。

智能合约可作为区块链的载体，把商业合同翻译成区块链能看懂并能进行数据处理的程序。这样纸质合同转化为能够实时调整的智能合约，并能实时便捷地进行更新，在合同各参与方达成一致意见后，可将相关决议材料或证明文件上传到区块链进行存证；也避免传统纸质合约签字流程长、更新频率低、难以自动化管理、各方信息不全面等缺陷，从而保证智能合约能够真实、及时、完整地体现各类合同的实际执行和变更状态。另外，以智能合约作为项目管理中心而展开的建设项目全生命周期中，能够利用区块链智能合约中的各类数据直接驱动项目各阶段成果的达成。

通过将区块链技术与建筑行业大力推行的 BIM、数字标识、数字赋能等数字技术相结合，不仅能够实现项目阶段的实时多方验收；还能够进一步充分发挥建设项目 BIM 应用中的各类数据系统性和关联性，在幕墙设计、生产、建造、验收、供应链溯源等方面有广阔的应用前景。

4.2　技术实现

智能合约如何形成？参与方甲、乙两方签订合同 C1，可由任意一方将合同 A 转化为智能合约 SC1，双方协商同意后，智能合约（即 App）正式成立。

甲乙双方均具备各自的存储系统（正常也要用的），用以存储各类与合约有关的数据（如表 2 内容）。根据智能合约的要求，双方进行数据上传、验证、存储系统进行同步的过程。同时这一数据由程序上链，区块链记录，保证数据资料的一致性。而如果需要调整合约或推进进度节点，需要按照智能合约的要求记录时，一方可提交链上广播修改请求，经过另一方验证后，智能合约 SC1 可进行更新，确保智能合约的执行与相关实际进度相一致。如此循环，最终完成整个合同的全部内容上链。

实际上，与传统的存储系统操作相比，并没有牺牲太多的人工，在存储记录时，仅多了链上广播和验证的程序，其他工作和目前单一组织内部的存储操作没有区别，内部的大量工作均由底层区块链操作系统完成。

通过上述方法，最终形成一套结合区块链智能合约运行的合同履行系统。需要提醒的是，在双方授权的情况下，第三方存储、下游供应链合约、监管合约等均可与本 SC1 合约调用许可的数据部分上链，形成多方监管、集体维护、不可篡改的局面。如图 3 智能合约核心框架图。

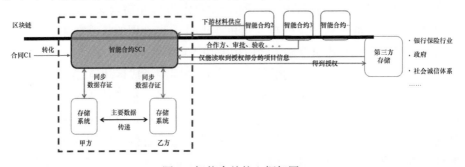

图 3　智能合约核心框架图

有时，建筑幕墙合同较为复杂，由总包、分包、三方协议，在下游材料供应、外照明、与土建的工作内容上也有相互重叠的内容，导致一个单独的主链无法清晰地理顺众多合同中的有特殊要求或信息量巨大的数据关系，于是可考虑采用主链和侧链的区块链模型框架形式。如图 4 所示。

由图 4 可以看到，可将幕墙合约的公有链设置为区块链主链；而侧链以分包合同的形式进行信息数据的采集。分包多层级和多份合同的参与方共同形成一条基于合同所在区块链的侧链，同时仍然保持其与主链的数据交换，保持其溯源功能。通过侧链架构，可分担由于项目信息量大、验证多等造成系统效率低下的缺点，另外信息的存储也进行了多级分散，加强了数据存储和使用的安全级别。

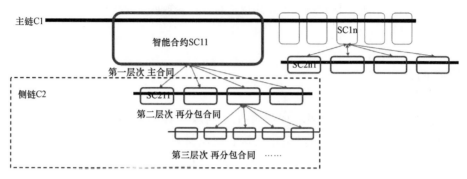

图 4　采用主链和侧链的区块链模型框架形式

随着 5G 时代的来临，未来数据密集型产业将成为发展最快的产业。BIM 和数据驱动技术在建筑幕墙的智能设计、智能生产、智能施工、智慧维护上扮演着越来越重要的角色，以区块链为核心框架，结合 BIM 和数据驱动技术，并在 VR、云数据、超级传感器、近场通信、物联网等技术的辅助下，在幕墙项目进度、质量、验收、支付上，工程管理和实施将会发生重大变革，在项目业主确认（可由建筑师或咨询顾问单位协助）工作已完成并满足预先确定的验收标准达成条件后，可由区块链智能合约自动执行验收和支付流程。

5　结语

本文从为什么幕墙行业需要区块链这个问题谈起，详细讲述了区块链的原理、特性以及与建筑幕墙行业的匹配性，最后通过技术上应用的剖析，对技术可行性进行了探讨。从建筑幕墙从业者来看，区块链是一个金融行业的舶来品，很陌生。但通过本文的介绍，相信读者已经感受到区块链将来改变传统建筑幕墙行业工程建造和管理模式的力量，希望给行业管理和诚信体系的建立与完善提供新的思路。区块链在幕墙行业具体应用场景的设计介绍，由于篇幅有限，另文再做探讨。待续未完。

参考文献

[1] 冒志鸿，陈俊. 区块链实战：从技术创新到商业模式［M］. 北京：中信出版
　　社，2020.

［2］曹嘉明，雷李坤. 区块链技术在建设工程项目管理的首次尝试［J］. 建筑实践，2020（8）.

作者简介

陈峻（Chen Jun），男，1972 年生，高级工程师，研究方向：玻璃幕墙抗爆炸冲击波、幕墙结构、文化建筑表皮及材料；工作单位：华建集团华东建筑设计研究总院；地址：上海市汉口路 151 号；联系电话：021-63217420；E-mail：jun _ chen@ecadi. com。

中国建筑分布式光伏利用现状及未来趋势分析

◎ 罗 多 曾泽荣 李 进 劳彩凤 余国保

珠海兴业绿色建筑科技有限公司 广东珠海 519085

摘 要 我国太阳能光伏利用主要为地面光伏电站和分布式光伏两种，地面光伏电站所占份额达到70%，主要分布在西北太阳能资源丰富区域，而分布式光伏主要分布在中东经济发达、用能需求大的地区，是未来光伏的主要发展趋势。本文分析中国建筑光伏分布式利用现状，并探究其未来发展趋势。

关键词 地面光伏电站；分布式光伏；光伏建筑一体化

Abstract Ground photovoltaic power station and distributed photovoltaic power station are the most common forms of photovoltaic power station in our country、Ground photovoltaic power stations are distributed mainly over northwest China where the solar energy resource is rich、The Ground photovoltaic power stations have accounted for 70% of the share. The distributed photovoltaic power stations are distributed mainly over central and eastern China where the local economy is more developed and the energy demand is huger，distributed photovoltaic power station is the development trend of photovoltaic station in China. This article analyzes the current status of China's building photovoltaic distributed utilization and explores its future development trends.

Keywords Ground photovoltaic power station；Distributed photovoltaic power station；Building integrated photovoltaic

1　引言

现代化社会中，人们对舒适的建筑环境的追求越来越高，导致建筑采暖和空调的能耗日益增长。在发达国家，建筑用能已占全国总能耗的 30%～40%，对经济发展形成了一定的制约作用，节能减排、绿色发展、开发利用各种可再生能源已成为世界各国的发展战略。

太阳能属于可再生能源的一种，具有清洁无污染、可再生等特点，因此成为目前人类所知可利用的最佳能源选择。自 20 世纪 50 年代美国贝尔实验室三位科学家研制成功单晶硅电池以来，光伏电池技术经过不断改进与发展，目前已经形成一套完整而成熟的技术。随着全球可持续发展战略的实施，该技术得到了许多国家政府的大力支持，在全球范围内广泛使用。尤其在 21 世纪，光伏产业以令世人惊叹的速度向前发展。

光伏建筑一体化（简称 BIPV）是与新建筑物同时设计、同时施工和同时安装并与建筑形成完美结合的光伏发电系统，是建筑物必不可少的一部分，既发挥建筑材料的功能（如遮风、挡雨、隔热等），又具备发电的功能，使建筑物成为绿色建筑。这与附着在建筑物上的太阳能光伏发电系统（简称 BAPV）不同，BIPV 的电池作为建筑物外部结构的一部分，既具有发电功能又具有建筑材料的功能，BAPV 为依附于建筑的太阳能光伏系统应用形式，实际项目以屋顶光伏电站为主，本研究统计分析的对象包含 BIPV 和 BAPV。

2　光伏建筑一体化行业现状

2.1　行业发展现状

从 2015 年至今，中国的光伏组件出货量以及新增和累计光伏装机容量继续保持全球双料第一位置。截至 2019 年底，累计并网量达到 204.30GW，同比增长 17.3%；全年光伏发电量 2243 亿 kW·h，同比增长 26.3%。从国家能源局取得数据，历年来光伏的装机容量数据如表 1 所示。

在能源局统计的"分布式光伏"应用中，截至 2019 年底，国内光伏累计装机 204.3GW，包括 141.67GW 集中式电站、62.63GW 分布式电站。"分布式光伏"中估计有 50% 在建筑中安装，也就是 2019 年约 6GW 为建筑光伏系统，截止 2019 年累计约 30GW 为建筑光伏系统。

表1 历年光伏装机容量表

年份	累计装机容量（万 kWp）		新增装机容量（万 kWp）	
	总装机容量	地面电站装机容量	总装机容量	地面电站装机容量
2014	2805	2338	1060	855
2015	4318	3712	1513	1374
2016	7742	6710	3454	3031
2017	13020	10054	5306	3362
2018	17446	12384	4426	2330
2019	20430	14167	3011	1791

2.2 应用成本分析

近10年，光伏组件与传统的光伏系统的价格降低了近80%，标准光伏组件甚至降到了1.5元/W，不到300元/m²。这就加大了光伏组件集成到其他产品（如建筑构件）中的可能性，光伏的度电成本已经实现用户侧全面平价，揭示了光伏能源与建筑结合具有巨大的技术和经济潜力。

光伏建筑一体化的大部分潜力仍未被利用，主要是因为标准化的产品还无法满足各种建筑性能要求，设备或者工艺的局限性还无法为建筑师提供更大设计自由度的创新光伏建筑一体化产品，如颜色、感官、尺寸、透光率等。因此光伏建筑一体化系统大部分设计都需要进行"光伏组件"到"光伏构件"的二次加工，非标产品的定制大大增加了系统使用成本，因此未来在该领域需要进一步突破，进行技术革新、降低二次加工成本、产品标准化、加强产业链整合与创新。

展望"十四五"，BIPV造价从最初的280元/瓦下降到当前市场的5～6元/W，未来有望再下降一半到2～3元/W。按照每平方米晶硅150W，也即每平米300～450元，而常规屋顶造价基本在100～150元，相当于晶硅造价的1/3，晶硅每平方米每年发电180度，收入100元，这样2～3年收回投资，因此可以进入普及期。

3 建筑光伏系统发展潜力分析

有多少建筑围护面积可用于安装光伏系统，是本文分析的基础数据，本文拟从建筑面积的估算比例来分析各省的建筑资源条件，从而对建筑光伏系统可安装容量进行分析。

2016 年，全国建筑总面积达到 634.87 亿 m^2，其中公共建筑面积约 115.06 亿 m^2，占比 18.12%；城镇居住建筑面积 278.64 亿 m^2，占比 43.89%；农村居住建筑面积 241.17 亿 m^2，占比 37.99%。假设建筑屋顶面积平均占建筑面积的 15%，南立面面积也占建筑面积的 15%，屋面可安装光伏比例系数取 20%，南墙可安装光伏比例系数取 20%。截至 2016 年，可利用的南墙和屋面面积为 190.46 亿 m^2，按照可用面积的 20% 用于安装光伏系统计算，届时可安装光伏的建筑面积约为 38 亿 m^2。根据屋面安装 120W/m^2、南墙安装 80W/m^2 光伏系统进行计算，2016 年建筑光伏最大装机容量可高达 380GW，光伏建筑一体化发展空间巨大。

4 建筑光伏系统发展中长期预测

以 2016 年中国的建筑光伏系统的最大装机容量为数据分析的基数，综合考虑建筑逐年增量面积、减量面积、各省太阳能资源（w_1）、各省经济强度（w_2）、各省建筑能耗强度（w_3）和各省政策力度（w_4），对未来 2025—2050 年的建筑光伏系统的发展进行预测。

建筑光伏的发展潜力不能单纯地用某一数据来评价，发展潜力与气象资源、经济发达程度、建筑能耗强度、政策扶持力度等息息相关。综合各项影响因素，××年建筑光伏系统最大安装量 = $M * w_1 * w_2 * w_3 * w_4$。

（1）最大发展潜力（M）

取南墙和屋面光伏可安装量作为该地区最大发展潜力（M）。

（2）太阳能资源（w_1）

因各省可能存在跨越几个气象资源区域，因此系数取为省会所在城市的气象资源计算系数，气象资源系数（w_1）取值 0.2～1。最好的一类地区年辐射量 1855～2333kW·h，资源系数为 1；最差的五类地区年辐射量 928～1163kW·h，系数为 0.2。

（3）经济强度（w_2）

经济强度（w_2）取值0.85～1。人均GDP最高省份为北京118198元/年，系数为1；最低为甘肃27463元/年，系数为0.85。

（4）建筑能耗强度（w_3）

建筑能耗强度与所属气候区域、经济发达程度、主导产业均有较大关系，建筑能耗强度系数（w_3）取值0.8～1。单位面积建筑能耗最高省份为北京33kgce/（$m^2 \cdot a$），系数为1；最低为江西、广西、云南5kgce/（$m^2 \cdot a$），系数为0.83。

太阳能资源（w_1）、经济强度（w_2）、建筑能耗强度（w_3）等系数取值见表2。

（5）政策力度（w_4）

政府政策力度系数（w_4）取值0～1，政府逐年加强对光伏建筑一体化的扶持力度，系数取值以五年一个周期递增，到2050年政策力度达到最大。2020年暂定各省市取值一样，政策力度系数取值为0.05；2025—2050年各省份政策力度系数取值，以北京、上海、浙江、江苏、江西、山东等省市对政策的敏感度较高，响应速度快，其取值为第一个梯度，其他省市为第二梯度，故w_4总体取值见表3。

表2 太阳能资源（w_1）、经济强度（w_2）、建筑能耗强度（w_3）等系数取值表

省份	地区类别	太阳能年辐射量（kW·h/m²）	w_1	人均GDP（元）	w_2	单位面积建筑年能耗（kgce）	w_3
北　京	三	1393～1625	0.40	118198	1.00	33	1.00
天　津	三	1393～1625	0.60	115053	0.99	24	0.95
河　北	二	1625～1855	0.40	43062	0.87	13	0.88
山　西	二	1625～1855	0.60	35532	0.86	16	0.90
内蒙古	二	1625～1855	0.60	72064	0.92	21	0.93
辽　宁	三	1393～1625	0.40	50791	0.89	20	0.92
吉　林	三	1393～1625	0.60	53868	0.89	19	0.91
黑龙江	四	1163～1393	0.60	40432	0.87	20	0.92
上　海	四	1163～1393	0.40	116562	1.00	20	0.92
江　苏	三	1393～1625	0.40	96887	0.96	8	0.85

续表

省份	地区类别	太阳能年辐射量（kW·h/m²）	w_1	人均GDP（元）	w_2	单位面积建筑年能耗（kgce）	w_3
浙 江	四	1163～1393	0.60	84916	0.94	10	0.86
安 徽	三	1393～1625	0.40	39561	0.87	6	0.84
福 建	三	1393～1625	0.60	74707	0.93	7	0.84
江 西	四	1163～1393	0.20	40400	0.87	5	0.83
山 东	三	1393～1625	0.20	68733	0.92	12	0.87
河 南	三	1393～1625	0.20	42575	0.87	8	0.85
湖 北	四	1163～1393	0.60	55665	0.89	7	0.85
湖 南	四	1163～1393	0.60	46382	0.88	6	0.84
广 东	三	1393～1625	1.00	74016	0.93	13	0.88
广 西	四	1163～1393	1.00	38027	0.86	5	0.83
海 南	三	1393～1625	1.00	44347	0.88	12	0.87
重 庆	五	928～1163	1.00	58502	0.90	10	0.86
四 川	五	928～1163	0.40	40003	0.87	7	0.84
贵 州	五	928～1163	0.60	33246	0.86	7	0.84
云 南	三	1393～1625	0.40	31093	0.85	5	0.83
陕 西	三	1393～1625	0.60	51015	0.89	15	0.89
甘 肃	一	1855～2333	1.00	27463	0.85	15	0.89
青 海	一	1855～2333	1.00	43531	0.87	23	0.94
宁 夏	一	1855～2333	1.00	47194	0.88	19	0.92
新 疆	一	1855～2333	1.00	40564	0.87	19	0.91

表3　2025—2050 年各省份政策力度系数（w_4）取值表

省份	年度					
	2025 年	2030 年	2035 年	2040 年	2045 年	2050 年
北京、上海、浙江、江苏、江西、山东	0.35	0.5	0.65	0.8	0.95	0.95
其他省份	0.2	0.35	0.5	0.65	0.8	0.95

根据预测模型和各系数的取值预测见表4～表6。

表4　2025—2050年中国各省市建筑光伏系统最大可安装容量预估表

省份	2016年总建筑面积（万m²）	2016年光伏可安装量（万kW）	年净新增建筑竣工面积（万m²）	总建筑面积（万m²）						光伏最大安装量M（万kWp）					
				2025年	2030年	2035年	2040年	2045年	2050年	2025年	2030年	2035年	2040年	2045年	2050年
北京	111048	666	1749	126790	135536	144282	153027	161773	170519	761	813	866	918	971	1023
天津	65608	394	1033	74909	80076	85243	90410	95577	100744	449	480	511	542	573	604
河北	308352	1850	4857	352064	376349	400634	424918	449203	473488	2112	2258	2404	2550	2695	2841
山西	140088	841	2207	159947	170979	182012	193045	204078	215111	960	1026	1092	1158	1224	1291
内蒙古	96496	579	1520	110176	117776	125375	132975	140575	148175	661	707	752	798	843	889
辽宁	179539	1077	2828	204991	219131	233271	247410	261550	275690	1230	1315	1400	1484	1569	1654
吉林	94474	567	1488	107867	115307	122748	130188	137629	145069	647	692	736	781	826	870
黑龙江	126301	758	1989	144206	154153	164100	174047	183994	193941	865	925	985	1044	1104	1164
上海	123096	739	1939	140546	150240	159935	169630	179324	189019	843	901	960	1018	1076	1134
江苏	454607	2728	7161	519053	554856	590660	626463	662266	698070	3114	3329	3544	3759	3974	4188
浙江	343012	2058	5403	391638	418652	445667	472681	499696	526710	2350	2512	2674	2836	2998	3160
安徽	275919	1656	4346	315034	336765	358495	380226	401956	423686	1890	2021	2151	2281	2412	2542
福建	216879	1301	3416	247625	264705	281786	298867	315947	333028	1486	1588	1691	1793	1896	1998
江西	244660	1468	3854	279344	298612	317881	337150	356418	375687	1676	1792	1907	2023	2139	2254
山东	477681	2866	7524	545398	583019	620639	658260	695881	733501	3272	3498	3724	3950	4175	4401

续表

省份	2016年总建筑面积（万 m²）	2016年光伏可安装量（万 kW）	年净新增建筑竣工面积（万 m²）	总建筑面积（万 m²）						光伏最大安装量 M（万 kWp）					
				2025 年	2030 年	2035 年	2040 年	2045 年	2050 年	2025 年	2030 年	2035 年	2040 年	2045 年	2050 年
河 南	445147	2671	7012	508252	543311	578369	613427	648485	683544	3050	3260	3470	3681	3891	4101
湖 北	321676	1930	5067	367278	392612	417946	443280	468614	493948	2204	2356	2508	2660	2812	2964
湖 南	358248	2149	5643	409034	437249	465463	493678	521892	550107	2454	2623	2793	2962	3131	3301
广 东	467580	2805	7365	533865	570690	607515	644340	681165	717990	3203	3424	3645	3866	4087	4308
广 西	211673	1270	3334	241680	258351	275022	291692	308363	325033	1450	1550	1650	1750	1850	1950
海 南	34845	209	549	39785	42529	45273	48017	50762	53506	239	255	272	288	305	321
重 庆	139428	837	2196	159194	170175	181156	192136	203117	214098	955	1021	1087	1153	1219	1285
四 川	384762	2309	6061	439306	469609	499912	530214	560517	590819	2636	2818	2999	3181	3363	3545
贵 州	136326	818	2147	155652	166389	177125	187862	198599	209335	934	998	1063	1127	1192	1256
云 南	206397	1238	3251	235656	251912	268167	284422	300677	316932	1414	1511	1609	1707	1804	1902
陕 西	160506	963	2528	183260	195901	208542	221183	233824	246465	1100	1175	1251	1327	1403	1479
甘 肃	88655	532	1396	101223	108205	115187	122170	129152	136134	607	649	691	733	775	817
青 海	22953	138	362	26207	28015	29822	31630	33438	35245	157	168	179	190	201	211
宁 夏	24901	149	392	28431	30392	32353	34314	36275	38237	171	182	194	206	218	229
新 疆	87816	527	1383	100266	107182	114098	121014	127930	134846	602	643	685	726	768	809
汇 总	6348677	38092	100000	7248677	7748677	8248677	8748677	9248677	9748677	43492	46492	49492	52492	55492	58492

表 5 2025—2050 年中国各省市建筑光伏系统发展潜力预测表

省份	w_1	w_2	w_3	w_4						建筑光伏系统安装量预测（万 kWp）					
				2025 年	2030 年	2035 年	2040 年	2045 年	2050 年	2025 年	2030 年	2035 年	2040 年	2045 年	2050 年
北 京	0.60	1.00	1.00	0.35	0.5	0.65	0.8	0.95	0.95	160	244	338	441	553	583
天 津	0.60	0.99	0.95	0.2	0.35	0.5	0.65	0.8	0.95	51	95	144	199	259	324
河 北	0.80	0.87	0.88	0.2	0.35	0.5	0.65	0.8	0.95	260	486	740	1020	1327	1661
山 西	0.80	0.86	0.90	0.2	0.35	0.5	0.65	0.8	0.95	118	221	337	464	604	756
内蒙古	0.80	0.92	0.93	0.2	0.35	0.5	0.65	0.8	0.95	91	170	258	356	463	579
辽 宁	0.60	0.89	0.92	0.2	0.35	0.5	0.65	0.8	0.95	121	226	343	473	615	770
吉 林	0.60	0.89	0.91	0.2	0.35	0.5	0.65	0.8	0.95	63	118	180	248	323	404
黑龙江	0.40	0.87	0.92	0.2	0.35	0.5	0.65	0.8	0.95	56	104	158	218	283	355
上 海	0.40	1.00	0.92	0.35	0.5	0.65	0.8	0.95	0.95	109	166	230	300	377	397
江 苏	0.60	0.96	0.85	0.35	0.5	0.65	0.8	0.95	0.95	535	816	1130	1475	1852	1952
浙 江	0.40	0.94	0.86	0.35	0.5	0.65	0.8	0.95	0.95	267	408	564	737	925	975
安 徽	0.60	0.87	0.84	0.2	0.35	0.5	0.65	0.8	0.95	164	307	467	644	838	1049
福 建	0.60	0.93	0.84	0.2	0.35	0.5	0.65	0.8	0.95	139	261	396	547	711	890
江 西	0.40	0.87	0.83	0.35	0.5	0.65	0.8	0.95	0.95	169	258	356	465	584	616
山 东	0.60	0.92	0.87	0.35	0.5	0.65	0.8	0.95	0.95	548	836	1157	1511	1897	1999

续表

省份	w_1	w_2	w_3	w_4						建筑光伏系统安装量预测（万kWp）					
				2025年	2030年	2035年	2040年	2045年	2050年	2025年	2030年	2035年	2040年	2045年	2050年
河南	0.60	0.87	0.85	0.2	0.35	0.5	0.65	0.8	0.95	271	507	772	1064	1384	1733
湖北	0.40	0.89	0.85	0.2	0.35	0.5	0.65	0.8	0.95	133	249	379	523	680	852
湖南	0.40	0.88	0.84	0.2	0.35	0.5	0.65	0.8	0.95	144	270	410	565	736	921
广东	0.60	0.93	0.88	0.2	0.35	0.5	0.65	0.8	0.95	312	583	887	1223	1591	1992
广西	0.40	0.86	0.83	0.2	0.35	0.5	0.65	0.8	0.95	83	156	237	327	426	533
海南	0.60	0.88	0.87	0.2	0.35	0.5	0.65	0.8	0.95	22	41	62	86	112	140
重庆	0.20	0.90	0.86	0.2	0.35	0.5	0.65	0.8	0.95	29	55	84	115	150	188
四川	0.20	0.87	0.84	0.2	0.35	0.5	0.65	0.8	0.95	77	144	219	302	392	491
贵州	0.20	0.86	0.84	0.2	0.35	0.5	0.65	0.8	0.95	27	50	77	106	138	172
云南	0.60	0.85	0.83	0.2	0.35	0.5	0.65	0.8	0.95	120	225	342	472	614	768
陕西	0.60	0.89	0.89	0.2	0.35	0.5	0.65	0.8	0.95	105	196	297	410	533	668
甘肃	1.00	0.85	0.89	0.2	0.35	0.5	0.65	0.8	0.95	91	171	260	358	466	583
青海	1.00	0.87	0.94	0.2	0.35	0.5	0.65	0.8	0.95	26	48	74	101	132	165
宁夏	1.00	0.88	0.92	0.2	0.35	0.5	0.65	0.8	0.95	28	51	78	108	140	176
新疆	1.00	0.87	0.91	0.2	0.35	0.5	0.65	0.8	0.95	95	179	272	374	487	610
汇总	—	—	—	—	—	—	—	—	—	4413	7642	11248	15231	19592	23301

表 6　光伏建筑一体化总安装量预估表

年度区间	2021—2025 年	2026—2030 年	2031—2035 年	2036—2040 年	2041—2045 年	2046—2050 年
总安装量（GWp）	35.6	32.3	36.1	39.8	43.6	37.1

5　行业发展策略研究

近年来，光伏建筑一体化作为一种新兴的光伏应用场景，在全球范围内受到越来越多的关注，在建筑行业和光伏行业中也有越来越多的企业进行光伏建筑一体化业务布局，但新兴事物的成长总会伴随着一系列问题，光伏建筑一体化同样如此。目前我国光伏建筑一体化项目存在的问题大致可归纳为以下几方面：政策影响、发展路线、行业标准及光伏和建筑两个行业的融合度。为推动可再生能源在建筑领域规模化高水平应用，促进我国光伏建筑一体化产业快速健康发展，可以考虑从以下几个方面来快速推进行业的发展。

（1）政策层面：鼓励建筑规划、设计时，在满足建筑功能和安全条件下优先考虑光伏材料。可参考绿色建筑行业的鼓励政策，通过容积率优惠、不限购、不限价等优惠措施让开发商有动力。

（2）标准层面：推进完善光伏建筑一体化国家标准体系，以便于新建光伏建筑一体化项目能够顺利通过建筑验收。

（3）经济层面：对光伏建筑一体化形式给予适当的专项投资补贴，对于新建或改造建筑使用符合国家标准的光伏建筑一体化产品，国家验收合格后依据安装面积给予一次性投资补贴。通过对超低能耗、近（净）零能耗建筑的补贴间接鼓励采用光伏建筑一体化技术。

（4）其他层面：制定强制性推广措施，要求片区内一定比例新建筑规划中，强制性采用光伏一体化产品，或者强制性规定新建筑耗能必须实现一定比例能源自给。

6　结语

（1）目前我国的光伏电站主要以地面电站为主，占到总装机量的 70%，主要分布在甘肃、青海、内蒙古等太阳能资源丰富的西北部地区，而我国分布式光伏发电主要集中在浙江、江苏、山东等经济发达、用能集中的中东部地区。

（2）随着我国光伏发展策略的调整以及西北地区日益加重的弃光现象，大型地面电站的建设将受到影响，分布式光伏所占份额将得到提高，特别是在经济发达地区，是未来光伏利用的主要形式。

（3）随着国家大力推动光伏建筑一体化产业，并出台相关扶持政策，光伏建筑一体化产业将迎来高速发展，到 2025 年，全国光伏建筑一体化系统可安装容量预估可达到 35GW，按每瓦 3 元计算，"十四五"时期可预测的市场规模将超千亿元。

参考文献

[1] 国家能源局. 2019 年光伏发电并网运行情况 ［EB/OL］. http：//www. nea. gov. cn/2020-02/28/c_138827923. htm，2020-02-28.

[2] 国家能源局. 2018 年光伏发电统计信息 ［EB/OL］. http：//www. nea. gov. cn/2019-03/19/c_137907428. htm，2019-03-19.

[3] 国家能源局. 2016 年光伏发电统计信息 ［EB/OL］. http：//www. nea. gov. cn/2017-02/04/c_136030860. htm，2017-02-04.

[4] 国家能源局. 2015 年光伏发电相关统计数据 ［EB/OL］. http：//www. nea. gov. cn/2016-02/05/c_135076636. htm，2016-02-05.

[5] 国家能源局. 2014 年光伏发电统计信息 ［EB/OL］. http：//www. nea. gov. cn/2015-03/09/c_134049519. htm，2015-03-09.

[6] 王文静，王斯成. 我国分布式光伏发电的现状与展望 ［J］. 中国科学院院刊，2016（2）：165-172.

[7] 国家可再生能源中心. 2014 中国可再生能源产业发展报告 ［R］. 北京：中国环境出版社，2014.

[8] 侯恩哲.《中国建筑能耗研究报告（2017）》概述 ［J］. 建筑节能，2017，45（12）：131.

[9] 中国建筑节能协会能耗统计专委会. 2018 中国建筑能耗研究报告 ［J］. 建筑，2019（02）：26-31.

[10] 中国建筑节能协会. 2019 中国建筑能耗研究报告 ［J］. 建筑，2020（07）：30-39.

[11] 国家统计局. 中国统计年鉴-2019 ［M］. 北京：中国统计出版社，2019.

作者简介

曾泽荣（Zeng Zerong），1992 年生，男，学士，珠海兴业绿色建筑科技有限公司电气工程师，主要研究方向为建筑节能、建筑电气设计研发工作。

地址：广东省珠海市金鼎镇高新区科技创新海岸金珠路 9 号；邮编：519000；
联系电话：15920577452；E-mail：zengzerong@zhsye.com。

标准化为个性化幕墙系统带来
质量保障与效率提升

◎ 孟　迪

沈阳远大铝业工程有限公司　辽宁沈阳　110023

摘　要　建筑幕墙以其独特的结构形式、诸多的优点，已全面在建筑外围护中使用。随着国家基础建设的投入，在近三四十年建筑幕墙业得到迅速蓬勃的发展。而目前，由于经济发展常态化和企业间的竞争与成本问题，建筑幕墙行业现已经进入了一个微利、高质量需求、低溢价的阶段，建筑工程施工企业都面临着严峻的挑战：材料、人工不断上涨，工程组织要求更加统一透明，业主要求质量更加严格，竞争对手不断涌现。对于每一个施工企业而言，谋求长远健康的发展，都要从如何提高竞争力的角度去思考。降低成本，提高效率，从而实现价格第一、质量第一、服务第一、品牌第一，究其根本，标准化管理体系建设是一项重要的核心工作。

关键词　建筑幕墙；高品质需求；降成本提效率；技术标准化建设

1　引言

幕墙行业发展到今天已经成为建筑师天马行空想法的最佳实现者，是高层建筑、大跨度异形建筑、体育场馆、车站、会展中心的最理想建筑外围护产品，同时赋予各种建筑功能。如何在如此复杂的建筑产品中实现标准化的产品设计，工业化的标准加工，形成一个统一的标准，是一个需要解决的难题。

2　幕墙产品标准化实施的意义

建筑产品的标准化发展已经是目前各企业研究的主要方向，但建筑幕墙的

产品特点对标准化提出了挑战。建筑幕墙作为一种建筑外围护产品，作为一种
与经济和人民生活息息相关的产品，有着与自身属性相关的特点。其特点主要
为：①种类多，包括玻璃、金属板、石材、采光门窗、遮阳、雨篷、采光顶等，
多种结构形式并存于整个建筑中。②样式多变，现在建筑形态多种多样，造型
越来越复杂。③个性化需求高，对整体建筑的造型、颜色、分格都不尽相同。
在如此复杂的建筑形态中，通过引入标准化设计和应用，将极大缩短建筑施工
工期，提升幕墙产品的质量，有利于提高幕墙从设计到安装各环节的效率。

3　建筑幕墙产品特点

3.1　种类多

由于幕墙材料的不断发展和科技的进步，建筑幕墙种类也不断增多。从
传统的玻璃幕墙发展到现在已经包括金属板、石材、陶板、膜结构、光伏、
LED等多种类的幕墙及金属门窗产品。从结构上分类，又可分为框架结构、
单元结构、石材幕墙、采光顶、复合金属屋面等（表1）。

表1　幕墙分类

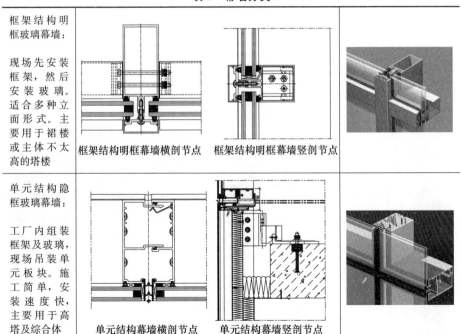

| 框架结构明框玻璃幕墙：现场先安装框架，然后安装玻璃。适合多种立面形式。主要用于裙楼或主体不太高的塔楼 | 框架结构明框幕墙横剖节点 | 框架结构明框幕墙竖剖节点 | |
| 单元结构隐框玻璃幕墙：工厂内组装框架及玻璃，现场吊装单元板块。施工简单，安装速度快，主要用于高塔及综合体 | 单元结构幕墙横剖节点 | 单元结构幕墙竖剖节点 | |

续表

金属板幕墙： 面材为金属板的幕墙，框架、单元结构通用。主要用于建筑非透明部分。适用于大型场馆、综合体的外幕墙	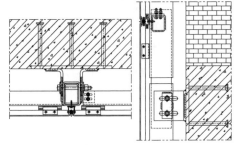 框架结构铝板幕墙横剖节点　框架结构铝板幕墙竖剖节点	
石材幕墙： 面材为天然石材板的幕墙，框架、单元结构通用，石材连接又有多种方式。主要用于建筑非透明部分	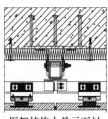 框架结构小单元石材幕墙横剖节点 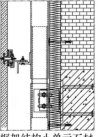 框架结构小单元石材幕墙竖剖节点	
全玻璃幕墙： 肋玻璃或钢桁架、钢拉索结构作为支撑体系的幕墙，具有通透性好，全尺寸采光的效果。主要用于机场、大堂等大尺度公共建筑空间	 拉索点式幕墙横剖节点  拉索点式幕墙竖剖节点	

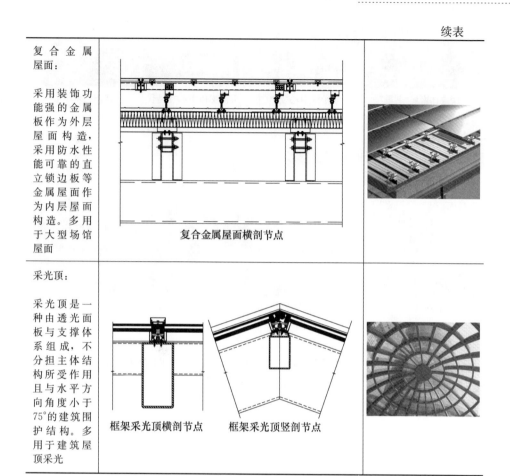

| 复合金属屋面：

采用装饰功能强的金属板作为外层屋面构造，采用防水性能可靠的直立锁边板等金属屋面作为内层屋面构造。多用于大型场馆屋面 | 复合金属屋面横剖节点 | |
| 采光顶：

采光顶是一种由透光面板与支撑体系组成，不分担主体结构所受作用且与水平方向角度小于75°的建筑围护结构。多用于建筑屋顶采光 | 框架采光顶横剖节点　框架采光顶竖剖节点 | |

3.2　多变的样式

　　玻璃幕墙的广泛应用，源于现代建筑理论中自由立面的构想。建筑设计师用大面积的连续横向开窗，替代了原来旧式建筑厚重的外墙和窄条窗，解放了建筑的立面，使得阳光和室外景观以前所未有的视角引入室内，不再受制于传统立面的设计束缚。正是由于幕墙产品的出现，解放了建筑的立面。而幕墙产品也经过不断的发展，到了今天有了更加多变的样式来赋予建筑更加丰富的立面。幕墙产品可以通过制作不同样式的模块，然后经过组合，完成各种建筑多变的样式。

　　①大型场馆类建筑（图1）

　　大跨度的布局，大尺度的空间，这些满足人们体育文化活动的中心场馆，全部由现代化的幕墙产品完成外立面的装修。这些建筑也向世界展示了中国

  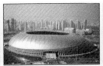 

国家体育场"鸟巢"　　国家游泳中心"水立方"　　天津奥体中心"水滴"　　沈阳艺术中心

图 1　大型场馆类建筑

建筑业多年快速发展的成果。

②曲面异形建筑（图 2）

北京朝阳公园广场　　　北京银河SOHO　　　凤凰国际传媒中心　　长沙梅溪湖文化艺术中心

图 2　曲面异形建筑

现在建筑师已经不满足于传统建筑的方方正正，曲面多变的造型、丰富流动的空间正在成为越来越多建筑师的选择。而幕墙参数化设计 BIM 的出现也为曲面建筑的实现提供了有力的支撑。

③超高层建筑（图 3）

上海中心　　　　深圳平安中心　　　深圳京基中心　　　俄罗斯联邦大厦

图 3　超高层建筑

超高层建筑代表着工业化、数字化、现代化的一个综合成果，受到世界各地人们的喜爱。可以说，每一个超高层建筑都是一座地标，是一座城市甚至一个国家综合实力的体现。

正是由于幕墙产品的特点，使得越来越多的优秀建筑得以实施，也让建筑师的创意更加具有尝试性，突破传统的天花板。

3.3 个性化的需求

随着材料的发展和技术的创新，幕墙产品也在不断满足着建筑设计师及业主的个性化需求。

个性化的需求体现在建筑外幕墙各方面的细节表达上，通过对这些个性化需求的实施来完成建筑师和业主的理念。

①丰富的遮阳形式：可以通过设置铝合金格栅、电动遮阳帘、电动遮阳伞实现遮阳功能。可以通过改变格栅截面及样式，改变遮阳的形式，在满足遮阳要求的同时，使建筑的立面更加丰富（表2）。

表2 遮阳形式

铝合金格栅： 广州发展中心使用了竖向梭形格栅遮阳，该工程的遮阳格栅设计成了可调整角度模式，在遮阳和采光的选择中得到了兼顾	电动遮阳帘： 窄条形铝合金薄片按一定间距层叠并用梯绳连接在一起，形成整幅遮阳帘。可根据需要收起和放下，并可调整叶片角度，以获得不同的遮阳、遮光和透光性能	电动遮阳伞： 阿布扎比投资委员会新指挥部大楼采用智能遮阳系统，当建筑遭受阳光直射时，遮阳伞呈张开状态，为建筑提供遮阳。随着太阳沿楼体的移动，遮阳伞可随时间逐渐改变张开状态

②极致的通透效果

为了追求极致的通透效果，越来越多的业主及建筑师开始选择超大高透玻璃。通过选择超大玻璃，加大通透空间，使建筑的个性化特点得到体现。

以杭州苹果专卖店为代表的外幕墙选用了超大玻璃,该店造型为长方体,正面完全为玻璃幕墙。高达15m的幕墙,横向无分格,是超大玻璃选用的代表作品。其彰显着苹果公司大胆前卫的设计风格(图4)。

图4 杭州苹果专卖店超大玻璃幕墙

③拟态化设计思路

通过设计将建筑物单个板块设计成不同的图案、造型,最终用多个板块组成一个可表达完整设计意识的整体图案或者造型(表3)。

表3 拟态化设计

茧大厦:该工程位于日本东京都新宿区繁华地段,建筑地上50层,主体高度203m,建筑造型酷似缠绕着白色蚕丝的茧,故大厦命名为COCOON	沙特SAMBA银行大厦:主楼大面单元模块中间带有突起,呈现内嵌宝石状,配以反射镀膜玻璃,具有很好的视觉效果,整个大厦仿佛缀满了钻石	北京嘉德艺术中心:通过在裙楼立面上的清水混凝土挂板开不规则孔,然后进行排列组合,完成对画家黄公望的《富春山居图》画作的抽象表达

4 建筑幕墙企业标准化实施

建立整体的产品全过程技术管理标准体系,包括产品标准、设计标准、采购标准、工艺标准、加工组装标准、包装运输标准、安装标准、维护使用标准等，使公司在整个产品设计、生产、制造、安装环节技术上"有法可依"，对整个标准体系的执行进行全流程管控（图5）。

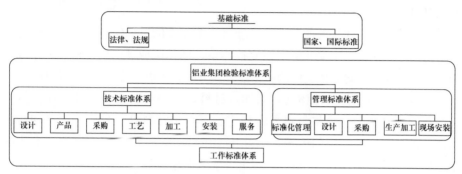

图5　全过程技术管理标准体系

4.1　技术标准化，包括国家、行业、企业标准的执行；设计流程、图纸、图表等标准化工作

通过对各规范的收集和理解，制定企业标准，指导企业在设计、采购、加工、安装各方面按标准化流程实施，用标准化的规定指导幕墙工作全流程，保证标准化的落实。

①围绕"标准、定额、计量"建立技术标准体系。设计、材料采购、生产加工、安装检测等生产活动在各项标准范围内受控。

②针对不同国际产品标准制定标准手册。不同国家、区域所执行的质量标准存在差异。解决宜出现针对性不强的问题。

③建立工作标准及工作表格标准化。完善技术系统工作标准、管控制度及工作流程。

4.2　过程管理标准化

标准化实施与应用贯穿于幕墙产品的设计、研发、采购、生产、安装、服务全过程，才是建筑幕墙生产企业能够站在行业潮头的有力竞争手段。过程管理标准化应注重过程的程序设计与监控、制约机制的建立，并与措施的落实和目标的实现强力挂钩，才是实现效率提升、降低成本的同时保证质量的有效举措。

过程管理标准化的设计，主要抓住过程的工作方向、职能定位和责任人落实、相关制度程序、执行标准、质量信息记录、过程接口及制约机制几个方面做足、做细相关工作，保证前端的标准化产品能够顺利地在过程中有效实施。同时与过程管理标准化相互作用，使标准化管理效应在过程运作中不断展开和更有活力。

过程管理标准化实施的监控是标准化体系建设的重要组成部分，是保持有效运行的保障措施。主要实施层级监控体系，即基层或部门内部检查、系统层面的专项监控，公司总体层面的审核与统计分析、改进，形成 PDCA 循环。

过程管理标准化具体体现，诸如，材料入场的材料报验管理程序、材料检验指导书的制定、合格材料入库规定、不合格材料处置程序。再诸如，幕墙产品加工和安装过程的体现，标准化图纸的过程一体化应用（即标准化图集下发，设计只下发标准图号）。加工、安装严密的报验制度和程序，以及成品出厂和现场安装阶段性验收等标准管控措施，均是保证质量安全的管理标准化的有效实践。

4.3 幕墙产品标准化

根据不同区域特点及需求制定适应性的标准化产品，研发制定材料少，易于安装，结构简单，满足幕墙功能要求及性能要求的标准化幕墙系统，通过优化系统结构，降低材料消耗，优化加工、组装、安装工艺，提高零件通用性等关键技术手段，从设计效率、加工效率、组装效率、安装效率等方面全面改进提升，综合降低幕墙成本，提高并稳定产品质量。

5 幕墙标准化、系统化产品设计

标准化是随着幕墙行业发展所必须要走的一条路。当今是科技快速发展的时代，节约资源、高效环保是发展的主流思维。而标准化的产品，正是解决这一主流思维的路径之一。《中国建筑装饰行业"十二五"发展规划纲要》中提到，建筑装饰行业工程主导力争实现重大突破，标准化、工业化部件产品比重大幅度提高，新建工程项目成品化率争取达到 80% 以上。标准化产品设计应实现如下几点作用：①系统可靠性；②系统系列通用性；③系统经济性；其最终目的是实现具有成熟性、可靠性、性价比高的幕墙产品，真正实现优化设计、降低成本、提升效率、创造效益的目标。

5.1 系统的可靠性设计

标准化产品的一大特征就是系统的可靠性。幕墙的可靠性是指幕墙产品在使用年限内和各种自然作用下，具有满足预期的安全性、适用性和耐久性等功能的能力。简单说，就是一要安全，二要保证使用功能。

①标准产品设计首先以满足规范要求作为最低标准，例如：壁厚、边距、托板挂钩设计、受力要求等，同时标准化的产品必须在幕墙的水密性能、气密性能、抗风压变形性能、平面内变形性能上满足国家规范的要求。规范是幕墙产品安全使用的约束保障。

②标准化产品是经过实际工程论证和不断改进，通过对某一类产品的分析研究，将其中含有的相同或者相似功能的系统或者部件分解出来，用标准化的原理进行统一分类、简化，然后总结出的一套图纸或者一部分幕墙组件，是结构和功能性都可靠的产品（表4）。

表4　标准化产品

翻窗防掉落设计	玻璃托板勾接设计	玻璃附框连接优化设计
传统幕墙挂式结构翻窗遭受外力时容易出现脱落现象，针对这一弊端研发一套防掉落系统。将防掉落系统这一标准化产品运用到幕墙翻窗系统中，解决这一弊端	玻璃托板常规做法为用自攻钉将玻璃托板固定于横框之上，定位难，施工烦琐。改进后玻璃托板于横框中间用勾槽卡入，随着玻璃重力作用在托板上，将使托板与主框紧密勾接	玻璃附框设计中，经常会有自攻钉受拉的情况，存在安全隐患。通过更改设计，采用型材卡接抗拉设计，自攻钉抗剪，辅助抗拉，安全，安装方便

③标准产品的标准材料选择。幕墙设计选择标准材料，是幕墙产品质量稳定的基础。虽然幕墙种类多，但涉及材料都有标准化的要求。幕墙材料概况起来包括：面材、龙骨材料、保温材料、结构粘接及密封填充材料、五金配件等。幕墙材料必须安全可靠，都必须符合国家或者行业标准规定的质量指标，少量暂时没有国家或者行业规范标准的材料，可按先进国家的同类产品标准要求。幕墙材料需要具有耐候性和耐久性，具备防风雨、防日晒、防撞击、保温隔热等功能。因此需要将非耐候配件进行耐久性处理，比如将钢材进行热浸镀锌或者氟碳喷涂。结构胶和密封胶除满足国家规范外，还要充

分考虑是否有特殊有效期的需求。幕墙设计中，材料标准化的选择应用也是系统可靠性的重要保障。

④高品质的配套配件选择。幕墙配套产品种类很多，包括：埋件、转接件、横竖框连接件、石材背栓、开启附件、点式幕墙配件等。选择高品质的配件，才能保证工程的整体质量。比如幕墙埋件，应尽量选择有品牌的工厂化定型产品，避免使用自制产品。因为埋件是整个幕墙的"根"，如果根部不牢，会影响整个幕墙的安全性。高品质的转接件可提升幕墙的安装精度。选择合理的横竖框部件连接，让幕墙横框安装简单、工艺合理，避免野蛮操作。石材背栓应该按计算要求选择规格，保证结构的安全性。总之，选择高品质的标准幕墙配件，以保证幕墙的整体质量。

通过标准化系统的设计，将幕墙的结构形式、连接方式、材料选用都进行标准化要求，保证设计出来的产品质量统一。同时对机加、组装工艺性进行标准化工艺审查，避免生产及安装过程中出现无法实现或不易于实现的情况，稳定加工质量。在安装流程及步骤上将幕墙产品实施的各周期都进行标准化，可保证幕墙产品的质量稳定。产品设计标准化、加工标准化、安装标准化，最终形成的幕墙产品质量稳定，性能可靠安全。

5.2 系统系列通用性的设计

通用性产品设计要能覆盖绝大部分幕墙工程所需要的设计元素。同时，也要有不同产品的差异化特点。通过对幕墙工程类型的总结，将幕墙产品分类，进行系统化的设计。进行标准化和系统化设计后，方便工程设计阶段的结构选型，也方便在业主进行设计咨询时，提供系统化的设计供其进行选择。

（1）标准产品的系列性设计

①例举铝合金门窗的系列性

系列性产品在铝合金门窗系统中体现得最充分，同一套型材和结构，仅仅通过更改断热条的长度，就可以形成一系列的产品，比如常见的 55 系列、60 系列、65 系列等；还可以通过改变扣条的大小，进行同一系列不同玻璃配置的改变（图 6）。

| 55系列铝合金窗 | 60系列铝合金窗 | 65系列铝合金窗 |

图 6　铝合金门窗系列产品

②例举框架型材的系列性

通过更改框架幕墙铝合金型材的尺寸，形成系列产品，运用于不同受力条件下或不同造型的幕墙系统（图7）。

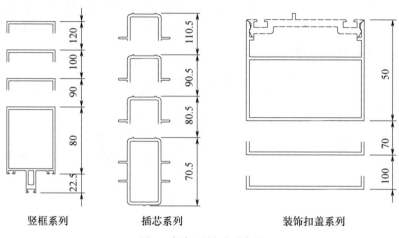

竖框系列   插芯系列   装饰扣盖系列

图7　框架型材系列产品

③例举转接件系列

定制、定型经济适用，构造合理，并适用于不同部位、不同形式埋件的，可调整范围较大的挂转系统（表5）。

表5　转接件系列产品

该系统具有构造简单、经济适用等优点。转接件与埋板采用焊接工艺，埋件为侧埋平板埋件	该系统具有构造简单、经济适用等优点。转接件与埋板采用螺接工艺，埋件为侧埋槽式埋件	该系统构造合理，可调整范围大。采用齿形构造，便于现场在不允许焊接的情况下使用，埋件为顶埋槽式埋件	该系统构造合理，经济适用，可调整范围大。垫片与转接件采用焊接工艺固定，埋件为顶埋槽式埋件

（2）标准产品的互换性设计

虽然建筑形式多种多样，但幕墙标准化的设计思路应考虑各幕墙系统的互换性能。每一种幕墙系统的标准化产品要具有举一反三的特性，同样的一套标准化产品可以通过微小的改动，成为一套新的结构。举例来说，隐框幕墙的结构可以通过改变横向玻璃的连接形式，将玻璃附框挂接在横框挂钩上，这样就变成另一套隐框幕墙的产品。隐框幕墙也可以通过改变附框的形式，而完成折线幕墙的设计。而玻璃幕墙翻窗系统标准化后，可以在不同的框架玻璃幕墙结构体系内使用（表6）。

表 6　框架玻璃幕墙结构

同为隐框幕墙系统，除横框外，其余构件及配件均可互换	隐框幕墙系统和横明竖隐幕墙系统，除横框外，其余构件及配件均可互换	同为明框幕墙系统，除竖框及断热条外，其余构件及配件均可互换

5.3　系统产品的经济性设计

进行幕墙工程的结构设计、配件设计时要充分考虑经济性能指标。对幕墙结构进行优化设计，在保证装饰效果和设计需求的前提下，力求简约实用。其标准产品的经济性指标包括直接材料成本、效率提升作用、产品功能的节能作用等。

（1）标准化产品结构材料优化设计

标准化可以优化现有结构，节省材料成本。虽然幕墙产品种类变化万千，但幕墙的结构还是将外围护的表皮与主体结构相连接。这就给幕墙材料的优化设计指出了标准化的方向。可以通过将结构形式标准化设计出一套最经济的标准化产品，将多余的槽口、钉线、腔体去掉，使得幕墙结构中的每一样材料都能物尽其用，达到幕墙系统整体的经济性（表7）。

表 7　幕墙材料标准化

优化说明	优化前	优化后
将隐框幕墙中常用的附框进行改进，优化掉原来的组角腔，这样可节省型材。通过此优化，节省玻璃附框型材 40% 以上，并节省角芯型材		

优化说明	优化前	优化后
将铝合金型材配合断热条的玻璃护边改为硅胶条护边，单项材料成本同比降低约35%以上		
各厂家、各顾问公司都有各自的型材槽口，制定标准化槽口，有利于提升设计效率，提高产品构件间配合精度		
单元钉线局部优化，减去单元钉线应力区域为零的部分材料，节省材料成本。优化钉线内径，省去攻自攻钉前需要加工处理的工序，节省工时，提高组装效率		

（2）标准化产品应用的效率提升

效率是一个幕墙工程能否按时保质保量完成的依据，保证每一步工序每一个节点的效率，最终才能保证整个工程的效率。对于幕墙企业来说，如何提高效率是生存的关键。通过技术标准化体系的建立能使复杂的问题程序化，模糊的问题具体化，分散的问题集成化，为企业技术能力提升提供有力保障。

①设计效率的提升。如推广标准化产品模具，可提高设计效率，缩短设计周期。推广幕墙定型结构的标准化，方便设计人员的直接调用，让技术人员从繁重的重复劳动中解脱出来。结合信息化技术建立技术标准化产品应用平台，包括系统节点、配件库族、自动细目定额等，设计人员选用产品后直接调用，在绘图出图方面更有助于图纸的规范表达，减少重复工作，加快设计进度，减少设计错误，提高设计质量。对于经验不多的设计师可以最大程度地汲取设计经验而少走弯路，稳定设计质量，提高工作效率。同时，结合BIM技术的应用，在三维建模中植入标准化系统产品，能更快速地放样。

②标准化产品与加工、安装的工业化结合。随着社会的飞速发展，人力成本已经是今天最大的成本。这就需要幕墙产品随之改变，变成更加简单，易于加工、安装的产品，以减少人工需求。结合产品特性、质量目标，从标准化产品零部件入手，到生产加工的工装设计，统一部件设计规格，减少非标部件的种类，与冲切法配套工艺相结合，以柔性自动化生产为导向，简化

工艺工装和模具、加工步骤，减少加工种类，提高加工效率，降低生产加工成本。从工业工程中的角度推广标准化产品，贯彻与实施零部件、构件的标准化。通过定制幕墙体系中标准化的小部件，从而完善和提高各个部件的标准化率。经过试验和改进，将部件在工厂内批量加工生产。同时采用数字化加工设备，可使部件的加工质量更加稳定和统一。避免每个工程生产一套单独的产品这种既浪费又质量不稳定的现象。采用标准模块化设计方式，实现流水设计、流水制造配套，实现标准化产品与生产的全面、有效衔接。系统性解决加工、安装效率提升问题及设计与生产、安装不配套的现象。

③标准化产品的节能性设计。由于节能环保已经成为现在主流的设计理念，因此在幕墙系统设计中必须充分考虑到节能的需求。幕墙的节能设计应该先对建筑所在当地的自然环境实现充分了解与掌握，例如气候、温度等条件，同时还应该对建筑朝向、高度和功能因素进行全面分析。建筑幕墙的节能设计应当深入分析幕墙的遮阳与采光、传热等关系，将不同状态下的多个指标作为节能设计的综合考量依据。节能设计包括使用更节能的材料，选用先进的幕墙结构（如双层幕墙），避免冷桥部位产生等。在满足所有设计规范要求的前提下，将幕墙标准化设计后所产生的经济性效果量化出来。

6　结语

各幕墙施工企业应该充分认识到技术标准化的重要性，加快企业技术标准化的建立与更新速度，使企业的标准化工作紧跟时代步伐，适应市场需要。积极推动技术标准化成果的应用，同时对标准化产品应用进行动态管理，以保证技术标准化成果切实有效的执行。

随着幕墙行业的发展，幕墙行业已经与前些年相比发生了很大的改变。现在主要为幕墙设计前置，幕墙顾问公司出全套方案图，各个幕墙工程公司按照顾问公司的图纸进行报价。这种方式的好处就是各工程公司的报价处于同一平台，比拼的是生产组织流程、材料加工利用、现场安装管理等方面的综合实力。但这种方式也束缚了幕墙工程公司在设计方面的优势，阻碍了幕墙行业的标准化实施。幕墙工程公司经过多年的设计施工一体化建设，积累了大量设计经验和标准化产品，但无法应用于这种模式下的幕墙工程设计中。这就需要行业协会来推进幕墙标准化的进程，使幕墙行业向着标准化、工业化的方向发展，节省能源，提高效率，更好地服务于社会及业主。

高端住宅外立面发展趋势的研究和分析

◎ 陈 勇

弗思特工程咨询公司　江苏南京　210019

2019 年 1—12 月份，全国房地产开发投资 132194 亿元，比上年增长 9.9％，增速比 1—11 月份回落 0.3 个百分点，比上年加快 0.4 个百分点。其中，住宅投资 97071 亿元，增长 13.9％，增速比上年加快 0.5 个百分点。

特别注意的是，2019 年，商品房销售面积 171558 万 m^2，比上年下降 0.1％，上年为增长 1.3％，多年来第一次下降。其中，住宅销售面积增长 1.5％，办公楼销售面积下降 14.7％，商业营业用房销售面积下降 15.0％。商品房销售额 159725 亿元，增长 6.5％，增速比上年回落 5.7 个百分点。其中，住宅销售额增长 10.3％，办公楼销售额下降 15.1％，商业营业用房销售额下降 16.5％（表 1）。

表 1　全国房地产开发投资和销售情况

研究子项	2019 年全年	同比变化
商品房销售额	15.97 万亿元	＋6.5％
商品房销售面积	17.16 亿 m^2	−0.1％
房地产开发投资	13.22 万亿元	＋9.9％

备注：国家统计局发布的《2019 年 1—12 月份全国房地产开发投资和销售情况》。

2020 年前 9 个月，销售金额 11.57 万亿元，同比增加 3.7％；销售面积 11.7 亿 m^2，同比下降 1.8％；开发投资 10.34 万亿元，同比增加 5.6％。

我们注意到，在过去的 5 年间，每年采用公建化外立面设计的非公共建筑项目以超过 15％的速度逐年增加。自 2016 年始，相比较于普通的住宅楼盘，国内越来越多的顶级豪宅更多地采用玻璃幕墙的设计，追求足够的辨识度与独特性（图1）。

图1

这些项目都有着类似"芝加哥华丽一英里"的关键词特征——城市地标、街区热度、云端豪宅、公建化外立面、坐拥城市核心风景、塔尖生活范本、大型绿地景观。

越来越多的高端住宅建筑已经越来越像公建了，这是因为传统住宅单元式的立面表达已不能完全满足城市的发展和人居升级的需求了。更具现代感、艺术感的建筑，才能打动具有国际视野前瞻力的高净值人群，因此公建化立面的住宅应运而生。公建化精工住宅，逐渐成为国际国内豪宅建筑的主流形式。

备注："芝加哥华丽一英里"是指芝加哥从卢普区（Chicago Loop）与近北区边界、芝加哥河上的密歇根大街桥（Michigan Avenue Bridge）一直到橡树街为止的北密歇根大街的一段。它将芝加哥的黄金海岸与市中心连接起来。对来到芝加哥的游客来说，无论是想住酒店、逛街购物或仅仅是观看城市建筑，"华丽一英里"都是首选的去处（图2）。

我们对2016年一直到2020年第2季度末的全国476个居住项目进行了抽样调研。

图 2

抽样结果如图 3。

项目分类	项目数量	占比
普通住宅	372	78.15%
豪宅	37	7.77%
公寓（出售型）	31	6.51%
别墅	17	3.57%
住宅+别墅	19	3.99%
合计	476	100.00%

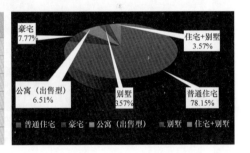

图 3

这些抽样调研的项目均为居住类项目，基于项目具体的用地属性和最终建筑用途两部分来判断，包含了"住宅属性"用地上建的一切建筑（包含配套商业和会所等），以及在"商业属性"用地上建的住宅用途的建筑（商业、酒店、办公、场馆等不在分析范围）。

2016—2020 年第 2 季度，全国商品房销售面积大约 68.4 亿 m²。样本中项目总面积，约相当于当期全国商品房销售面积份额的 1.1%。样本中项目的开发者，来自主流地产商（地产 50 强）的市场占比为 84.8%，来自非主流地产商的市场占比为 15.2%（图 4）。

图 4

我们将这 476 个项目按照确定的逻辑定义进行了分类，其中 77 个项目采用了全部或者局部的公建化外立面设计（图 5）。

项目分级	476个项目数量（个）	77个幕墙项目数量（个）
A类项目	47	14
B类项目	389	49
经济型项目	1	1
未开盘	27	11
不对外开售	12	2
合计	476	77

样本项目分布统计

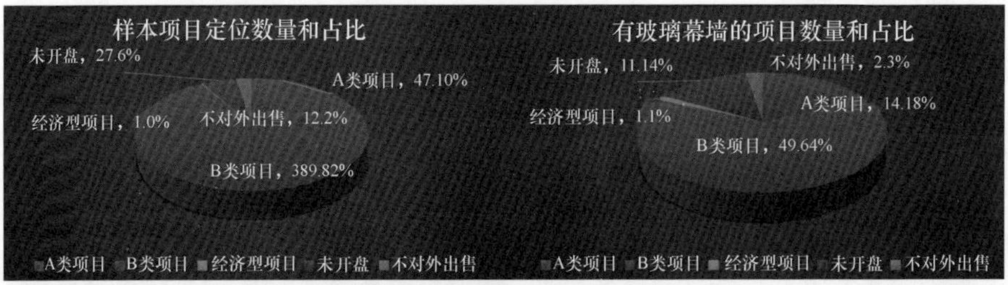

样本项目定位数量和占比
未开盘, 27.6%　　　　A类项目, 47.10%
经济型项目, 1.0%　　不对外出售, 12.2%
B类项目, 389.82%
■A类项目 ■B类项目 ■经济型项目 ■未开盘 ■不对外出售

有玻璃幕墙的项目数量和占比
未开盘, 11.14%　　　　不对外出售, 2.3%
经济型项目, 1.1%　　A类项目, 14.18%
B类项目, 49.64%
■A类项目 ■B类项目 ■经济型项目 ■未开盘 ■不对外出售

图 5

- A类项目：项目的楼盘价位于该地区同类型当年楼盘均价的 120％以上，或该开发者内部定位为 A 档。
- B类项目：项目的楼盘价位于该地区同类型当年楼盘均价的 100％～120％，或该开发者内部定位为 B 档。
- 经济型项目：政府为中低收入家庭所提供的限定标准、限定价格和租金的住房。楼盘价格低于该地区同类型当年楼盘均价的 75％。
- 未开盘项目：还没有确定对外公开销售的时间。
- 不对外出售项目：不对外公开销售的项目，如私人会所、公司内部住房。

公建化外立面是指在不改变住宅原有功能的前提下，对处在城市特定区域的住宅外立面，利用公共建筑外立面的做法进行设计与建造。

公建化外立面住宅有哪些优点呢？

• 立面优化，提升城市品位

使用时尚简洁的材质进行统一化设计建造，使立面更加精致细腻、简单大气，符合现代审美（图6）。

图6

• 经久耐用，提高建筑性能

采用大量的玻璃幕墙形式，能弥补原来大量面砖镶嵌的渗水、脱落等不足，实现外观的实用性和品质感双赢。

• 节约能源，资源可持续利用

一体化立面能有效减小建筑体形系数，减少住宅自身受外界温差的影响，达到节约能源的目的。

公建化立面住宅，一座座繁华都市中靓丽的风景线，从国际美学角度出发，回归住宅本身功能，优化人居空间，将建筑美学、功能、结构与节能等因素有机统一。

建筑大师贝聿铭说："美的建筑，应该是建筑在时间之上的，时间会给出一切答案。"

研究以上这些项目样本，大致有以下共性的结论和意见：

- 顶级豪宅仅凭其地段和高度就可以成为城市的地标，凸显了其本身的稀缺性及不可复制性的同时，彰显居住者在城市中的尊贵地位。
- 这些项目多数建筑密度较高，居高望远，视野开阔；多采用大框架结构，现场浇筑楼板，因而其结构强度比普通板楼高，抗震性与安全性更好。
- 对于现代富有 DIY 精神的业主而言，除少数承重梁之外，户内分隔墙基本都可以拆改，某些塔楼甚至可以将整层楼面打通，灵活分割户型。
- 玻璃幕墙相对于普通墙体而言，虽然其外围护结构的造价需增加 1.5 倍至 2 倍，但重量却只有 1/4，这也是玻璃幕墙主要被应用于超高层写字楼、高端酒店、顶级豪宅等建筑的原因之一。
- 此类建筑公建化立面的玻璃幕墙设计，对成本的敏感度相对不高，在规划、设计、产品、理念等方面都有不少创新。
- 在立面设计上，高品质的玻璃幕墙最常用，材料采用高端的品牌，并特别关注设计工艺实现和品质落地。

贝索斯说："推动事情前进的重点是遇到问题和失败。"

多年以来，在公建化外立面项目实践中遇到过不少的"坑"，列举如下：

- 公寓住宅的公建化外立面设计，避免直接按照办公楼形象直接套玻璃盒子，特别是规避设计凹式阳台。
- 建筑外轮廓避免完全由户型平面布局确定，"纯粹"是个很重要的原则。不要出现太多繁琐线条和材料交接面，包括材质颜色的运用。
- 功能方面特别注意厨房、卫浴等房间的特定功能需求（包括消防），尤其是天然气管道和水管的排布、隐藏、检修。
- 较之于公共建筑的玻璃幕墙设计，公寓住宅分户之间的隔声和私密处理尤为重要，需要做针对性设计和处理。
- 实施过程管控更加重要；众多细节，从设计到产品落地再到用户体验，这一系列的过程非常容易产生偏差，某个中间环节出现些微偏差，最终呈现的效果就会有很大差别。

公建化案例分享：中国铁建·西派城（图 7）

建筑外立面的高品质与否，直接影响到大众对整个项目的观感。本项目在整体外立面设计上，建筑外形取意于波涛江水，多角度曲面设计打破了传

项目名称：中国铁建·西派城
项目地址：重庆江北嘴
建设单位：中铁房地产集团重庆有限公司
方案设计：EMO易墨建筑设计有限公司
幕墙面积：约23.3万平方米
幕墙顾问：弗思特建筑科技有限公司
项目团队：刘洪恩、王帅、刘健瑞、赵宁、潘斌斌
建筑摄影：存在建筑

图 7

统建筑锋芒过盛的观感，构建柔美的姿态，亲切拥抱每一位住户幸福归家
（图 8）。

图 8

　　建筑立面的设计灵感来源于蜿蜒前行、滔滔不绝的江水。通过局部的曲
线应用，赋予建筑柔美的姿态，在鳞次栉比的高楼大厦中，凸显出独特的身
形（图 9）。

　　设计将外立面线条水平延展，曲面转角窗采用的创新性设计，打破了超

图 9

高层建筑边缘锐利的传统，赋予建筑更多浪漫的同时，也使住户能够看到更加宽阔的景观视野（图 10）。

图 10

　　远观整个建筑群，建筑立面表皮由银灰色铝板和 Low-E 玻璃幕墙窗系统构成，不同光泽度的细腻对比使建筑变得轻盈并富韵律感；随着一天中时间的变化，整座建筑群在阳光与水波的映照下也呈现出变幻的光彩。既表现出通透大气的立面效果，又有效提升了建筑品质感，同时，一根根精致的金属色线条，于细节处勾勒出整个项目的完美"身段"，尊贵质感油然而生（图 11）。

图 11

　　香槟金色金属线条的运用是西派城立面的重要特征之一，温暖的色调营造出住宅社区应有的归属感和浪漫氛围（图 12 和图 13）。

　　立面材料选用的是中空 Low-E 钢化玻璃 6＋12A＋6。骨架材料使用上，中梃为 60 系列铝立柱，外表面粉末喷涂。外立面横明竖隐，竖向玻璃通过铝合金附框用结构胶固定在边框上，竖向胶缝 15mm，横向压板扣接在横向边框上。边框在工厂组合，在施工现场用 4mm 厚折弯钢板固定在主体结构上。横向 60mm 宽明框铝合金装饰线条，竖向 15mm 胶缝。

图 12

图 13

绿色建筑门窗幕墙设计要点

◎ 姜 仁[1] 韩智勇[1] 黄 政[2]

1. 中国建筑科学研究院有限公司 北京 100013
2. 鼎泰恒（北京）建筑材料有限公司 北京 100081

摘 要 介绍了绿色建筑与绿色建筑标识，提出了绿色门窗幕墙的概念，梳理了绿色建筑评价标准关于门窗幕墙的相关规定，提出了绿色门窗幕墙设计要点及应对措施。对绿色门窗幕墙的设计具有参考价值。

关键词 门窗；幕墙；绿色建筑；标识；标准化

Abstract This paper introduces the green building and the green building logo，puts forward the concept of green door window and curtain wall，combs the relevant regulations of the green building evaluation standard on the door window and curtain wall，and puts forward the design points and measures of green door window and curtain wall. It is of reference value to the design of green door window and curtain wall.

Keywords door window；curtain wall；green building；logo；standardization

1 绿色建筑及其评价

1.1 绿色建筑与绿色门窗幕墙

绿色建筑是建筑发展的必然阶段，绿色建筑是指在全寿命期内，节约资源、保护环境、减少污染，为人们提供健康、适用、高效的使用空间，最大限度地实现人与自然和谐共生的高质量建筑。绿色建筑反映了新时代的新要求，以百姓为视角，是具有中国特色和时代特色的新的绿色建筑概念，落实了以人为中心的发展理念。

绿色门窗幕墙是按照绿色建筑的要求进行设计、施工安装的门窗和幕墙。它是绿色建筑的重要组成部分，通过合理的材料选用、构造设计、安装施工和运行维护，使建筑满足安全耐久、健康舒适、生活便利、资源节约、环境宜居要求。

在绿色建筑评价标准中，对绿色建筑等级提出了最低要求，6 项指标中有4 项是针对门窗幕墙的性能要求，在控制项、评分项和加分项的设置中，涉及门窗幕墙的内容比较多，分值占比比较大。但令人倍感遗憾的是，在门窗幕墙的标准中没有引用和贯彻绿色建筑相关标准，导致门窗幕墙的设计与绿色建筑的要求相脱节。本文对绿色建筑评价标准中关于门窗幕墙的内容进行了梳理，供设计师们在设计门窗幕墙时参考。

1.2 绿色建筑标识

2005 年 6 月，国务院发布了《国务院关于做好建设节约型社会近期重点工作的通知》（国发〔2005〕21 号），提出了要把节约放在首位的方针，以节能、节水、节材、节地等为重点，加快体制机制和法制建设。2006 年 3 月，建设部颁布了《绿色建筑评价标准》（GB 50378—2006）。2007 年 8 月，建设部组织相关单位编制了《绿色建筑评价技术细则（试行）》和制定了《绿色建筑评价标识管理办法（试行）》，这三份文件标志着我国绿色建筑评价系统已形成完整架构。2008 年 4 月，正式开始实施绿色建筑评价。经过十多年的健康发展，我国绿色建筑认证已逐步走向成熟，并在国际上取得了一定的地位。

绿色建筑认证是国际公认的建筑认证形式，许多国家都有绿色建筑认证系统，但各个国家的绿色建筑指标体系各不相同，国际主流绿色建筑标识的主要区别见表 1。

表 1 国际主流绿色建筑标识指标体系对比

序号	评价标识	国家和地区	绿色建筑分级	指标体系
1	GB/T 50378（2019 版）	中国	基本级、一星级、二星级、三星级	安全耐久、健康舒适、生活便利、资源节约、环境宜居

序号	评价标识	国家和地区	绿色建筑分级	指标体系
2	LEED	美国	L 认证级、银级、金级、白金级	整合项目计划与设计、整合过程、选址与交通、可持续场地、用水效率、能源与环境、材料与资源、室内环境质量、创新设计、地域优先
3	DGNB	德国	L 认证级、银级、金级、白金级	环境质量、经济质量、社会文化及功能质量、技术质量、建筑过程质量、区位质量
4	BREEAM	英国	合格、良好、非常好、优秀和杰出	管理、健康和舒适、能源、运输、水、材料、废物、土地使用与生态、污染、创新
5	CASBEE	日本	5 分评价制	建筑环境品质、建筑环境负荷减量

1.3 绿色建筑评价标准的发展

（1）绿色建筑评价标准版本差异

绿色建筑评价标准是绿色建筑标识认证的依据，经过近些年的发展，先后发布了《绿色建筑评价标准》2006 版、2014 版和 2019 版，其技术体系、指标体系及评价体系逐渐走向成熟，并和国际相关绿色标识实现了接轨。下面简单介绍评价标准的体系变化。《绿色建筑评价标准》2014 版和 2019 版的主要内容对比见表 2。

表 2   《绿色建筑评价标准》2014 版和 2019 版的主要内容对比

序号	变更项目	《绿色建筑评价标准》2014 版	《绿色建筑评价标准》2019 版
1	基调	为贯彻国家技术经济政策，节约资源，保护环境，规范绿色建筑的评价，推进可持续发展，制定本标准	为贯彻落实绿色发展理念，推进绿色建筑高质量发展，节约资源，保护环境，满足人民日益增长的美好生活需要，制定本标准
2	指标体系	四节一环保＋施工＋运营 节地、节能、节水、节材、室内环境、施工管理、运营管理	五大性能 安全耐久、健康舒适、生活便利、资源节约、环境宜居
3	评价体系	设计评价；运行评价：一星级、二星级、三星级 3 个等级	基本级、一星级、二星级、三星级 4 个等级
4	评价时间	设计评价：施工图审查通过后；运行评价：竣工验收并使用一年后	建筑工程竣工后进行；取消设计评价，改为设计阶段的预评价
5	评分方法	得分率	最低得分要满足单项 30%，各级标准要达到 60 分、70 分、85 分

（2）绿色建筑评价标准的技术体系

绿色建筑评价标准的体系结构也发生了很大变化。表面上看节约资源进行了弱化，但是其指标值有了很大的提高。绿色建筑评价标准的体系结构见图1。

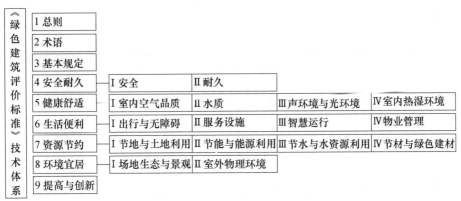

图1　《绿色建筑评价标准》2019版技术体系

（3）绿色建筑评价的定级

绿色建筑评价指标分为控制项和评分项，并且设置有加分项。控制项评定结果分为达标或不达标，不达标不能进行绿色建筑评级。基本级为最低评级，评分项必须满足基本级且满足60分、70分、85分要求，才能评定为绿色建筑一星级、二星级和三星级。

《绿色建筑评价标准》2019版第3.2.8条对绿色建筑影响比较大的技术指标提出了具体要求，这些指标与门窗幕墙关系比较大。具体要求见表3。

表3　一星级、二星级和三星级绿色建筑的技术要求

	一星级	二星级	三星级
围护结构热工性能的提高比例，或建筑供暖空调负荷降低比例	围护结构提高5%，或负荷降低5%	围护结构提高10%，或负荷降低10%	围护结构提高20%，或负荷降低15%
严寒和寒冷地区住宅建筑外窗传热系数降低比例	5%	10%	20%
节水器具用水效率等级	3级	2级	
住宅建筑隔声性能	—	室外与卧室之间、分户墙（楼板）两侧卧室之间的空气声隔声性能以及卧室楼板的撞击声隔声性能达到低限标准限值和高要求标准限值的平均值	室外与卧室之间、分户墙（楼板）两侧卧室之间的空气声隔声性能以及卧室楼板的撞击声隔声性能达到高要求标准限值

续表

	一星级	二星级	三星级
室内主要空气污染物浓度降低比例	10%	20%	
外窗气密性能	符合国家现行相关节能设计标准的规定，且外窗洞口与外窗本体的结合部位应严密		

2　绿色建筑对门窗幕墙的要求

2.1　控制项中与门窗幕墙相关的要求

在《绿色建筑评价标准》2019 版中，除了在第 3.2.8 条规定的最低条件外，还规定了控制项。控制项共有 40 项，其中有 13 项与门窗幕墙有关，具体相关项目条文编号和内容见表 4。

表 4　控制项中与门窗幕墙相关的条文编号及内容

类型	二级指标	项数	与门窗幕墙相关的条文
控制项 （共 40 项）	4.1 安全耐久	8 项	4.1.2 结构承载力及防护
			4.1.3 外部构件维修维护
			4.1.5 外窗安装与性能
			4.1.8 警示和引导标识
	5.1 健康舒适	9 项	5.1.4 噪声级及隔声性能
			5.1.5 建筑照明
			5.1.6 室内热环境
			5.1.7 围护结构热工性能
	6.1 生活便利	6 项	无
	7.1 资源节约	10 项	7.1.1 节能设计
			7.1.8 不规则建筑形体
			7.1.9 造型简约，无大量装饰性构件
			7.1.10 建材运输距离及混凝土选用
	8.1 环境宜居	7 项	8.1.2 室外热环境

2.2　评分项及加分项对门窗幕墙的要求

（1）与幕墙门窗相关联的评分项和加分项

评分项和加分项是绿色建筑标识分级的基础，在《绿色建筑评价标准》2019 版中有评分项 60 项、加分项 10 项。在这些项目中，有 21 项与门窗幕墙相关，汇总结果见表 5。统计结果表明，与门窗幕墙相关联的评分项分值达160 分，约占评分项总值的 23%，加分项分值达 45 分，占加分项总值的 45%。

表 5　与幕墙门窗相关联的评分项和加分项

类型	二级指标	项数	与门窗幕墙相关的条文	分值
评分项 （共 60 项）	4.2 安全耐久	9 项	4.2.2 保障人员安全的防护	15 分
			4.2.3 有安全防护功能的产品或配件	10 分
			4.2.7 提升部品耐久性措施	5 分
			4.2.8 结构材料耐久性	5 分
			4.2.9 耐久性好的装饰装修材料	3 分
	5.2 健康舒适	11 项	5.2.6 室内声环境	8 分
			5.2.8 充分利用天然光	12 分
			5.2.9 良好的室内湿热环境	8 分
			5.2.10 自然通风效果	8 分
			5.2.11 可调节遮阳设施	9 分
	6.2 生活便利	13 项	6.2.2 公共区域满足全龄化设计	3 分
	7.2 资源节约	18 项	7.2.4 优化建筑围护结构热工性能	15 分
			7.2.8 采取措施降低建筑能耗	10 分
			7.2.14 土建工程与装饰工程一体化设计和施工	8 分
			7.2.17 材料复用	12 分
			7.2.18 选用绿色建材	12 分
	8.2 环境宜居	9 项	8.2.5 设置绿色雨水基础设施	3 分
			8.2.7 避免产生光污染	10 分
			8.2.9 降低热岛强度	4 分

续表

类型	二级指标	项数	与门窗幕墙相关的条文	分值
加分项 （共 10 项）	9 提高与创新	10 项	9.2.2 特色建筑风貌设计	20 分
			9.2.5 符合工业化要求的结构体系与建筑构件	10 分
			9.2.6 应用 BIM 技术	15 分

（2）评价指标满分值与门窗幕墙相关性分析

门窗幕墙在绿色建筑中占有比较重要的地位，评价指标满分值与门窗幕墙相关性分析见表 6。

表 6 评价指标满分值与门窗幕墙相关性分析

项目	控制项 基础分值	评价指标评分项满分值					提高与创新 加分项满分值
		安全耐久	健康舒适	生活便利	资源节约	环境宜居	
预评价 分值	400	100	100	70	200	100	100
评价分值	400	100	100	100	200	100	100
门窗幕 墙相关	—	38	45	3	57	17	45

3 绿色门窗幕墙设计要点

3.1 选择绿色建筑材料，采用耐久性好、安全性高的材料

在《绿色建筑评价标准》2019 版中，多处要求选择绿色建材，因此门窗幕墙设计应该优先选择经过绿色建材产品认证的材料或部品，并且应该关注材料的耐久性和安全性，例如 25 年质保的硅酮结构胶产品、氟碳喷涂处理的铝合金型材等。

2013 年 1 月 15 日，国家发展改革委、住房城乡建设部联合出台了《绿色建筑行动方案》，编制了绿色建材产品目录，并推动了绿色建材认证。之后三部门又发出加快推进绿色建材产品认证及生产应用的通知，进一步推进了绿色建材在建筑市场中的应用。

3.2 加强门窗幕墙的热工性能设计

建筑的热湿环境营造和调控包括被动式技术和主动式技术两种，被动式

技术是利用建筑本身的隔热、保温、通风等性能维持室内热环境，主要是控制太阳辐射和自然通风；主动式技术是通过空调、采暖等方式，改变或消除室外环境对室内热环境的影响。两种方式均需对门窗幕墙进行热动性能设计。

在《绿色建筑评价标准》2019版中，围护结构热工设计、门窗传热系数及门窗气密性是绿色建筑评价的否决项，必须满足标准要求。因此必须重视门窗幕墙的节能指标设计。通常采用以下主要技术手段实现：

（1）合理选择玻璃或玻璃制品

① 采用Low-E玻璃，可根据工程所在区域选择遮阳型或高透型Low-E膜，可按要求选择单银、双银和三银产品，以便提高中空玻璃的热工性能，也可以选用其他膜，如XIR膜等。

② 中空玻璃可采用双层和多层，间层可充惰性气体，提高保温、隔热、隔声等性能，可采用暖边隔热条。

③ 吸热玻璃采用普通玻璃＋着色剂（着色氧化物薄膜），既吸收大量红外线辐射能，又保持良好的可见光透射率。

④ 采用热反射玻璃，玻璃经镀（涂）膜处理，太阳辐射热的屏蔽率达40％～80％，具有单向透视作用。

⑤ 选用真空玻璃，节能效果好。

（2）合理设计隔热型铝合金型材

① 幕墙应按地域要求选用隔热型铝合金型材，提高幕墙节能效果。

② 门窗应选择多腔隔热条的隔热型铝合金型材。

（3）合理设计门窗幕墙系统或构造

① 幕墙系统可选择外通风双层幕墙，开启部位选择隔热型材系统。

② 节能门窗可选择固定腔、开启腔为冷热腔的"双腔"系统，并采用"双组角"提高门窗的角强度。

（4）建筑遮阳

根据工程应用位置，合理选择金属构件外遮阳、室内织物遮阳等。建筑遮阳的目的在于阻断阳光透过玻璃进入室内，防止阳光过分照射和加热建筑围护结构，防止直射阳光造成强烈眩光。玻璃幕墙的各种节能措施中，遮阳技术可能是节约能源最有潜力和最为方便的构造手段。

3.3　进行隔声设计，确保声环境达到绿色建筑的要求

在绿色建筑评价标准中，隔声性能设计也是绿色建筑评价的否决项，因

此应该重视门窗幕墙隔声性能的设计，合理选择门窗幕墙节点构造，选择合理的玻璃配置，达到良好的隔声效果。可采取下列具体措施：

（1）采用双层幕墙系统，提高围护结构的构成性能。

（2）非透明幕墙增加面板材料的质量，并加大非透明幕墙与透明幕墙的比例。

（3）优化透明幕墙的玻璃配置，提高隔声性能。可采用以下具体措施：

① 采用较厚的玻璃，或者用双层、三层玻璃，并可在中空玻璃间层内充惰性气体，以提高中空玻璃的隔声性能。

② 增加双层玻璃或多层玻璃之间的间距。

③ 采用具有隔声功能的间隔条。

3.4　进行采光设计，提高室内光环境的舒适度

建筑的采光设计应保证充足的天然采光，改善采光的均匀性，控制眩光。通过合理选择玻璃的可见光透射比、颜色透射指数等，确保透过门窗幕墙的可见光质量，并通过优化透光门窗幕墙构造，保证光环境的舒适度。可采取下列具体措施：

（1）合理设计建筑的采光面积。在满足最低面积比的前提下，可采用大板块玻璃面板进行采光，但节能效果差，并且玻璃的破裂率也会提高。因此需要权衡设计，综合考虑。

（2）采用智能调节遮阳系统或先进的外窗系统，能调节天然光的入射量，控制、调节光线的方向。

（3）选用符合要求的玻璃制品，如镀膜玻璃。

3.5　辅助进行建筑照明设计

建筑物夜景照明逐渐成为公共建筑的标准配置，其灯具设置、构造连接和布线均与门窗幕墙设计相关联，在门窗幕墙设计时均应予以考虑。为避免夜景照明出现光污染并节约能源，需要对门窗幕墙的构造进行合理化设计。

3.6　强化自然通风设计理念

室内空气品质是很多复杂因素相互影响的结果，而通风可以为用户提供足够的新鲜空气、消除微生物污染源，是提高室内空气品质的重要途径。常

见通风方式有自然通风、机械（辅助）通风和多元通风三种。多元通风系统是一个能够在不同时间、不同季节利用自然通风和机械通风的不同特性的综合系统，是结合了机械通风和自然通风的二元系统。幕墙机械通风设计中应考虑新风量要求，并避免新风受到污染。自然通风不消耗能源，是绿色建筑普遍采取的技术措施。

绿色建筑评价标准对住宅建筑和公共建筑的自然通风分别提出了具体要求。对住宅建筑提出了通风面积要求，对公共建筑提出了基于换气次数的面积要求，因此需要对门窗幕墙的通风面积和空调的换气能力进行综合设计，统筹考虑。门窗幕墙通风设计可采取以下措施：

（1）合理设置开启扇面积和开启方式。幕墙开启方式包括平开、推拉、上悬、下悬以及几种开启方式的组合。

（2）外通风双层幕墙可按季节选择通风方式，实现高层、超高层建筑的自然通风。

（3）通风器可以在不设开启的情况下实现自然通风，较好地保持立面效果。

（4）内通风双层幕墙采用机械方式实现气流组织，以适应不同季节的变化，但实现自然通风比较困难，因此在三星级绿色建筑设计时慎重采用。

3.7 采取构造措施提高门窗幕墙的安全性

（1）采取措施降低玻璃的破裂率。可以采用超白钢化玻璃、均值钢化普通玻璃、夹层玻璃等，降低玻璃的自爆率，重要建筑尚应考虑采取防护措施，降低玻璃导致事故的风险。

（2）对落门窗和幕墙采取构造防护措施，防止玻璃破裂后出现人员及物品滑落现象。

（3）对门窗幕墙临街开启的部位，可采取防脱落措施对开启部位进行连接保护，避免开启部位掉落而导致事故发生。

3.8 建筑材料重复利用

绿色建筑强调建筑材料的重复利用，在《绿色建筑评价标准》2019 版中按复用比例对材料的重复利用情况进行打分。建筑幕墙结构设计使用年限为25 年，一些建筑幕墙已经接近设计使用年限，需要进行可靠性维护和改造。对于既有建筑的幕墙材料，经分析鉴别后，尽量重复再利用。

3.9　光伏幕墙、光热幕墙

光伏幕墙、光热幕墙可以主动获取自然界能源，是门窗幕墙领域降低建筑能量消耗的主要措施。

3.10　屋面雨水收集系统

节水是绿色建筑的一项重要指标，通过屋面进行雨水收集并加以利用是比较容易的。在金属屋面设计过程中，可以对雨水收集进行构造设计，以便满足建筑的节约用水要求。

3.11　避免大量使用装饰构件

设置大量没有功能的纯装饰性构件，不符合绿色建筑节约资源的要求。在公共建筑中，为达到较好的装饰效果，往往会设计较多的装饰性构件，主要用于门厅附加造型、女儿墙升高部位、塔楼间的滑顺连接等，这是与绿色建筑的要求相悖的。因此在幕墙设计过程中，鼓励使用功能性和装饰性一体化构件，应尽量降低装饰构件的使用量，通常不要超过幕墙造价的1%，对装饰性构件应该提供功能说明书和造价计算书。

3.12　避免幕墙"光污染"

建筑物光污染包括建筑反射光、夜间的室外夜景照明以及广告照明等造成的光污染。光污染控制对策包括降低建筑物表面的可见光反射比、合理选配照明器具、采取防止溢光措施等。建筑幕墙应符合《玻璃幕墙光热性能》（GB/T 18091—2015）的规定。解决玻璃幕墙有害光反射所带来的"光污染"可采取以下具体措施：

（1）通过建筑规划适当控制

在建筑规划上适当限制玻璃幕墙的使用，或根据夏季太阳的高度角和方位角推算某些朝向的建筑物不宜用反光较强的玻璃幕墙，其他则不必限制。比如我国绝大部分地区处在北回归线以北，建筑物北向常年不受光照射，所以这样的立面不必限制玻璃幕墙的使用。

（2）采用反射率低的玻璃

通过对玻璃幕墙材料和构造技术的研究、开发和使用或对现有玻璃加以处理，能够减少定向光反射，同时又不增加室内的热效应，可采用方法有：

① 大量采用透明玻璃；

② 采用低反射镀膜玻璃；

③ 采用各种性能的玻璃贴膜，例如建筑节能膜、热反射隔热膜、低反射隔热膜、高透光磁控溅射膜、博物馆及档案馆专用膜、磨砂及半透明装饰膜、透明安全膜等；

④ 采用回反射玻璃，它能将阳光顺着原来的方向反射回去，从而消除向四周的反射光，降低幕墙反射光对周围环境的影响。

3.13 避免长距离运输

《绿色建筑评价标准》2019版鼓励选用本地化建筑材料，规定500km以内生产的建筑材料质量占建筑材料总量的比例应大于60%。因此应尽量就地取材，避免长途运输导致的成本增加。

3.14 加强创新型技术在门窗和幕墙领域的应用

（1）建筑信息模型（BIM）的应用

在建筑设计、施工建造和运行维护阶段中的一个阶段应用BIM技术，均可获得加分，因此应该推广BIM技术在幕墙工程设计、施工安装和运行维护各个阶段中的应用。

（2）特色建筑风貌的设计

建筑是一种文化，是当地历史文脉及风俗传统的重要载体，采用具有区域特色的建筑设计原则和手法，能够传承传统建筑风貌，让建筑能更好地体现地域传统建筑特色。建筑门窗和幕墙是建筑外立面的呈现语言，是建筑的主要表现手段，因此幕墙门窗的设计更能体现建筑的文化内涵。

（3）工业化建造结构体系、建筑构件技术的应用

绿色建筑提倡工业化建造，以便减少人工、减少消耗、提高质量和提高效率。在门窗幕墙领域可采取以下措施：

① 加大建筑中单元式幕墙系统、单元式双层幕墙系统应用比例。单元式幕墙可以工厂化产品制作，加工、制作和组装精度高，可实现智能化制造、施工现场智能化管理等，工程施工效率高，符合全面工业化建造的理念。

② 采用混凝土与门窗幕墙一体化技术，提高工厂制作化率和安装施工效率。

③ 加强门窗幕墙智能化建造技术的应用。

3.15　生态幕墙的应用

（1）传统幕墙理念是幕墙与自然生态环境相分离，对自然通风考虑不够；而生态设计理念是幕墙与自然生态环境组成统一的有机体，精心设计，自然通风。

（2）传统幕墙较少考虑有效的资源、能源再生利用及对生态环境的影响；而生态幕墙必须考虑节能，资源重复利用，保护生态环境，积极利用太阳能等自然能量。

（3）在设计上，生态幕墙是依据环境效益和生态环境指标与功能、性能及成本来设计的。

（4）传统幕墙以人对幕墙的美学和功能的需求为主要设计目的；而生态幕墙是为人的需求和环境而设计，其最终目的是创造舒适、健康的居住生活环境，提高自然、经济、社会的综合效益，满足可持续发展的要求，真正做到绿色、环保和节能。

（5）未来的绿色门窗幕墙可能利用植物沿建筑物的立面攀扶、固定、贴植及垂吊，形成垂直面绿化。

4　结语

绿色建筑评价是对建筑的安全耐久、健康舒适、生活便利、资源节约、环境宜居等性能进行的评价。通过本文的分析，在门窗幕墙行业中，加强绿色建筑门窗幕墙的设计、施工和建造、运行维护已刻不容缓。因此希望通过本文的研究，使门窗幕墙在绿色设计方面实现一个巨大的飞跃。

参考文献

[1] 中华人民共和国住房和城乡建设部. 绿色建筑评价标准：GB/T 50378—2019 [S]. 北京：中国建筑工业出版社，2019.

[2] 王清勤，韩继云，曾捷. 绿色建筑评价标准技术细则：2019 [M]. 北京：中国建筑工业出版社，2020.

[3] 姜仁，付震，韩智勇，等. BIM 助力幕墙工业化 [C] //建筑门窗幕墙创新与发展：2017 年卷. 北京：中国建材工业出版社，2018.

第四部分
行业调查报告

2020—2021 中国门窗幕墙行业研究与发展分析报告

◎ 雷 鸣

第一部分 行业背景

2020 年是"十三五"规划收官之年，经历了 2016—2020 年的砥砺奋进，我国的经济实力、科技实力、综合国力和人民生活水平跃上新的大台阶，新时代脱贫攻坚目标任务如期完成，全面建成小康社会胜利在望，中华民族伟大复兴向前迈出了新的一大步。

2020 年也是极不平凡的一年，全国抗疫，众志成城，举国同心，守望相助，打响疫情防控阻击战！经过艰苦的努力，我们恢复了正常生活，市场也终于迎来了曙光。然而从国际角度来看，疫情的一再反复，让全球从经济到政治，都一直处于紧张多变的局势，风云多变，危机不断，矛盾冲突在所难免。

为了帮助建筑门窗幕墙行业产业链企业，特别是广大的会员单位更好地认清行业地位和市场现状，从而提升自身产品品质及服务能力，中国建筑金属结构协会铝门窗幕墙分会在 2020 年 9 月启动"第 16 次行业数据申报工作"，通过历时三个月的表格提交，采集到大量真实有效的企业运行状况报表，随后授权中国幕墙网 ALwindoor.com 以门户平台的身份，对门窗幕墙行业相关产业链企业申报的数据展开测评研究，并建立行业大数据模型，推出《2020—2021 中国门窗幕墙行业研究与发展分析报告》，力求通过科学、公正、客观、权威的评价指标、研究体系和评判方法，呈现出在建筑业、房地产业新形势下，门窗幕墙行业的发展热点和方向。

注：调查误差——由于参与企业占总体企业的数量比值、调查表提交时间的差异化等问题，统计调查分析的结果与行业市场内的实际表现结果，数据方面可能存在一定误差，

根据统计推论分析原理，该误差率在1‰～4‰之间，整体误差率在2‰左右。

第二部分　建筑门窗幕墙上游产业的基本面

2020年危中有机，我们见证了科学防控、精准施策，在国家制度优越性的支撑下，集中全国之力抗击疫情、复工复产，并建立起了国内、国际"双循环"的经济新形势、发展新格局。尤其是上游建筑业、房地产业，在市场引导与宏观政策的引领下，迈出了复苏的稳健步伐，我们迎来了"史诗级"的经济大逆转。

1　建筑业市场情况

2020年建筑业经历了艰难的一年，从年初的"负增长"到逐步回暖，建筑业市场在国家"大基建"的政策刺激下全面复苏，尤其是江苏、浙江、广东、四川、湖北、山东、福建、北京、河南和湖南等10个省区，产值强势提升，下半年更是明显提速。

2020年1—12月，全国建筑业总产值26万亿元以上，同比增长6.2%；全国建筑业房屋建筑施工面积149.5亿m^2，同比增长3.7%。我国已经进入经济高质量发展的新阶段，一方面要合理扩大基建规模，改造提升传统基础设施；另一方面要抓紧补齐基建短板，加快新型基础设施建设。中国是世界级的大国，建筑行业是中国国民经济的支柱产业，由长远来看，装配式、BIM、EPC，以及与大数据、互联网、人工智能等技术相结合的智能建造等新型工业化建造方式，将成为"十四五"期间建筑业转型发展的风口。

未来，随着建筑工业化与信息化的"两化"融合演进，建筑业将发生颠覆性变革，除了传统的功能，更加强调智慧应用集成，融入数字功能，让建筑成为连接应用程序、数据和智能设备终端的开放式云平台，将建筑互联体验提升到一个全新的高度。

2020年，中国的建筑业"稳"住了；2021年，是"十四五"规划开局之年，中国作为世界上最大的建筑市场，发展绿色建筑、降低建筑能耗，不仅是顺应低碳经济转型、加快绿色发展的历史大趋势，也是实现经济社会可持续发展的必然要求。建筑门窗幕墙行业因此也充满了信心与期望，我们恢复了力量，我们重新走在了"路上"。

2 房地产市场情况

2020 年年初，在"六稳""六保"的政策背景下，配合充分释放国内消费潜能，新型城镇化与区域发展战略推进力度加大，在下放土地审批权、完善生产要素市场化配置，以及加快老旧小区改造等政策红利支撑下，房地产行业在一段时间内资金环境较为宽松，为市场带来了中长期的利好。在此多重因素影响下，长三角与粤港澳大湾区的城市集群范围内，房地产市场也率先实现了需求与供应的恢复性增长。

在国家统计局公布的 2020 年 1—12 月全国房地产开发投资和销售情况来看，全年房地产开发投资超过 14 万亿元，比上年增长 7.0%；商品房销售面积比上年增长 2.6%，商品房销售额增长 8.7%。

2020 年间出现过杭州六个万人摇新盘、南京万人摇新盘、深圳万人摇新盘，"打新热"一词成为房地产的热词，买到即赚到，甚至在网络上出现了打新攻略，房地产局部市场的供给不平衡、与买方短线牟利现象，显示出市场发展不均衡的情况严重。

随着控制房地产企业有息债务增长的"三道红线"新规出台，目标明确，指向清晰，房企的盲目扩张带来的风险将得到有效的控制。

2021 年的房地产将紧抓两个关键词："平稳"与"发展"，在平稳的同时还要发展，它所包含的意思比较复合，即 2021 年房价保持平稳，不能过快上涨，不能干扰了"双循环"的新发展格局，但也不能止步不前、后退萎缩，要起到一定的经济支撑作用。"促进房地产市场平稳健康发展"，或许想要的就是这种效果。

第三部分 建筑门窗幕墙行业市场热点分析

1 疫情对建筑门窗幕墙行业带来的改变

伴随着国内疫情的有效控制，各行各业进入防控常态化阶段，同时加强应急管理机制的制定。这次疫情让我们看到，全球的联系已经越来越密切，类似新冠肺炎疫情的暂停和重启，今后可能会变得频繁，面对这样的大型公共危机，企业应该反思自身的"短板"并尽快补上，以打造企业的综合"免疫"系统。

在疫情中，有的企业遭受损失，也有少许企业在这次疫情中消失……这是一场大考，在疫情面前，现金流紧缺的企业首先感受到寒意，一些负债率高、短期内偿债压力较大的公司，需防范现金流风险。有明确战略的企业会考虑到企业运营中的风险，保证企业现金流的充足，比较稳健，抗风险能力也比较高。

疫情给行业带来的最大影响首先是延迟复工、拖累工程进度，使得建筑业一、二季度产值和收入受到较大影响，"用工荒"和防控工作要求推升了工程成本，建筑业利润下行压力较大。其次是产品积压，市场启动不完全，生产和市场平衡失调，场地压力极大，产品无处堆放，造成了短期的生产计划与场地成本的增加。国外疫情的大暴发，使进口原材料采购受限，原材料进不来，生产经营不能正常进行，生产订单的压力与原材料采购的压力为企业的生产经营计划带来了不可预测的风险。

2020 年建筑门窗幕墙行业市场"先抑后扬"，伴随着房地产业与建筑业的复苏，出现了全面回暖，这是行业市场的利好消息，但行业中、小企业在疫情的压力下对人力、场地、资金等的准备不足，在与行业大型企业的竞争中，对比往年更加处于不利地位。市场总量的全面增长，并没有给广大中、小企业带来太多实际的项目回报，市场增量蛋糕仍然仅为金字塔尖的企业所享用。

2021 年，门窗幕墙行业或面临延迟复工、人工成本增加、房租水电空转、材料供应不足、产品供销不畅、防疫成本增加，从而带来的资金链、现金流断裂，以及合同和订单违约，供应商地位可能被取代等短期风险；还要考虑受全球疫情加剧和国际关系变化的影响，出口受限等中长期问题。

面对上述种种情况，企业必须做好一手抓疫情常态化防控，一手抓市场经营管理，对困难必须有前所未有的心理承受力和抵抗力，通过全方位的提高与创新，增强企业自身抗风险能力。

2 行业几大固有问题及市场的变化

建筑门窗幕墙行业的发展速度远超建筑业其他同类行业，在三十多年的时间里，从学习开始，实现了世界范围内的赶超，在成就了"世界门窗幕墙大国"的同时，行业内高速发展带来的诸多问题，也一直困扰着行业发展，并持续对行业的市场进步产生着影响。我们经过整理和分析，罗列出了对行业发展影响最大的几个固有问题：

"无底线的低价中标"——俗话说，"一分钱，一分货"，没有人会做亏本的买卖。为了中标而实施无底线的低价手段，图了一时痛快，却给后期项目实施留下了无穷的隐患。中标方因为给出的中标价格太低，无法盈利，必然会想方设法地控制成本，在原材料上做文章，这样的工程质量无法得到保障。中标方的本意是节约成本，最后却成了"偷鸡不成蚀把米"的结局。

"超负荷的工程垫资"——这也是目前施工企业常用的一种手段。工程垫资已成为施工企业成功承包工程，以及考察施工企业经济实力的重要条件。通常建筑工程的施工周期较长，耗用成本大，施工企业垫付大量的工程资金，势必会造成施工企业内部资金紧张。同时，调低材料购买成本，给工程埋下质量隐患；加之建筑企业管理水平参差不齐，市场内分包情况严重，逐层攫取利益，导致工程造价成本一再降低，工程质量难以得到保障。

"利诱型的关系营销"——传统建筑产业的企业，由于长期在计划经济思维中打转，存有对关系竞争力的极度迷恋，疏于企业内功的提升，缺乏真正的核心竞争力。特别是建筑门窗幕墙行业，长期处于"规模不经济"的状态，大企业成本比小企业成本高，小企业成本比个体包工头成本高，在品牌、技术、资金、运营、采购、成本控制等方面，对新进入者都构不成竞争门槛。因此在行业中造成了"无关系不项目"的现状，将真正有实力的新生力量挡在了门外。

3 "十四五"规划与行业未来方向

"十四五"规划紧接"十三五"规划，提出我国进一步实现"中国梦"宏伟目标的规划进程，其中加快发展"中国建造"，推动建筑产业转型升级，是建筑门窗幕墙行业即将面对的主要发展目标。

同时，因受疫情影响，2020年变成了从工业文明到数字文明的分水岭。把目光瞄向地产领域，2020年也同样是新老划断的一年，以"三道红线"为分界，行业正式从"老地产"时代迈向"新地产"时代。数据显示，全国土地供应面积环比增长，而土地成交面积环比下降，房企拿地"有心无力"。

回头来看，所谓白银时代仍然是对"老地产"时代的一种缅怀，2020年的"三道红线"才是真正的行业拐点，从"房住不炒"到"三道红线"，政策的步步紧逼让人不禁为冒进的地产商捏了一把汗，过往历次的调控，没有哪一次像现在这般坚决。

接下来，加快推动智能建造与新型建筑工业化协同发展，建设建筑产业互联网平台，完善装配式建筑标准体系，大力推广钢结构建筑；深入实施绿色建筑创建行动，落实建设单位工程质量首要责任，持续开展建筑施工安全专项整治，坚决遏制重特大事故，全力实施城市更新行动，推动城市高质量发展，切实转变城市开发建设方式；统筹城市规划、建设、管理，推动城市结构优化、功能完善和品质提升，深入推进以人为核心的新型城镇化，加快建设宜居、绿色、韧性、智慧、人文城市等将成为规划重点。

4 建筑资质合并与变更情况

2020年的建筑资质合并与变更中，面临着深化"放管服"的改革部署要求，按照"能减则减、能并则并"的原则，对建筑业类的资质变动较大，并且在今后的很长一段时期内将产生非常大的影响。

纵观本轮资质改革，大幅压减企业资质类别和等级，同时，坚持放管结合，加大事中事后监管力度，切实保障建设工程质量安全。改革后，工程勘察资质分为综合资质和专业资质；工程设计资质分为综合资质、行业资质、专业和事务所资质。其中，建筑幕墙工程设计专项资质，调整为建筑幕墙工程通用专业，设甲、乙两级；建筑装饰工程设计专项资质，调整为建筑装饰工程通用专业，设甲、乙两级。

同时，施工资质分为综合资质、施工总承包资质、专业承包资质和专业作业资质。改革具体政策和配套制度已经发布，短期内对建筑行业和企业的具体影响还无法判断，但从长远来看还是正面和积极的。资质等级改革，减少了资质升级办理的不少繁文缛节，从而降低了企业成本，而且承包工程范围得到了扩大，尤其是专业承包资质，意味着可以承接专业内所有承包工程。这些有利的一面，不断释放出的信息是资质等级压减后，中小企业承揽业务范围将进一步放宽，有利于促进中小企业发展，为企业经营市场环境带来了重大的转变。

5 企业高度重视品牌建设

品牌是企业文化的核心体现，是被消费者和大众认知的重要手段，从品牌本身来分析，品牌是为人所熟知并快速接受的产品名称；它所包含的除了易被记忆等特点外，更应该体现的是企业的核心价值竞争力。建筑门窗幕墙行业的品牌，更多的是通过上游房地产、设计院进行推广及认知，仅有较少的企业或细分产品能够通过企业 VI、品牌 logo 进入大众视野。

自从我国建立了"5·10 中国品牌日"以来，从国家层面对"中国品牌"的概念建立，有了更加准确的定位，这进一步为建筑行业内的企业品牌树立了目标与方向。

2020 年，为全面贯彻新发展理念，推动城乡建设绿色发展和高质量发展，以新型建筑工业化带动建筑业全面转型升级，住房城乡建设部提出打造具有国际竞争力的"中国建造"品牌发展规划。在新型工业化发展的过程中，通过新一代信息技术驱动，以工程全寿命期系统化集成设计、精益化生产施工为主要手段，整合工程全产业链、价值链和创新链，实现工程建设高效益、高质量、低消耗、低排放的建筑工业化。

国内建筑门窗幕墙行业企业与发达国家的技术差异变小，甚至在部分技术应用领域领先，但是行业内普遍存在的经营管理及生产管理水平较低，无法为企业长期发展提供支持，这主要是建筑门窗幕墙行业内的企业品牌建设处于较低层次，较多的企业没有符合企业快速发展与品牌建设的管理人才与团队，行业内的品牌壁垒需要建立资金与人才、经营场地等多方资源的整合，目前行业类的一、二线品牌与小品牌企业之间的差距犹如鸿沟般，尤其是国有企业与私营企业之间能够获取的资源差异巨大。

6　各类原材料价格大幅波动，对行业发展造成巨大影响

2020 年的原材料市场行情不是忙，而是乱，漫天要价影响了行业长远健康发展，同时国内外持续的疫情，也引发了各种基础原料周转速度变慢，进而加剧了这种"乱"。一年里，国内多个行业、各个企业都陆续发布了价格调整的函件，预计后续还会持续上涨。同属于建筑材料、房地产的门窗幕墙行业，特别是位于产业链中下游、以生产制造为主的材料商，受影响最为严重。

这些材料价格的大幅上涨，为门窗幕墙产品市场带来的结果是钢材、铝材等价格的一路上涨，直接影响产品成本的加大，特别是如此大的涨价幅度，必然会引起连锁反应，给材料供应商、幕墙工程企业整条产业链的经营带来困难。

截至 2020 年 12 月末，不仅是房地产、建筑业和门窗幕墙产业链的相关材料，这一次的原材料涨价，涉及行业、产品广泛，涨价速度快，涨幅惊人。铝锭、玻璃原片、铁锌合金、不锈钢、DMC、107 胶、铜、塑料……门窗幕墙行业市场竞争本身已经到了白热化，企业本已步入微利阶段，此次原材料价格大幅度上涨，无疑是雪上加霜。

目前行业产业链中，材料商迫于成本压力，经营困难，无奈对产品价格进行微调，并希望幕墙公司和房地产开发商给予理解和支持；幕墙工程企业非常希望建设方、业主来共同关注原材料价格暴涨的态势，并给予一定的风险分担支持，对当前正在建设过程中的幕墙工程，能够在工期上考虑予以适当的顺延，并实事求是地协商在材料价格上给予补偿；房地产建设方现阶段则呼吁国家推出一系列相应的政策，以此来缓冲因为建筑材料不断涨价而对房地产行业产生的影响。

从长期来看，行业和企业还应从行业自身和企业内部管理各方面加强风险防范措施，以便应对市场波动带来的风险。从行业本身来讲，实施公共建筑节能，加快门窗标准化建设，开发节能环保的新材料、新技术等，是有效节约能源的措施。另一方面，企业自身规范内部管理，提高整体运营水平，改进生产工艺，开发新技术，在其他环节降低成本，来弥补原材料价格上涨对利润的影响。

7 上游行业进入新时期，带来建筑门窗幕墙行业"内卷化"

房地产行业已经过了高速发展时期，从供不应求到"黄金时代"到"白银时代"，再到去库存、保生存，到"保平、保稳"，无效率的加班、过度追求高学历、产品缺乏创新、落后的营销方式及化简为繁的开会，这些成为房地产行业普遍存在的问题。无论是公司还是个人，在这样的形势下，很容易进入"内卷化"状态，根本原因就在于精神状态和思想观念。我们常说，信心决定命运、观念决定出路，如果一个团队自怨自艾，不思进取，不谋开拓，企业会变得惰性十足，毫无发展动力，个人会变得没有信心，遇事拖延，而且会进入一种恶性循环状态。

那么我们提到的这个"内卷化"是什么含义呢？它是指一种社会或文化模式在某一发展阶段达到一种确定的形式后，便停滞不前或无法转化为另一种高级模式的现象。这个"内卷化"对房地产与门窗幕墙行业内来说，还不仅是企业，个人也有这个问题。为什么那么多人跳槽到甲方去，也是这个问题。门窗幕墙行业，如果产业不升级、技术不创新，行业留不住人。"内卷"并不是一个贬义词，它只是一种暂时的困局和瓶颈，是社会生产力和技术水平发展到一定阶段必然会产生的现象，必然也会循着规律找到破解的方法。

因此"内卷"是阶段性的，不会持续很长时间，市场和行业的发展倒逼企业进行改革与创新，改变与摸索新的行业规范与市场行为。我们也呼吁，企业一定要提升自己，尽快完成转型升级，提高企业与人员素质，开展多方面培训，深挖企业与人员的潜力，才能够避免"内卷化"的发生。

8　建筑幕墙顾问咨询产业崛起，行业二十强荣誉加身

建筑幕墙顾问咨询公司，是我们口中常说的第三方服务型机构，它承载着为甲方、业主提供专业咨询与服务的义务，同时将专业性与工程项目的质量挂钩，在有效控制成本的前提下，应用合理有效的技术手段，提高项目管理水平与设计水准。近年来在众多高难度、创新型幕墙项目的设计落地、项目评审等环节，顾问咨询公司更是肩负起了以往行业老专家、技术把关人的角色和职能。

目前，我国在十多年内诞生了众多的建筑幕墙顾问咨询企业，它们利用国内外先进的技术经验，以及长期从事建筑幕墙行业的工作经验作为主要班底，精耕细作。在建筑幕墙设计、施工、价控、品控、维护、检验等方面能够发挥巨大的作用，在上游行业企业，尤其是房地产企业中赢得了良好的口碑，行业总产值连年创新高。

"建筑幕墙顾问咨询行业二十强"评选活动是由全国建筑幕墙顾问行业联盟（CWCIA）组织举办的行业首屈一指的品牌、技术、专业、服务、业绩等企业展示，分别在 2018 年和 2020 年进行了首届和第二届"二十强"的评选活动，得到了行业内各大、中型企业的积极参与，建筑幕墙顾问咨询公司及设计院（所）荣誉加身，成为近年来建筑幕墙顾问咨询行业实力的代表。

2021 年，建筑幕墙顾问咨询行业的发展需要更加细致与更加专业的行业领域知识及人才储备，包括设计工具的数字化、可视化，以及专业技能的深度理解、长期积累，做事情专注，提高服务人才水平，提升服务能力。目前国内行业的盈利能力与服务增值水平不及国外企业水平的一半，未来的发展空间巨大，国际化合作及国际市场推广将伴随着中国建筑幕墙一同走出国门、走向世界。

第四部分 建筑门窗幕墙行业市场调查报告

受益于房地产与建筑业价值链的良性发展，以及连续多年持续的增长，建筑必然要使用门窗和幕墙，以及与之配套的玻璃、铝型材、五金配件、密封胶、加工设备、隔热条和密封胶条等产品，因此相关产业链上的企业近年来纷纷获得了巨大的发展空间。

1 2020 年建筑门窗幕墙行业市场情况

历年来中国门窗幕墙行业的数据统计工作，获得了行业企业及甲方、设计院（所）、第三方服务机构、展览公司等的大力支持。收集到的数据既有来自铝门窗幕墙分会会员单位的财务数据，亦有第三方平台等提供的部分参考数据。

自 2016 年建筑铝门窗幕墙行业的总产值突破 6000 亿元之后，行业的整体产值变动并不大，进入新一轮相对平稳的发展周期，行业内的洗牌强度、新竞争发挥的市场梳理作用已经不大，更多的是需要行业内的创新与上游市场的驱动（图 1）。

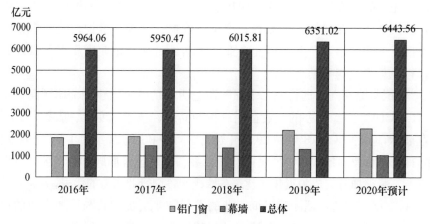

图 1 2016—2020 年建筑铝门窗幕墙产值汇总表

我国建筑门窗幕墙行业 2020 年总产值接近 6500 亿元，是除 2017—2018年度以外，持续实现稳步增长的一年，在总产值的增长中，规模化企业以及行业材料企业的贡献明显。（注：其中部分类别的非建筑用材料产值，也被计算在了行业总产值之中。数据来源于中国建筑金属结构协会铝门窗幕墙分会第 16 次行业统计。）

其中，建筑铝门窗总产值保持持续增长，但 2020 年可以说是门窗行业最为艰难的一年。一方面，房地产压缩到局部发展，国家到地方性的政策频出，门窗占有位置降低，房地产市场影响门窗市场，部分市场趋向饱和，门窗产品销量增长不明显；另一方面原材料价格不断飙升，让众多中小门窗企业的生存市场受到严重威胁，资金链异常紧张。

而我国建筑幕墙行业从 1983 年开始起步，是中国经济体制改革的产物，30 多年的发展中，与其他传统行业相比，年轻的幕墙行业受计划经济体制的影响相对较小。目前，我国已经成为全球最大的幕墙应用市场，建筑幕墙的需求量占全球总量的一半以上，其中玻璃幕墙占到全部幕墙的 60％以上。2020 年伴随着疫情的持续影响，以及国家、行业新政策法规的实施，透过以上的图表，我们可以看到建筑幕墙总产值再次呈现出下滑的迹象。

2 统计数据调查报告

关于行业生产总值的统计，在其他行业协会、上游协会也有相关的数据，采集标本数量以及统计方法各有不同。综合来看，数据本身只是一种参考依据，更重要的是对发展趋势的研判，这是帮助企业决策者调整产品布局、市场定位以及是否多元化跨界发展的基础支撑。通过近四年来较为系统和扎实的数据采集，引入相对客观科学的统计分析策略，铝门窗幕墙分会得到了相对以往更加翔实的数据，相信能够为行业企业的发展提供帮助（表 1）。

表 1 行业数据统计工作调查企业类型表

行业分类	企业数量（家）	数据来源
铝门窗	8000	国家公布的资质企业
建筑幕墙	1450	国家公布的资质企业
铝型材	900	引用行业协会掌握的数据
建筑玻璃	1800	引用行业协会掌握的数据
建筑五金	4000	引用行业协会掌握的数据
建筑密封胶	320	引用行业协会掌握的数据
隔热、密封材料	280	引用行业协会掌握的数据

　　从统计结果的数据表现来看，建筑幕墙工程市场的体量进一步收缩，较多的中小幕墙企业在寻求转型与变更经营方向，建筑幕墙的总体量中玻璃幕墙的建筑面积在减少，同时行业内的新产品、新工艺开始出现，有能力与规模化的企业往往寻求走满足建筑个性化需求的新型幕墙研发之路，通过不同的设计与施工得到更加丰厚的利润空间。

　　铝门窗的总产值相比上一年度增长幅度较小，这与疫情期间房地产开发项目数量大量减少有关，能够得到增长更多的原因是材料价格的上涨形成的连动效应。其中大中型企业的年产值提升幅度多数超过 20%，而小微企业的产值继续保持低增长或负增长，同时，上述产值均为合同签订金额，垫资、欠款情况较为严重（图 2、图 3）。

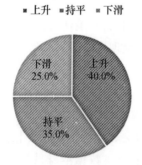

图 2　100 强幕墙企业产值预估情况

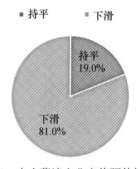

图 3　中小幕墙企业产值预估情况

　　我们的统计主要来源于幕墙工程企业，至于门窗这块，我们的数据主要针对工程中门窗的应用情况，家装这块，因为地域性和企业分散，数据采集工作困难，所以一直也没开展相关的统计工作。

　　统计数据对应市场内的变化情况，主要反映在两个方面：一是房地产市场中商业地产的体量下降明显，而科技、金融巨头的超高层、大体量、多样化总部大楼成为市场的生力军；二是部分地区对公用建筑限制玻璃幕墙应用的误解，导致幕墙应用，尤其是玻璃幕墙的应用受到了一定的限制，明显减少了幕墙的市场体量。但在建筑外围护结构体系中，基于对采光和通风的功能诉求，幕墙的减少，相应地会在建筑立面适当增加门窗的面积及外墙装饰、造型面板的设计。

　　这样的情况下，与之配套的铝型材、玻璃、五金件、密封胶等分类产品，因应用领域的扩大各有增长，但总体来说波动不大，不过伴随下半年的原材料大幅涨价，呈现出产值普遍增长而利润下调的预期（表 2 和表 3）。

表 2　2016 年—2020 年铝门窗幕墙产值分类汇总表

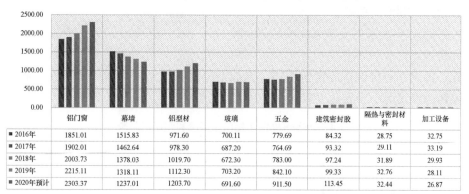

	铝门窗	幕墙	铝型材	玻璃	五金	建筑密封胶	隔热与密封材料	加工设备
■ 2016年	1851.01	1515.83	971.60	700.11	779.69	84.32	28.75	32.75
■ 2017年	1902.01	1462.64	978.30	687.20	764.69	93.32	29.11	33.19
■ 2018年	2003.73	1378.03	1019.70	672.30	783.00	97.24	31.89	29.93
■ 2019年	2215.11	1318.11	1112.30	703.20	842.10	99.33	32.76	28.11
■ 2020年预计	2303.37	1237.01	1203.70	691.60	911.50	113.45	32.44	26.87

表 3　2016—2020 年铝门窗幕墙利润汇总表

	铝门窗	幕墙	铝型材	玻璃	五金	建筑密封胶	隔热与密封材料	加工设备
■ 2016年	239.80	70.34	50.49	10.80	15.84	5.36	1.46	1.21
■ 2017年	242.23	71.22	52.11	11.32	15.73	5.09	1.45	1.22
■ 2018年	247.33	69.10	53.32	10.03	16.11	4.22	1.41	1.25
■ 2019年	271.87	72.38	56.22	10.01	18.32	4.56	1.38	1.29
■ 2020年预计	279.45	70.29	61.99	9.97	20.35	4.51	1.37	1.33

　　2020 年从各分类的产值变动情况上分析，铝门窗与铝型材、五金配件、建筑密封胶实现了逐年稳步上升的发展，其余的玻璃、加工设备、隔热条与密封胶条等能够保持持平或轻微下降的状况。

　　疫情与国内外形势对建筑铝门窗幕墙行业的影响还是比较大的，在下半年房地产市场恢复的基础上，铝门窗工程市场总量回暖明显，尤其是长三角和粤港澳大湾区。在下半年间，建筑门窗幕墙行业内多种原材料价格的上涨明显，我们屡屡看到某某原材料的价格上涨比率远超过往，直观地从下游末端（原料生产企业，向销售市场传导）向型材、五金、密封胶、隔热条及密封胶条等产品生产、加工企业传导，价格均有不同程度的提高，导致行业各分类的总产值"增速"明显。

　　2020 年年初到 4 月，没有企业能够乐观地看待全年的利润情况，在全面抗疫和抓紧复工复产的压力下，企业运营受到了极大的影响，产品库存及工程项目进度、项目款项、贷款等都成为现实难题。但是在政策和市场基准面有力恢复的 4 月底、5 月初开始，一波又一波的利好信息。表 3 分别是利润总量和各版块的利润情况，随着总体产值的增加，以及减员增效等措施，利润率基本保持稳定，但对接下来的利润额预期则非常不乐观，近几年将大概率延续"低利润"模式。

2020 年大家更应该关注的是"利润率"，年初发布的上年度建筑业利润率和房地产行业利润率都不容乐观，门窗幕墙行业的情况也就更加严峻。同质化、低效率、拼价格的竞争模式，再加上原材料价格的大幅波动，使行业的整体盈利情况不容乐观（表4）。

表4　2016—2020 年铝门窗幕墙利润率汇总表

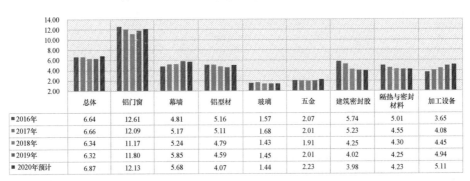

	总体	铝门窗	幕墙	铝型材	玻璃	五金	建筑密封胶	隔热与密封材料	加工设备
2016年	6.64	12.61	4.81	5.16	1.57	2.07	5.74	5.01	3.65
2017年	6.66	12.09	5.17	5.11	1.68	2.01	5.23	4.55	4.08
2018年	6.34	11.17	5.24	4.79	1.43	1.91	4.25	4.30	4.45
2019年	6.32	11.80	5.85	4.59	1.45	2.01	4.02	4.25	4.94
2020年预计	6.87	12.13	5.68	4.07	1.44	2.23	3.98	4.23	5.11

整体来看，预计下降的企业较上年大幅增加，占比达到 35％ 左右，认为持平的企业基本保持不变，占到 50％ 左右，本年度仍有 20％ 的企业预计产值增长（图4）。

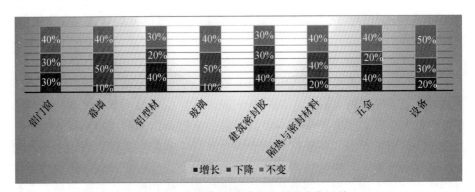

图4　2020 年铝门窗幕墙行业利润变化汇总

其中，铝型材有接近一半的企业预估是上升的，其他的企业，认为上升的基本上保持在 20％ 左右，而幕墙企业中上升的比例最少，仅占比 10％；同时玻璃和设备相对来说不太乐观，有接近一半企业是下降。

2020 年建筑业作为支柱产业的结构没有发生大的改变，城市建设发展与推动智能建造对建筑铝门窗幕墙行业的影响较大，铝门窗生产总值提升较大，建筑幕墙生产总值下降较大，其他分类中中小企业占比较大的分类，下降趋势较明显，一年中大中型企业与国有企业的生存空间得到了较大的改善。市场蛋糕的分配已经从资本与资源上进行了重大的改变，市场的自我清理机制作用，让市场变化趋势变得较为明显，有较多资金实力与研发实力的企业，才能获得市场的青睐。

行业从业人员申报统计数据历来是很难进行准确判断的一项，企业对从业人员的填报有时候无法做到准确，毕竟生产密集型企业和工程项目服务人数等具有我们的行业特征，我们运用统计中的指标对比分析及数据回归法等，将行业产值、利润与市场上的人力资源需求与数据结果进行科学对比，充分的数据支持显示了幕墙从业人员减少，铝门窗与铝型材从业人员增长，其他分类从业人员缓增（图5）。

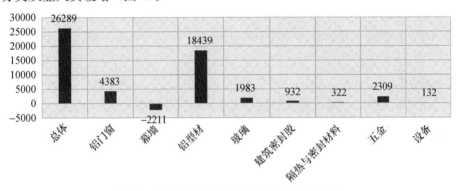

图5　2020年铝门窗幕墙行业从业人员汇总

其中，铝门窗工程项目从业人员增加明显，有部分幕墙从业人员因工作性质与铝门窗近似，也从中剥离到了铝门窗行业内；铝型材企业的从业人员因工资、福利等增长相对较好，吸引了不少新型从业人员与生产服务人员。但目前从业人员市场中对于"人才"的需求度及缺口依然较大，经过合理的预估，铝门窗管理类人员缺口是最大的，这是因为铝门窗的产品创新与市场营销对管理类人员的素质要求较高。

3　建筑门窗幕墙行业八大分类市场情况分析

在铝门窗幕墙行业中进行类别细分，可以大致分为八大类：铝门窗、幕墙、铝型材、玻璃、建筑密封胶、隔热条及密封材料、五金配件、加工设备。八大分类的市场发展热点情况，可以简单归纳为：

幕墙工程产品逐渐向新型幕墙、节能型幕墙产品倾斜；铝门窗的发展将更加集中突出为普通铝窗与铝系统窗之间的性能竞争；铝型材生产企业向铝产品工业化、全铝家具发展；玻璃企业更多地开展定制化、个性化，将外墙性能与玻璃产品融合并替代部分外墙功能；加工设备生产企业增加了智能化设备研发力度，未来智能化设备、无人车间将大行其道；五金配件企业的发展方向为智慧化小区、智能家居配套，生产线向自动化升级转变；建筑密封胶企业致力于采用新原料及新工艺，在装配式建筑及家装、工业、交通、光伏等多方面不断拓展新品；隔热条及密封材料企业着力于节能新材料的应用，通过与品牌铝材企业、系统门窗公司的深度合作，不断拓宽市场应用面。

3.1　建筑幕墙市场分析

建筑幕墙市场体量近几年来最大的变化在于，房地产写字楼项目开发减少，公共商业建筑开发减少，从而带来幕墙工程总产值的下降。而在应用方面，相应的企业总部、旧改工程，以及新能源、环保类项目增加，这是一个较为明显的市场转变。特别是随着复工复产的推进，大型场馆、高端写字楼和企业总部大楼对幕墙的需求呈现"报复性"反弹（图 6～图 8）。

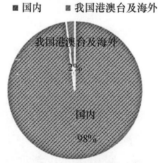

图 6　幕墙工程国内与我国港澳台及海外市场占比

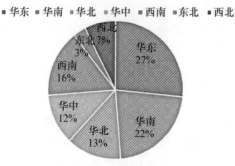

图 7　幕墙工程国内区域市场占比

图 8　幕墙工程应用类型占比情况

新型幕墙的单体应用逐渐增加，而"玻璃幕墙"仍然占据绝对的主导地位，达到 40% 以上的市场体量。幕墙工程的设计到施工，从设计端的 BIM 运用，到加工系统端的自动化管控，都取得了不同程度的进展，高技术含量与科技附加值为幕墙的单价提升提供了保证。

从总的地域市场划分来看，2020 年海外项目的总量是下降明显的，大部分幕墙公司的主战场依然是国内市场，这与疫情有关，更与国家制定的国内国外双循环，以及国际疫情与经济形势有很大的关联，但接下来的几年国外市场仍将成为建筑幕墙工程项目的一个突破方向，它将带动中国幕墙公司持续向外输出。

同时，从本年度市场的分配情况来看，华东、华南仍然是幕墙的最大市场，而华北、东北的工程量有所减少，西南地区随着成都、重庆双城区建设，大力发展投资性建设有着关联；同时，西北及华中地区的市场发展潜力依然巨大。

3.2　铝门窗市场分析

铝门窗工程项目的体量在 2020 年有了较大的提升，针对单一项目而言，门窗面积占比增长在 10% 左右，更多的门窗面积，往往能够更好地吸引中年和青年购买者的房屋购买欲望。大空间、立体面、通透性和自由性，在门窗面积增加上可以更多地得到满足（图 9～图 11）。

图 9　国内与我国港澳台及海外市场占比

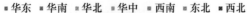

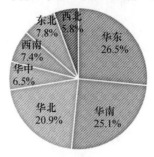

图 10　门窗工程国内市场占比情况

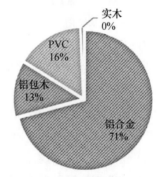

图 11　门窗工程类型占比

　　2020 年铝门窗行业产值过亿的规模企业越来越多，新材料、新技术呈现井喷，市场内的接受度也相当高，门窗的功能已经不仅仅是通风、采光，而是集隔声、安全、舒适、美观于一体，成为改善居住体验的消费新元素。

　　国内各地区市场内依然以差异化竞争为主，高端铝门窗中的外开上悬、外开下悬、新风系统等技术应用及专利产品将成为主要的市场增长点，满足居民日益增长的物质需求。随着国内国外双循环经济发展等国家战略的逐渐推进，在疫情逐步缓解的前提下，东南亚、中亚以及沿线国家市场将成为铝门窗项目的首选增长点。

3.3　建筑铝型材市场分析

　　我国铝加工行业产能、产量占全球过半，装备技术水平世界领先，我国已经成为世界首屈一指的铝型材加工制造大国，全球首位的地位稳固。特别是进入 2020 年之后，国内铝加工行业积极应对新冠肺炎疫情的冲击，统筹推进疫情防控与复工复产，实现利润逐步由负转正，成为有色金属行业平稳运行的关键因素。从短期类市场发展来看，国内建筑结构、交通运输等传统消费领域增速放缓，但随着材料价格的上涨，市场内需求量的增速除传统行业外，工业类需求在大幅度增长，2020年原铝消费增长明显。从国际角度来看，依然存在着疫情影响，国际贸易保护主义、单边主义抬头，经济全球化遭遇逆流，国际市场消费同比下降，铝材出口压力持续增加（图12～图14）。

■国内　　■我国港澳台及海外

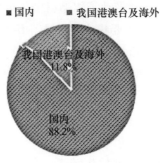

图12　铝型材国内与我国港澳台及海外市场占比

■华东　■华南　■华北　■华中　■西南　■东北　■西北

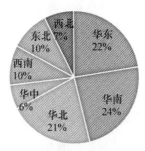

图13　铝型材国内区域市场占比情况

■铝门窗型材　■幕墙型材　■其他

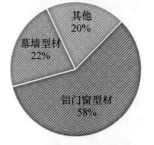

图14　铝型材应用类型占比

　　铝型材市场主要集中在华南、华东和华北地区，在建筑铝门窗型材的用量方面，市场份额上升明显。铝型材生产企业的订单与产能相较 2018 年和 2019 年均有所提升，型材市场的上升迹象明显。同时全铝家具产品和装配式建筑铝工业化应用增多，单元体铝板幕墙、铝型材新技术应用等为铝型材市场带来了大量的订单。

　　疫情早期，受到国际大形势的影响而使出口停滞，进入三季度之后，大量订单涌现，同时原材料价格变动带动了铝型材销售价格的上涨，在数据表抽样调查中，采购数据及市场数据主要集中在华南、华北地区，生产数据以广东、山东居多。全年铝型材的用途市场，铝门窗市场远高于幕墙市场用量，两者间已经逐步拉开了差距，未来铝型材的应用市场将不止于建筑铝门窗和幕墙，在全铝家具、全铝产品应用等方面，以及工业铝型材应用方面都会带来大量的订单。

3.4　建筑玻璃市场分析

　　近年来，建筑玻璃的市场情况发生转变，尤其是 2020 年，国内建筑玻璃甚至出现了"一玻难求"的局面，这与原材料供应与价格波动有着直接的关系。在国际市场上，中国的建筑玻璃已经打开了较大的局面，海外及港澳台仅占比 10.3%，令人欣喜。国内以华东、华南、西南为主要市场，尤其是西南市场增长势头强劲（图 15～图 17）。

　　2021 年预估全球建筑玻璃市场将主要由北美、欧洲、亚太地区和拉丁美洲地区组成。其中由于中国、印度和印尼等国家基础设施的发展，预计亚太地区将在预测期内主导全球市场。此外，日本、澳大利亚、新加坡等发达国家也正在实施建筑修复和改造项目，这也会进一步拉动建筑玻璃的需求。

图 15　建筑玻璃国内与我国港澳台及海外市场占比

　　随着玻璃性能的逐步提高，以及国内建筑玻璃深加工水平的提升，国内建筑玻璃生产企业，尤其是大型生产企业的日子正在变得好过起来。强劲的增长势头，不仅仅是长三角、京津冀、粤港澳大湾区对建筑玻璃的需求量增

图 16 建筑玻璃国内区域市场占比情况

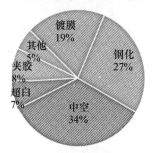

图 17 建筑玻璃市场应用类型占比

长明显，伴随着建筑玻璃尤其是多层 Low-E 玻璃、镀膜玻璃在节能性能上的突出表现，市场强劲增长势头最猛的主要是西南、东北、华东等一线城市，及大中型城市的建筑市场。同时，随着三、四线城市的节能标准和政策落地，中空、夹胶及 Low-E 玻璃的应用量增长明显。

3.5 五金配件市场分析

2010—2020 年，我国门窗五金市场规模不断扩大，我国正成为世界上最大的五金配件生产国和使用国。进入"后疫情"时代，随着节能减排的大力提倡和既有建筑修缮，标准化、系统化的门窗五金及门控五金拥有广阔的市场空间。

建筑五金在建筑整体价值中的占比较低，其中高端门窗和与之配套的中高端五金系统占房屋建筑总成本的比重不到 2％，而建筑五金对人们居住生活质量的影响却很大。同时目前在房地产企业的投诉中，60％～80％是涉及门窗、卫生洁具等部件。随着人们生活品质的提高以及劳动力成本上升带来的维护、修缮成本的上涨，低劣易坏的低端五金产品所带来的巨大更新及维护成本使得房地产企业、建筑施工单位、普通居民用户都更为关注各类配套产品的品质。

国内建筑五金的主要市场应用区域与铝门窗市场是基本重合的，在平稳增长的过程中，产品同质化严重是困扰建筑五金企业最大的难题，大品牌企业与中小企业的竞争愈加激烈，而招采、品牌入库的游戏规则让五金企业的生存发展需要更换粗放式经营方式，向集约化、价值化、人才化方面改变（图 18～图 20）。

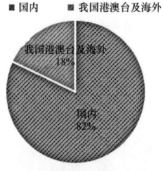

图 18 建筑五金国内与我国港澳台及海外市场占比

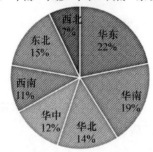

图 19 建筑五金国内区域市场占比情况

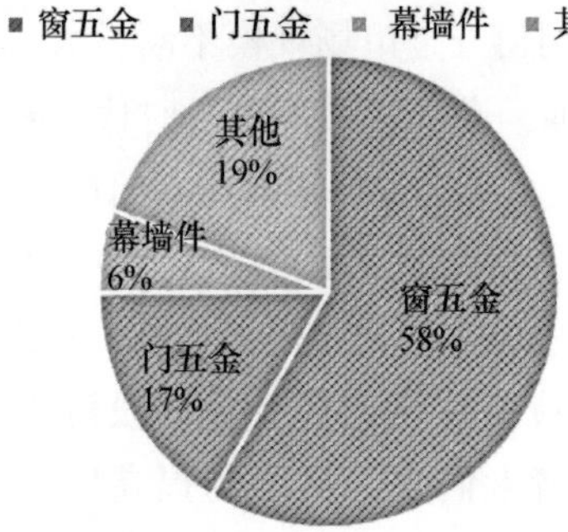

图 20 建筑五金类型市场占比

在五金板块表现得尤其明显的是智能化、节能型、系统化的五金产品，全面占据门窗五金市场主流；产品研发的高投入与市场利润的低回报之间的矛盾还将长期存在；国际市场出口订单减少，中美贸易摩擦期间，建筑五金的海外市场将更加集中在亚洲和欧洲，同时融资成本提高使得国内货币政策，以及企业自身市场重心成为一种制约。

建筑五金市场的分布与铝门窗市场分布是一致的，这可以明确反映出建筑五金以铝门窗市场为主，铝门窗市场的增长并没有带动建筑五金市场的大量增长，这与五金在铝门窗中占用量较小、建筑五金同质化严重、市场价格以低价竞争为主有关。

3.6 门窗幕墙加工设备市场分析

近年来，在加工设备行业发展过程中，高质量的断桥铝门窗加工设备产品及服务，以及高效率、智能化、易布局的幕墙加工整体解决方案，为行业带来了新的市场空间和不俗的业绩（图21～图23）。

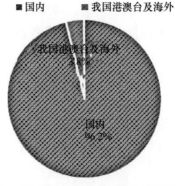

图21 加工设备国内与我国港澳台及海外市场占比

图22 加工设备国内区域市场占比情况

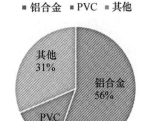

图 23　加工设备类型市场占比

智能化设备，尤其是铝型材智能加工、玻璃智能加工、BIM 设计配套生产制造等新型设备的出现，使铝门窗企业、深加工企业能够更好地节约人力成本，为行业企业的发展瓶颈提供一套合理的短期解决方案。同时在铝门窗产量及加工需求在短期内仍然有望提升的前提下，铝合金门窗加工设备依然占据了市场半壁江山，PVC 材料加工设备在总占比中增长缓慢，这一领域的部分骨干生产企业基本上已经退出市场，转型向其他领域求生存、找发展。而随着工业、交通等领域的调整发展，加工设备企业与之配套的研发及品牌产品推广，将在近几年内呈现出显著的变化。

加工设备的市场主力依然是华东、华南和华北地区，同时，在西部地区的市场占比增长幅度较大。目前市场内中小设备企业大多数已经退出了市场，但它们过去针对品牌企业的模仿与低价竞争对市场造成的恶劣影响依然存在，很多采购订单对市场合理价格和利润空间的理解不够，为加工设备市场造成了较大不利。

铝合金门窗幕墙加工设备的优势在于当前技术集中度较高，较多的大型设备企业愿意进行整套设备集中采购与服务，在提高服务程度、深挖市场潜力方面，与大型企业之间直接合作，为对方建立加工设备基地成为市场新热点。

3.7　建筑密封胶市场分析

在房地产建筑业的工程用胶领域，以及民用胶市场板块，在过去的一段时期内高速发展，对密封胶的需求量增长迅速，因而对各个厂家的产能提出很高的要求。近年来，由于固定资产投资增速回落，房地产等行业发展趋缓，行业需求增速下降，粗放式竞争已难以为继，进而导致密封胶行业产品存在结构性的供需失衡，通用型低端产品供大于求，竞争激烈，而部分高品质、高性能、环保型产品却供不应求（图24～图26）。

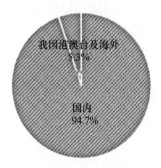

图24　建筑密封胶国内与我国港澳台及海外市场占比

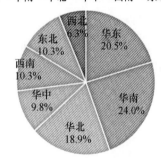

图25　建筑密封胶国内区域市场占比情况

图26　建筑密封胶类型市场占比

据行业协会的数据统计显示，在国家抽检结果中，行业协会推荐产品类结构胶及密封胶的合格度达到95％以上，地产类门窗幕墙玻璃用胶的合格率接近 90％，而日常委托的抽检结果，合格率仅为 80％。

我国是全球密封胶应用第一大国，建筑密封胶的国内市场主要在华南、华东和华北地区，长三角地区和粤港澳大湾区的高速发展，为建筑幕墙和建筑门窗带来了大量的工程市场，市场内建筑密封胶的使用量也稳步提升。从产品类型来看，其他类型的占比增幅明显，电子胶、防霉胶、美缝剂、植筋胶、阻燃胶、MS 胶等反映出产品种类更加丰富。而 2020 年建筑密封胶的出口量略有提升，不过仍然占比很小，仅为 6％左右。

建筑胶市场历来与建筑幕墙开工量有较大关系，2020 年建筑胶行业的十大首选企业，其市场销量统计数据是增长的，但在年底前遭遇了原材料大幅涨价，市场每日议价的阶段，这在很大程度上影响了建筑胶市场的运营与销售。一些有实力的企业已退出部分低端产品的竞争领域，大力进行新技术、新产品的研发，集中优势开拓中高端产品市场。

建筑密封胶企业的生存和发展压力主要集中在价格战和垫资上，行业企业在积极的摸索中转变，大客户模式、直销模式成为新的主要销售模式，利润由原来的粗放管理，转向一分利润也要从管理和销售中"抠"出来的现状。

2020 年有关部门针对建筑胶市场进行了抽检，发现了不按标准规定标识、生产，超量添加填充料——"白油"，已成为消费者对建筑用密封胶的关注热点。随着检测水平与要求的不断提高，建筑胶生产企业也重视检验人员检测能力水平，加强对原材料、半成品的有效控制，严格产品出厂检验，认真、规范地按标准生产产品。

建筑密封胶企业品牌两极分化较为明显，众多的头部企业已经逐步认识到产品低价只能带来低值，而低价、低值的产品是无法持久占领市场的，可能随时还要面对原材料价格大幅波动等不可控因素。品牌企业的目光已经不单单从价格和利润本身出发，而是从市场蛋糕分配、市场渠道建立、市场服务领先等方面深挖企业潜力，尤其是产业链整合式的多元化发展，成为众多企业的首选，它能够使企业快速地在短期内获得效益与品牌度双提升。

3.8 隔热条及密封胶条市场分析

随着我国经济的快速发展，城市建筑现代化，建筑设计施工技术进步，及精装房的推广，隔热条及密封胶条在建筑门窗幕墙工程以及家装市场的消费量迅速增长。同时，随着环保意识日益增强，建筑行业首当其冲，要改革以适应社会发展,采用新工艺、新材料等环保措施,就隔热条和密封胶条产业而言,研制和发展应用型环保产品势在必行(图27~图29)。

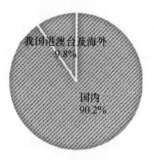

图27 隔热密封材料国内与我国港澳台及海外市场占比

图28 隔热密封材料国内区域市场占比情况

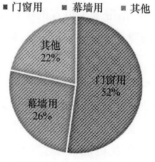

图29 建筑隔热密封材料类型市场占比

隔热密封材料从应用层面应分成两大类:隔热和密封,但又因其在铝门窗幕墙的市场主体中占有的位置和应用点有所相似,故在市场分布情况分析图中将两者进行了合并分析。当前，此类产品广泛应用到建筑建材、电子电器、汽车与交通运输、机械制造、医疗卫生、航空航天、轻工和日常生活等众多部门。我国现已跨入了世界隔热条与密封胶条的生产和消费大国。

在国内建筑节能要求较高的地区，隔热条、密封胶条的市场应用量较高，其中华东、华南、华北等多地区依然占据过半的市场需求。但同时需要大家关注的是产品单价不高，应用范围及应用材质较固定，产品价格在外部成本增加的前提下依然未能合理调整，压缩了部分企业的扩展空间。

密封胶条与隔热条的国外出口订单占比，在建筑铝门窗幕墙行业的八大分类中属于前列，产品应用遍布欧美等发达地区。在市场应用上，门窗与幕墙总量已经发生的变化相对明显，幕墙市场需求总量远低于铝门窗市场需求总量，产品材质的更新换代为产品价格提高带来了额外动力，目前市场利润情况尚好。

4 建筑门窗幕墙行业竞争格局分析

纵观近两年，住房发展向"住有所居"的目标大步迈进，城镇、农村居民人均住房建筑面积分别达到 $39.8m^2$、$48.9m^2$；全国棚改超额完成年度计划任务。城市建设发展成就显著，新型城镇化深入推进，市政基础设施建设步伐加快，城市人居环境显著改善。种种数据无不表明着，我国建筑业与房地产业的市场恢复情况良好，新城镇建设与城市化进程保持了良好的发展速度，为建筑门窗幕墙行业的市场开拓带来了可观的项目机会。

建筑门窗幕墙行业市场竞争格局，市场基本面仍然会与建筑业、房地产业的保稳求发展相一致，行业内的竞争随着市场压力的进一步加大会呈现更加白热化的状态，企业必须加强研发体系建设，完善发展环境，将企业的合理利润部分投放到强化自身实力上；同时，在企业内部管理与经营活动中不断优化结构，促进提质增效和协同发展，在外部环境中加强配套政策支持。面对转型发展，企业更加需要持续地推进人才队伍建设，抓住当前的市场热点推广智能制造和"互联网＋"，结合国内、国际双循环格局，将企业生存的根基落实在国内，而将新的增长点建立在加强海外市场拓展方面。

第五部分　建筑门窗幕墙行业发展趋势分析

1　BIM在建筑门窗幕墙行业的应用与普及

幕墙是建筑的"外衣"，集建筑美学、建筑功能、建筑节能和建筑结构于一体，更像建筑的"皮肤"。幕墙依附于建筑业，但它具有天生的机械制造工业基因，是建筑业中专业交叉最多的分支。近年来异型幕墙以极强的艺术表现力，使建筑风格发生了颠覆性的变化，但同时也给设计施工带来了巨大的问题，二维图纸无法清晰表述设计意图。对于幕墙行业而言，BIM的应用将带来巨大的意义，使得设计乃至整个工程的质量和效率显著提高，直接促使幕墙行业各领域的变革和发展，它将使幕墙行业的思维模式及习惯方法产生深刻变化，使幕墙设计、建造和运营的过程产生新的组织方式和新的行业规则。孤立的设计加工安装流程迫切需要整合在一个单一的环境中，BIM提供了最佳模式，代表着建筑幕墙技术发展最新的方向。

随着BIM技术在中国意识形态的形成，近年来其已成为幕墙行业热烈讨论和探索的新方向。通过多年的学习探索与实操应用，可以说2020年成为建筑门窗幕墙行业BIM普及应用的元年。我们通过优化、模拟、协调性设计来更好地体现自身的优势，推动全球工程建筑领域的进一步发展和改革，真正实现自身应用价值的最大化，保障了BIM核心价值的进一步体现，促进了协调性设计作用的有效发挥。

2　远程办公成为特殊时期的新型工作模式

因为疫情，被逼远程办公，但未来降低成本是一种趋势，公司要降低成本，就要减少场地租金、减少非必要出差。远程办公是个趋势，只是可能没那么快，但此次疫情加速了大家对这个问题的思考。

其实，远程办公并不是一个新事物，尤其在数字经济高速发展的今天，很多企业都把建立数字化工作空间作为数字化转型的第一步。但是因为每家企业面临的实际情况不同，远程办公在之前只是辅助手段，主要用于外出、出差以及专业人员的特殊需求。从传统的集中办公到完全不受时间、地点限制的全员远程办公，还需要一个过渡期，需要各种工具、制度以及环境的足够成熟。

所以，从某种角度上来说，新冠肺炎疫情的出现，加速推动了远程办公的进程，让那些还处于观望状态的企业不得不寻求线上办公的解决方案。一旦企业体验到线上办公带来的高效、快捷，数字化办公将彻底颠覆传统办公模式，开辟历史新纪元。

未来行业中将架构的远程 OA 系统，能够支持用户全方位的日常办公需求，包括获取公司内部邮件，访问局域网中的文件服务器、内部数据库、CRM、ERP 等，而不仅是远程控制，还包括对施工现场与材料采购过程中的实时控制与数据调用等，会真正成为建筑门窗幕墙行业远程办公与远程协作的主要方式。

3   人工智能在建筑门窗幕墙施工中的应用亮点

机器学习和人工智能在建筑中的潜在应用是巨大的，人工神经网络用于项目，根据项目规模、合同类型和管理能力水平预测成本等，可以有效形成未来项目设想，并远程实现培训及技能提升，减少时间成本与基础成本。

同时人工智能可以在建筑信息模型应用中表现突出，它是一个基于 3D 模型的过程，为建筑工程施工专业人员提供洞察力，以有效地规划、设计、建造和管理建筑物和基础设施。为了规划和设计建筑物，3D 模型需要考虑建筑各进度计划以及各个团队的活动顺序，缓解不同团队在规划和设计阶段产生的不同模型之间的冲突，以防止返工。未来人工智能和物联网等技术可以降低建筑门窗幕墙的成本多达 20％以上，它将改变行业的商业模式，减少昂贵的错误，提高运营效率。

在对玻璃幕墙的各类安全隐患进行分析时发现，幕墙的建筑形式所面临的风险比较多，比如结构密封胶老化破旧、钢化玻璃自爆、设计施工不规范，进而导致各类潜在的风险，同时连接件年久失效，没有进行后续的维护。结合相关调查可以发现，幕墙玻璃坠落以及自爆现象频频出现，因此后期的安全风险管理以及防范尤为关键，传感器研究已是当下刻不容缓需要着手的研究方向。

如果监测不力，不少幕墙就存在脱落风险。在信息化、科技化时代，物联网技术以及大数据技术的出现使得建筑行业的发展速度越来越快，其中幕墙行业也实现了智能化的发展，直接将传感器贴在玻璃上，以此来更好地了解不同的振动频率，积极地监测温度，分析幕墙的实际状态并将相关的数据上传到大数据管理平台之中，对幕墙的安全性进行有效的估算，进而将各种风险控制在有效的范围之内。

在这次疫情中听到最多的一个名词就是"气溶胶传播"，气溶胶传播最主要的途径就是通过空气来传播，勤通风、自动通风这些习惯要养成，提高了对建筑物的通风要求。此时，幕墙门窗传感器的研发及应用，不仅是对玻璃幕墙安全方面的传感，包括温度、湿度、空气质量等各方面的数据抓取，充分利用人工智能大数据及物联网积极营造良好的室内空间以及环境，进一步推动了智能化幕墙建设进程，通过人工智能让幕墙变得更加人性化。

4　行业人才需求变化与人力竞争的差异化

2020 年在疫情与行业市场的不利因素影响下，"用工荒"与"劳动力过剩"的现象在建筑门窗幕墙行业内同时存在，这是由人才需求与人才竞争的几大矛盾引起的。

第一，企业管理水平的缺乏与国内外市场形势变化之间的矛盾。施工企业中相当一部分企业家缺乏战略眼光，缺乏现代企业运作应具备的专业知识，从总体上看，建筑门窗幕墙行业的企业家人才队伍建设还不能适应经济发展的要求。同时，相当一部分施工企业则仍然实行传统的管理模式，绝大部分的中小企业仍以家族式经营为主。

第二，对能够快速满足工程项目需求的技术人才的大量聘用，与短期不能产生直接效益的专业管理类人才储备之间的矛盾。大部分企业引进人才时，仅考虑专业技术人才，而轻视了管理人才的引进和培养。由于不切实重视经营管理人才队伍建设，造成了有相当数量的施工企业在谋划更长远的发展时缺乏后劲，专业素养高的管理型人才的缺乏，将成为影响行业跨越式发展的主要制约因素。

第三，高学历人才的培养与高素质技术工人培养的矛盾。谈及人才，业界往往有一种误解，认为只有高、精、尖的专业技术人员才是人才。但事实上，富有创造性的发明、先进的设计理念，这些应用技术与产品理念、施工工法，必须经过高素质的技术工人之手，才能最终真正完美地"呈现"。

近年来，随着市场转型升级带来的激烈竞争，企业之间由原来的人力比拼，转化成了高端核心人才的角力，"211"和"985"院校毕业生成为优秀企业、品牌厂商招募人才时的首选，而产业链中有经验、能力强的骨干，也纷纷成为热捧对象。

广大的门窗幕墙行业企业，需要用品牌战略和发展规划吸引人才，以企业文化和氛围培养人才，拿薪酬＋福利留住人才，最终通过共同打造起来的事业平台成就人才。再从长远来看，引进欧美等的先进建筑科技人才和资源，加强对我国其他地区的高端辐射，实现"引进来、走出去"的国际化跨越发展和全球性布局，高位融入全球建筑创新链、产业链和价值链，成为开放发展的前沿阵地和辐射源。

5 绿色建材应用成为行业主流方向

根据国家市场监管总局办公厅、住房城乡建设部办公厅、工业和信息化部办公厅《关于加快推进绿色建材产品认证及生产应用的通知》（市监认证〔2020〕89 号）（以下简称《实施方案》）要求，将由中国房地产业协会产业协作专业委员会、中国建筑金属结构协会铝门窗幕墙分会、中国建筑科学研究院有限公司建筑工程检测中心共同推进实施建筑门窗及配件、建筑幕墙、建筑密封胶、建筑门窗型材等类型产品的具体认证工作。

绿色建材不是指单独的建材产品，而是对建材"健康、环保、安全"品性的评价，接下来，将在前期绿色建材评价工作的基础上，加快推进绿色建材产品认证工作，把建筑门窗及配件等51 种产品纳入绿色建材产品认证实施范围，按照《实施方案》的要求实施分级认证。同时，工业和信息化主管部门建立绿色建材产品名录，培育绿色建材生产示范企业和示范基地；还建立并搭建绿色建材采信应用数据库，结合实际制定绿色建材认证推广应用方案，鼓励在绿色建筑、装配式建筑等工程建设项目中，优先选用绿色建材采信应用数据库中的产品。

6 家装市场潜力巨大，而准入门槛正在逐步提高

在"互联网＋"的背景下，越来越多的建筑装饰装修企业的状态发生了改变，对于建筑门窗行业而言，正在逐步利用互联网的思维转变经营模式，家装领域与工程市场领域之间由以前的壁垒分明，逐步实现了两者之间的融合。

一些品牌窗企利用优势资源整合，将工程门窗规模化发展思路落实到家装领域，逐渐模糊"家装门窗"与"工程门窗"之间的行业壁垒，但两者的产品配置、市场配置、门店配置、服务措施等不仅是两字之差，而是需要完整的生产服务生态链，甚至连产品价格体系也有很大的差别。

"家装门窗"中的精品往往是直接面对消费者，其单价是"工程门窗"的数倍甚至数十倍，宣传广告中我们常常看到"防风、不漏、隔声……"这些被家装门窗用非常"酷炫"的方式进行演绎，而这些产品要求仅仅是工程门窗规范中的常规检测项，低门槛的家装门窗市场充斥了大小建材市场与各个生活小区。

随着品牌化家装门窗的出现，品牌专营店、门窗服务店等社区场所的建立，房地产业界与装饰装修领域越来越接受此类新业态的发展特性，不论是工程市场还是家装领域，品牌化服务、中高端系统窗等，引领着建筑门窗的主要消费模式；同时，家装领域内也享受到了建筑集采带来的巨大优势。

低价低值的竞争模式已经逐渐被市场与现代信息手段所淘汰，在电商平台、第三方平台能够看到大量关于门窗质量与门窗服务水平、品牌的对比评选文章，消费者已经越来越理性化与科学性地选择门窗产品，这使得家装门窗的市场门槛不断提高，只凭销售人员的缤纷说词、普通工人的简陋施工，不会再得到市场的高额回报与持续效应，家装门窗市场的规范化，成为发展的主流方向。

7　绿色建筑及"大基建"正在逐步成为市场主流

国内国际双循环新发展格局，为全球建筑业市场带来了大量的生存空间，传统模式的商业住宅与公共建筑新增数量减少，更多的项目服务着落在城市扩容、交通建设、配套服务建设等项目中。新型城镇化建设，京津冀地区、长三角地区、粤港澳大湾区、西南双城区等地区的快速发展，以及实施多年的"一带一路"政策，带动了所在地区、国家"大基建"项目涌现。

随着小康生活的到来，建筑门窗幕墙的市场重点在 2021 年后也将有大的转变，消费者对自己居住环境的要求越来越高，绿色消费成为主导建筑消费市场的主导观念，从而带来巨大的"绿色商机"。建造后的幕墙及门窗具有良好的性能、减少对环境的污染、给人们营造舒适的环境，成为热点关注对象。

因此，满足绿色消费需求，发展高性能、高技术生态建筑幕墙及门窗，不仅要从建筑外观效果、幕墙及门窗自身的基本物理性能以及造价等方面去思考，也要把幕墙及门窗的整体设计与生态环境挂上钩。

绿色建筑项目能够带来更好的社会性、节能性、效益性、长期性等诸多好处，成为市场主流与新热点。我们有理由相信，伴随着绿色建筑项目市场的崛起，LEED——这份绿色建筑领域的权威认证，将成为行业发展的风向标。

8　最新出台的国家政策对行业的影响

建筑门窗幕墙行业的发展，一直以来都受到上游建筑业与房地产业的巨大影响，而这两者对国家政策的辐射变化与正曲线变化有着高度的一致性。

2021 年，建筑业市场竞争已形成集团化、规模化发展趋势，产业的上中下游的关联性结合紧密，这当然与国家政策密不可分。结合建筑门窗幕墙的行业市场现状，我们可以从两个方面来看待：首先是纵向一体化——整合资源优势，原材料生产企业向产品应用企业发展，甚至向幕墙施工门窗生产领域发展；其次是横向一体化——竞争使一些企业认识到共同协作的重要性，共同协作有助于市场的开拓和发展，也有助于企业之间充分利用自己的有限资源和优势，内外并重，保持竞争优势，形成联盟共同发展。

以满足市场需求为导向，国家出台的一些最新的政策，将引领行业发展的新方向，在创新、组织、管理等方面发挥重要作用，其中包括新型建筑工业化项目的工程总承包模式、工程全过程的咨询等，帮助在提升建筑品质与安全风险管控方面建立起长效的机制。

9　市场需求升级，各类配套产品中高端化

我们常说市场需求决定行业发展，市场经济指导下的建筑门窗幕墙行业发展，必须遵从市场经济的客观规则，从"供与需"两者的实际情况出发，从老百姓不断提高的住宅与配套生活应用需求与行业内低端产品大量充斥市场之间的矛盾出发。从中我们不难看出，低端产品的发展与继续使用，是违背了市场经济规律的，它是短期内的极小效益，甚至是损害性消费的典型代表。

近年来，建筑行业践行高质量发展观，以及伴随着房地产存量时代的到

来，业主及开发商为了提升商业地产、住宅小区的溢价能力，特别注重配套材料的品牌选用与功能配置。建筑门窗幕墙行业中所有类别的产品，各类配套产品的需求趋于中高端化，这其中的含义代表着幕墙选择有保障、口碑好的工程商；门窗侧重于选择系统门窗；建筑玻璃和铝型材注重规模产能和服务响应速度；五金配件更多地选择智能化、科技型产品；密封胶首选国际品牌或国内一线品牌；隔热条和密封胶条则注重性价比和节能环保性。

同时，在历年的"喜爱幕墙入围工程"和"首选品牌参评企业"中，我们欣喜地发现，行业内低档门窗幕墙的占比逐年下降，中高档门窗幕墙的市场增长率连年提升，终端消费者在选购门窗这类商品，甚至是开发商选择幕墙这类工程项目产品时，更注重安全性与实用性，而品质优良、功能强大、设计出色的中高端配套产品，更是成为市场的热选。

随着人们生活水平的不断提高、现代工艺技术的快速发展以及国家对建筑节能的重视，中高端建筑门窗幕墙配套产品的广泛运用，将成为未来门窗幕墙市场的主要发展趋势。

10　建筑门窗幕墙行业技术发展的几大趋势

2020—2021 年，建筑门窗幕墙行业在疫情与国内国际经济形势发展的新变化中，将迎来行业发展的不同阶段，危机中孕育机遇，前景可期。其中行业内市场与技术发展的几大趋势分别是：建筑可视化设计、既有门窗幕墙数字化运维、装配式建筑中门窗幕墙标准化应用等。

首先，建筑可视化技术已经在幕墙设计中得到了应用，在画面质量和出图效率上已经较既往传统的建筑表现方式有了很大的提升，但在结合 VR/AR 设备实现与虚拟现实的交互，以及与 BIM 打通实现项目全周期的视觉效果的生产和展示方面，还在持续探索中。随着硬件和软件技术的发展，国家层面上的推动，以及数据平台的逐渐完善，建筑可视化已是必然的趋势。

其次，我国目前超过 15 亿平方米的既有幕墙，经过时间与环境的侵袭，以及不同程度的技术施工等方面原因，需要对其进行改造。现阶段国内的建筑幕墙行业开展了对建筑幕墙的安全检查等，在建筑幕墙的安全检查及改造、维修中，可以运用全程可视化管理，应用数字化管理平台等建立全面的运用、理念、运行、社会效益的建筑幕墙改造先进技术。

最后，装配式建筑成为建筑的最新发展方向，也是我们逐渐提高建筑品质的目标。在装配式相对完善与专业的系统范畴内，站在整个建筑专业的基础上进行考虑，已经将建筑表皮模块化、标准化、系统化，可以使质量更有保障，减少材料消耗，减少建筑垃圾，改变及满足建筑功能的要求和建筑多样性的要求。

可视化、数字化、智能化及云端化的创新技术与应用，在门窗幕墙产业链的各个环节层出不穷，2020 年更是借助 VR、AR 等技术的辅助加持，让幕墙设计从传统模式步入转型升级的快车道，在接下来的设计、施工及管理阶段，我们对细微之处、疑难之处，将提供更加科学和精准的解决之道。

第六部分 综 述

相关数据显示，我国常住人口城镇化率达到 60.6%，已经步入城镇化较快发展的中后期，城市发展进入城市更新的重要时期，由大规模增量建设转为存量提质改造和增量结构调整并重，从"有没有"转向"好不好"。2020 年以来，随着城镇化建设脚步的深入与加快，我国深化供给侧结构性改革，充分发挥我国超大规模市场优势和内需潜力，构建国内国际双循环的新发展格局。新经济态势下，建筑门窗幕墙行业的发展将从劳动密集型产业向高端高品质服务类产业发展，市场内的产业规模与产品类型、定价，将逐步脱离单一报价而逐步转向行业议价、服务议价等。

2021 年，伴随着中国经济从高速增长转向高质量发展阶段，高品质产品、绿色节能材料、高附加值产品、可循环的新技术、智能化替代人工化产品，必将成为建筑门窗幕墙行业的新宠。预计在未来 10 年时间里，对劳动力素质有较高要求的门窗幕墙设计、机械设备设计、人工智能运用、数字化技术应用等岗位，门窗幕墙企业将会享受到充足的劳动力供给，以及相对低廉的劳动力价格优势，在知识密集型产业，"中国制造"的门窗幕墙仍具有较高的性价比，为中国建筑门窗幕墙行业在世界范围内的快速超越与发展，提供最坚实的基础。

从行业战略发展层面而言，补齐我国在建筑软件信息化、基础材料、基础工艺、基础装备、基础器件，以及交叉融合领域的技术短板，力图在虚拟仿真、人工智能、智能工厂、信息物理空间（CPS）等新的技术领域抢占先机，从而解决 BIM 深度应用、数字工厂、智能建筑应用集成等这些产品"缺芯少魂"的局面。

　　同时，随着对中小企业发展的相应政策、资金扶持，建筑门窗幕墙行业的中小企业有望获得一次新生，是蜕茧成蝶还是羽化重生，我们将有幸成为续写华丽新篇章的见证者与参与者。

　　2021年，中国共产党建党100周年、全面建成小康社会、"十四五"开局之年，是伟大"中国梦"的又一个新开端……"稳中求进"仍然会是发展的总基调。

　　2021年注定不凡，2021让我们继续携手同行！

2020—2021 中国"系统门窗"
市场分析与研究报告

◎ 曾 毅

中国经济经过近 40 年的快速发展，市场规模已徘徊在历史高位，然而刚刚进入 2020 年，我们便经历了中华人民共和国成立七十周年以来最严重的一场疫情。这是一场大考，在疫情面前，现金流紧缺的企业首先感受到寒意，一些负债率高、短期内偿债压力较大的公司需防范现金流风险。

在此背景下，建筑门窗幕墙行业内的竞争压力空前激烈，产品同质化、服务同质化形成市场的基本矛盾，伴随着企业缺少现金、人才大量流失，上游产业链加大对下游企业的"压榨"，中小企业生存环境日益艰难。但同时"有性价比的产品""良好的信誉度""稳健的资金管控"和"高质量、高技术含量"的供应商，获得了越来越大的市场空间，我国正由制造大国向制造强国转变，市场内急需工匠精神的践行者。

产业链之间，上游把原材料成本、运费成本、人工成本的增加大部分施压在下游企业身上，导致市场内企业利润率下降，"现金为王"是企业经营的核心关注点，在当前的建筑门窗幕墙行业市场中，低价中标、工程垫资对企业的伤害远远大于人才流失、工程量减少等情况，恶劣的资金现状成为市场内建筑门窗幕墙企业最头疼的事情。如何有效地改善企业资金现状？不能一味放纵企业内的低效管理，与市场内不良发展"同流合污"，而是应该努力改变企业发展观念，不为小利而贪，不为现状而满，宁愿承担企业产值短期下降的风险，提高企业的现金状况，将与客户的交流从利润点转变为现金现状、结算方式上。

早在 2019 年，很大一部分企业感知到了大量垫资以及只注重规模化发展所带来的潜在风险，因而做出了艰难的选择，主动降速。市场中有句话，"信心比黄金更重要"，当所有企业经营者、企业家们都觉得该由快变慢，接受低利润率，静下心来经营企业时，市场上升空间必然有限，而风险急速增大。谁再奋不顾身地冲进去，有可能就会成为伟大的"接盘侠"，这点希望引起广大门窗幕墙行业企业的关注。

第一部分　市场总体概况分析

1　建筑业总体情况

新中国建筑业走过了七十年的光辉历程，尤其是改革开放四十多年来，中国建筑业无论是在规模上，还是在管理上和技术上都上了一个大台阶，可以与世界先进水平并驾齐驱。但实事求是地讲，中国建筑业的发展速度虽快，但发展质量并不高，对投资拉动、规模增长的依赖度还是比较大，与供给侧结构性改革要求的差距不小，整体对瞬息万变的国际国内形势的适应能力还不强。

2019 年，建筑业最突出的几方面是：第一，国家在环保方面的要求越来越严，为了贯彻"可持续发展"理念，国家大力推进绿色建筑，要求更多使用绿色建材，降低建筑消耗与能耗，减少环境污染，对建筑企业在施工工艺、成本控制上提出了更高的要求。第二，国家人口红利在逐渐消失，从事建筑业的人数正在减少，建筑工人数量急剧下降，每到年初时，各地频发"用工荒"现象，逼迫建筑企业必须加快产业结构调整，减少对人工的需求，提高并培训工人的服务技能与效率。

2　建筑业市场体量变化的影响

随着我国经济建设的大规模进行，建筑业迅速发展，产值规模不断扩张，一次又一次突破历史高点。2019 年全年，我国建筑业总产值 248446 亿元（图1），同比增长 5.7%，全国建筑业房屋建筑施工面积 144.2 亿 m^2，同比增长 2.3%（国家统计局发布）。

大型建筑企业贡献非常明显。据住房城乡建设部汇总数据显示，2019 年 6552 个特级、一级资质建业企业，从业数量占比为 40.65%，此外，新签工程承包合同额、建筑业总产值、房屋建筑施工面积、房屋建筑竣工面积 4

图 1　历年来的建筑业总产值变化图

项指标，占全国建筑业企业同比指标的比重均超过 55%，对行业发展的贡献明显。

"十三五"期间，国家在致力于加快城镇化进程，从棚户区和城乡危房改造，至海绵城市、城市地下综合管廊建设，再到加强"一带一路"建设、京津冀协同发展、长江经济带发展、粤港澳大湾区建设等，关系到国计民生的各种大型基础设施建设中，都离不开建筑业。门窗幕墙行业企业努力调整经营模式，以创新理念积极跟进，用建筑业不断发展的市场增量，来转换企业生产力与制造力的存量，从而在激烈的市场竞争中脱颖而出。

3　房地产业总体情况

2019 年，房地产开发商对市场的狂热幻想被牢牢遏制，一直到年末阶段，开发商所预期的"翘尾"现象并没有明显势头，总体市场的发展在平缓中略有下降，市场中的企业洗牌力度正在加大。政府对房地产开发商拿地的限制条件正在逐步增加，拿地成本与开发成本也在持续上涨，普通房地产项目利润下降成为普遍现象。

从国家统计局发布的数据来看，2019 年 1—12 月，全国房地产开发投资 13.2 万亿元，比上年增长 9.9%，增速比 1—11 月份回落 0.3 个百分点，比上年加快 0.4 个百分点。其中，住宅投资 9.7 万亿元，增长 13.9%，增速比 1—11 月份回落 0.5 个百分点，比上年加快 0.5 个百分点（图 2）。

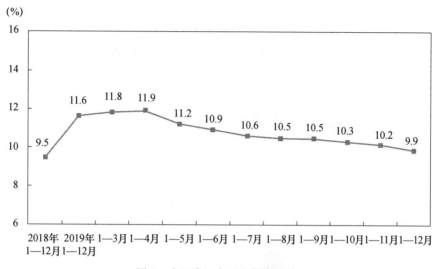

(%)

图 2　全国房地产开发投资增速

4　"强者恒强"发展下建筑门窗幕墙行业市场骤变

2019 年内，房地产行业以融创为例，其累计投入超过 400 亿元进行了大量的并购与收购，将部分中小房企的资产与囤积资源进行整合，其他类似房地产，如世茂地产等也加快了并购，市场内最明显的信号是"强者恒强，弱者淘汰"。随着房企收并购成为滚滚洪流，席卷市场以来，在建筑业方面，特、大型建筑企业的项目并购、收购也在陆续进行，中小建筑企业在缺乏资金的情况下，众多的建筑项目由特、大型建筑企业承揽成为突出现象。在资源与项目更加集中的情况下，建筑门窗幕墙行业的上游市场目标客户数量正在急速减少，大体量客户正在快速增加，总体目标客户的数量缩减接近 50%，倒逼着建筑门窗幕墙行业自身加快融合与集中。

5　市场中核心的关注点

2019 年对建筑门窗幕墙行业来说，重点关注三个方面：一是"集中度越来越高"。建筑业内特级、一级资质企业，房地产业的千亿房企量额同长。二是"科技转化是龙头"。国家基础设施建设与新城镇建设都将大量提倡与推动环保型、科技型产业发展。三是"现金为王"。重点关注竣工和回款，缓释短期流动性风险。

第二部分　门窗市场调查数据

1　门窗幕墙行业市场情况概述

2019 年整个铝门窗幕墙行业的生产总值在 6300 亿元~6400 亿元之间，相较 2017 年的生产总值 5900 多亿元、2018 年的生产总值 6100 多亿元均有小幅提升；同时，在 2019 年的行业总产值中，幕墙和铝门窗占比的变化明显，由以前的各占比一半，变化为了铝门窗产值较为突出（图 3）。

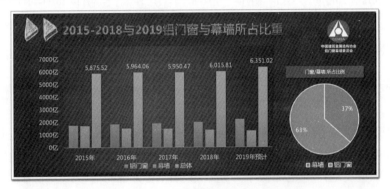

图 3　2015—2019 年铝门窗幕墙产值汇总表

2　铝门窗企业的发展现状

据不完全统计，我国现有建筑铝门窗企业数量超 3 万家，市场占比情况显示，中小企业的数量超过 90%，而工程市场和家装市场内引领技术发展、服务高质量转型的主要力量来自大中型铝门窗企业，市场内整合和竞争力无论是工程市场还是家装市场，都与品牌的开拓程度成正比。

3　铝门窗幕墙行业企业的资金现状

行业中稳健保守型的品牌企业，2019 年度经营额的变动并不大，但现金流的状况有所改善；凡是以追求产值、规模为目标的企业，通过大量的垫资、合资，接单量巨大，市场占有率得到快速扩张，但大多是账面资金，对日常运营中现金周转的需求量急剧上升，资金链风险也随之而来。

从铝门窗幕墙分会指派中国幕墙网开展的 2018—2019 年度行业第 15 次数据统计工作来看，商业承兑汇票、银行承兑汇票是现在的主流结算方式。一方面，新建公用、民用建筑的竣工面积持续增长，行业企业必须要有足够的资金垫付各类工程款项；另一方面，为了解决资金、产能问题，部分会员单位近几年普遍选择向家装市场拓展，而家装市场看似很大，但近年的市场需求目前来看并不旺盛，未来几年的发展空间仍然有限。

4　既有建筑的门窗幕墙改造迫在眉睫

既有建筑修缮市场体量巨大，据相关部门统计，我国现有既有建筑面积已超 600 亿平方米。2018 年 9 月 28 日住房城乡建设部下发了《关于进一步做好城市既有建筑保留利用和更新改造工作的通知》，明确提出要高度重视城市既有建筑保留利用和更新改造，并就建立健全城市既有建筑保留利用和更新改造工作机制提出具体意见。

既有建筑中的门窗、幕墙除了外观更新以外，保温节能指标、气密水密性能等升级，为新型玻璃产品、断桥铝型材、优质五金配件、高性能密封胶以及隔热材料、密封胶条等，提供了广阔的市场应用空间。

5　行业品牌差异越来越大

国内建筑门窗市场内优劣共存让消费端无法明确辨别产品品质的现状长期存在，随着互联网时代及门窗市场品牌化分析的不断持续，门窗品牌、品质的差异化，正在深入上游市场及终端消费市场之中。

中高端门窗技术含量高、质量好、企业实力强、售后有保障，在市场上除了有较强的竞争力，还有让人放心的售后。低水平发展、拼价格的小型门窗企业想要在门窗行业占有一席之地，必须深化自身产品结构、细分市场层次，不断积累与培养市场、技术人才，完成企业的转型升级。

铝门窗、铝木门窗、木门窗等中高端门窗产品的品质与差异化关注度越来越高，高品质门窗品牌的发展战略明显占据较大优势，使行业内的品牌度差距加大。

6 建筑门窗品牌分析与研究

品质赢天下，嘉寓、贝克洛、易欧思、瑞明、希洛等国内门窗企业重视产品研发，持续投入技术创新；墅标、华厦建辉在华东、西南等地市场，依靠自身技术研发，以及区域优势，越来越多地出现在门窗幕墙界、房地产业的品牌榜单；同时，像传统的型材强企，如系统门窗品牌贝克洛、易欧思、贝思乐等，保证了产品品质从源头进行控制，越来越多地被门窗行业甲方、设计单位选择。品牌化的系统门窗产品，发展更早、更为成熟的国内外著名品牌，仍然占据着显耀地位（表 1）。

表 1 2019—2020 年度"门窗十大首选品牌"榜单

2019—2020 第 15 届 AL-Survey 门窗幕墙行业大型读者调查活动——"门窗十大首选品牌"排行榜		
品牌名称	网络投票（票）	专家评审
北京嘉寓门窗幕墙股份有限公司	36249	★★★★★
威可楷爱普建材有限公司	35814	★★★★★
广东贝克洛幕墙门窗系统有限公司	35488	★★★★☆
山东易欧思门窗系统科技有限公司	35467	★★★★
阿鲁克幕墙门窗系统（上海）有限公司	34702	★★★★
浙江瑞明节能科技股份有限公司	34389	★★★★
浙江墅标智能家居科技有限公司	33960	★★★★
四川华厦建辉门窗幕墙装饰有限公司	32564	★★★★
希洛建筑科技（广东）有限公司	32419	★★★
湖北南亚家居科技有限公司	27056	★★★

绿色环保型门窗除拥有传统门窗的几大特性外，其在保温节能性、室内空气卫生质量等方面也产生显著效果。保温性能、气密性能和水密性能优异的高质量门窗产品能够满足并提升老百姓对家的满意度，这也成了部分房地产企业对商品房宣传的重要手段之一。

第三部分 系统门窗企业首选品牌中的"五大要素"

从门窗市场中的非主流产品到住房城乡建设部为其制定规范，到行业协会大力推广，再到众多企业争相推出自主研发的门窗系统，系统门窗迎来了属于自己的大时代。目前系统门窗以其独占鳌头的品质、性能，有席卷整个门窗市场之势。

系统门窗日益受到老百姓的关注，建筑市场内系统门窗品牌如雨后春笋般不断涌现。如何甄别系统门窗与普通门窗的区别？在良莠不齐的产品中认定系统门窗，专业的事情应该交给专业的人来做。

在甄别的过程中，品牌化及品牌知名度是一个非常重要的指向性指标，品牌是由企业生产经营活动的市场化及宣传综合形成的企业最直观的一面。在系统门窗行业品牌首选研究中，我们根据日常工作的经验列出门窗系统企业的"五大要素"，从这五个方面来评估系统门窗的首选品牌。

1 要素一：品质（quality）

系统门窗属于门窗产品中的佼佼者，价格相对较高，适用于成本相对宽裕的项目。国外与国内均有较多门窗系统品牌，受地理、环境等因素影响，之间的价格存在较大差异，这种差异，不可完全归咎于产品品质。建筑行业正走在成本当道的时代，门窗产品的选择需根据项目的实际需求，选择性价比高的产品。

2 要素二：团队（team work）

项目确定使用系统门窗后，地产商面对鱼龙混杂的市场感到困惑，考察市场团队及服务团队的配备，最好是还有品牌服务团队。

评判系统门窗品牌优劣的主要标准：

企业背景：企业综合实力对比及是否可满足项目供货周期；

项目案例：项目区域内是否有成功的项目案例作为参考；

授权监控体系：完善的产品授权监控体系是产品品质的重中之重；

售后服务：可否保证产品使用寿命及解决用户问题。

3 要素三：定位（location）

定位是基于产品品质、价格、市场受众、售后服务等体系，不是去创造新的、不同的事物，而是去控制心中已经存在的认知，去重组已存在的关联认知。

根据定位需求，我们可以列出系统门窗产品选择通常的需求定位。

2020 年度系统门窗品牌的市场定位策略：

节能环保：产品节能水平；

健康舒适：产品各项性能优越性及使用便利、售后完善；

项目定位：与项目品质相匹配；

品牌需求：树立品牌的形象，提高品牌知名度和美誉度；

营销卖点：可作为销售的卖点之一；

竞争力：产品的使用可让项目更具市场竞争力。

4 要素四：专业（profession）

门窗系统的运营模式造就了它在任何一个城市只要有便利的交通和良好的合作伙伴都可以生根发芽。但它是否能够对项目提供专业的支持，我们需要从以下几个方面进行考核：首先，项目所在地是否为该系统供应商的覆盖范围；其次，系统供应商在项目出现问题时，是否能及时提供专业的支持；再次，系统供应商提供的支持是否包含项目的各个阶段；最后，提供的支持是否可快速有效地解决项目的问题。

5 要素五：创新（innovations）

每个建筑设计师的思想都是独一无二的，故而每栋建筑设计都有自己的风格和特殊性。目前，国内使用系统门窗的项目定位均较高，这类建筑的外立面要求也高于普通项目。这种情况下，门窗产品的选择除了从项目出发，更需要有独立的创新性来满足项目的特殊化。

2020 年度系统门窗品牌的产品创新思路：

外视面：型材可视面要求特殊造型、型材可视面要求特别纤细（常规系统门窗产品分功能层和装饰层，可根据需求对装饰层进行二次设计）；

分格：左右分格超规格、开启扇超规格（系统门窗供应商的技术部门提出解决或调整方案，地产商和建筑师进行审核）；

特殊功能：落地窗改作推拉门，并在外侧做栏杆，让窗变成小阳台；配置儿童锁、手摇开窗器等辅助配件（系统门窗供应商需提供项目所需产品或提出可行的解决方案）；

房地产商在遵循自有的一套门窗企业选择机制的基础上，对系统门窗企业开展上述的"五大要素"筛选，不仅能够得到符合项目需求的门窗产品，更多的是得到系统门窗产品之后的服务、创新、理念及长效机制，真正让门窗成为建筑的点睛之笔。

第四部分　"系统门窗"选购的几大因素

我国现代建筑门窗的发展从 20 世纪 80 年代起，经历了经济高速发展的 40 年，行业内出现了众多的门窗企业，从工装到家装，几万家的门窗企业几乎遍布全国的各大中小城市。随着"十三五"全面建成小康社会目标进入决胜阶段并胜利在望，我国人民生活水平及建筑节能标准日益提高，社会对外窗系统的关注也逐渐从门窗的五性要求发展到更加注重耐久性、舒适性等综合性能指标。传统门窗开始逐渐难以满足高品质需求和适应绿色建筑的发展，系统门窗将应势而迎来发展期。

"系统门窗"是一个舶来品吗？很多人对"系统门窗"的概念并不理解，单纯地以为它仅是一个外来名词，是一个类似奢侈品的门窗概念。"系统门窗"对比普通门窗，其实是类似汽车产品中"品牌汽车"与"杂牌汽车"，一个有技术、有研发、有服务、有专业、能持久的"五有新人"与普通、杂配、市场技术与研发同质化、混乱、低价低质的"普通供应商"的区别。

选择"系统门窗"就是选择优质的材料、先进的技术、科学的服务、长久耐用、能满足高质量生活的需求。那么选购"系统门窗"，最需要关心的是哪几点呢？"五大要素"可符合开发商对"系统门窗"选购的各项要求与对比条件设立，但很多对门窗知识较欠缺的人怎么能够直观地选择好"系统门窗"？能够以"白话文"方式说明的几点是：性价比及耐用性（使用寿命）、研发服务、后期服务、综合性能对比等。

在这里，我们可以提供一个简单的对比表来展示（表2）。

表2　75系列窗和系统门窗节能标准的对比

项目	75 节能	系统门窗 1	系统门窗 2
K 值要求	按配置	按配置	按配置
气密性	7 级	8 级	8 级
水密性	3 级	6 级	6 级
抗风压性能	4 级	5 级	9 级
隔声性能	4 级	5 级	5 级

"五性"要求是门窗产品品质中较为关键的五大要点，它代表着型材、玻璃、五金配件、隔热材料、密封材料等全面的质量优势及技术领先。另外在门窗的选购中，我们还可以采用一种简单的方法：三分设计、三分制作、三分安装、一分服务，这是适合普通老百姓选购系统门窗的简单判别。在门窗问题研究分析过程中，我们首先关注的是门窗设计、制作、安装中人为因素产生的影响。

A. 三分产品设计

门窗材料包含型材、五金、玻璃、胶条及各类辅件，我们将所有材料的选择与应用称为产品设计。大部分门窗项目的产品设计由门窗系统供应商、顾问公司、施工单位或地产商提供，各方专业技术能力存在差异，对最终门窗品质也会造成不同影响。

B. 三分门窗制作

市场有对门窗产品各项性能极其重视的地区，也有对门窗产品要求较低的区域；有门窗成本控制在极低的项目，也有注重品质、对成本不受限的项目。各种门窗项目制作质量的优劣都隐藏在加工工艺与制作管理中。制作质量较差的门窗常出现组角胶、断面密封胶缺失，中梃组装不符合要求，辅配件缺失，胶条不满足要求，甚至整窗在运输过程中就出现松动。这样的门窗不仅在特殊自然环境下容易出现问题，在门窗后期安装、使用中也会出现各类问题。

C. 三分门窗安装

门窗安装是门窗项目实施中最为关键的一步，也是出现问题最难以解决的部分。各地区的安装形式根据规范及项目要求各有差异，主要分为干法安装（附框安装）和湿法安装两类，各安装形式均以连接强度、防止渗漏、防止结露等为原则。目前除安装本身存在的安装步骤缺失、工艺不标准、工人技术能力较弱等问题外，还受部分外在因素影响，如：洞口精度差、洞口不标准，给塞缝和发泡剂的施打带来难度。错误材料的应用，如塞缝采用海砂、密封胶硅油含量过高、钢附框防腐未做好等，都会对后期质量造成影响。

D.　一分服务

系统门窗在提供产品的同时，也提供设计软件、设计手册、采购手册、加工手册、专业设备及技术服务支持，是一个完整的产业链。在售后服务方面，系统门窗的质量保障除了门窗单位的工程质保外，还有系统公司产品的年限质保。另外，品牌专卖店可以进行简单的维修。普通门窗的品质取决于设计人员的水平和门窗企业的加工安装能力，在帮助扶持和后续服务方面相对不足。同时普通门窗往往是售后无门，门窗发生故障后业主不知找谁来维修。

第五部分　国内外建筑门窗品牌研究分析

1　主流建筑系统门窗品牌揭密

一个优秀的系统供应商需要时间的沉淀，扩充产品的深度以及广度，并非一朝一夕之事。

经过深入的研究与数据取样调查，为大家揭示进口系统门窗品牌与国产系统门窗品牌的利与弊。

欧洲发达国家系统门窗已发展有六十余年，系统供应商的运营模式及产品体系已基本成熟，系统门窗在欧洲市场上的应用率达到70％。欧洲关于门窗系统有很多专业的认证及检测机构，由政府投资的完全中立的第三方，通常从以下方面进行认证：①材料认证；②对系统设计给出技术许可证；③模拟应用环境对整窗性能进行检测；④对合作的门窗企业进行认证并每年抽检；⑤对安装节点及安装单位进行认证。认证过的门窗系统设有标识，并且认证门窗系统是申请政府节能补贴的前提。我国系统门窗发展至今约二十年，但在2008年之前国内系统门窗品牌寥寥无几，2008年之后门窗系统慢慢在市场上活跃起来，随之也建立了国内的门窗检测体系和标准。

到目前，生产企业已是遍地开花，但因其发展时间短，产品的深度和广度上还存在很多不足，有待完善。另外，系统门窗的核心在于研发，部分国内系统供应商学习精神可嘉，但研发精神不足，可满足市场一时的需求，但对长期的发展很不利。同时，也有一批脚踏实地在做门窗系统的企业，通过产品说话，慢慢为大家所熟知。

当前国内、国外门窗系统情况对比：

国外品牌优势：产品齐全、技术成熟、体系完善；

国外品牌劣势：价格偏高、窗型及工艺不适应国内所有区域。

国内品牌优势：价格实惠、工艺因地制宜、更新换代技术快；

国内品牌劣势：技术不够成熟、体系不够完善。

国外门窗系统通过近六十年的沉淀，如陈年老酒般醇厚。各材料间的配合如老友般默契，产品的系列及各种配套产品满足各类项目的各种需求。并且经历过若干项目的实践，项目操作流程已趋于完善。国内的门窗系统就像一个年轻人，经验、阅历不足，但很有激情和冲劲，正在蓬勃发展着。

以节能为例，传统门窗、国内系统门窗、国外系统门窗节能区间差异如图 4 所示。

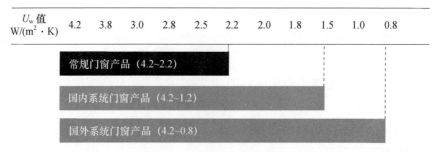

图 4　门主窗节能区间差异

国内系统门窗因发展时间短，在很多地方还不够完善，但其产品各项性能优于传统门窗且价格相差不大，更容易被市场所接受。中国气候复杂，国内品牌更了解当地的情况，针对各地区不同地域、气候设计出适合当地的产品，以满足市场的需求。进口系统主要针对当地气候，目前国内最低的节能标准相当于德国 20 世纪 90 年代的标准，进口系统门窗产品在本国遭淘汰后，进入中国后是否经过改良，是否适合国内所有地区和气候，这些有待考证。但发达国家的成功发展经历，值得国内的系统品牌进行学习并在此基础上不断创新。

2　典型系统门窗品牌研究报告（表3）

表3　典型系统门窗品牌研究报告

品牌名称	常规工程价（元）	门窗类型	授权监控体系情况	项目案例	点评
YKK-AP	1400~2000	断桥铝	严格	南京星雨华府、上海银亿汀湾城、上海滨江凯旋门、上海紫园二期、奥体新城A2地块	铝合金和塑钢产品均有，所有材料均自己生产的系统供应商。国内有独立的YKK门窗加工厂。产品型材可视面纤细，推拉产品较有特点。部分系列的排水为隐藏式，较有特点
瑞明	2000以上（非工程）	铝包木	完善	广州保利天悦、杭州顺发旺角城、上海星河湾二期、珠海格力海岸、广州保利云禧	国内独立系统供应商。技术研发投入较大，产品在国内得到认可。有自己的检测基地，产品参数满足国内各地区需求
旭格	1400~3000	断桥铝	完善	南京仁恒江湾城、苏州九龙仓国宾壹号、杭州望江府、武汉群光三期、厦门建发中央湾区	最早进入国内的国外系统公司。国内项目案例较多。产品满足大部分地区项目需求。气密、水密、抗风压检测数据较优
贝克洛	1000~2500	断桥铝	完善	杭州绿城富春玫瑰园、杭州嘉里中心、上海中金海棠湾、温州华龙海景壹号、绍兴元垄迎恩府	国内独立系统供应商。产品系列完善，推拉产品在同类产品四性数据较好。产品研发、检测一体完成，可满足各类项目要求，价格适中
阿鲁克	800~1400	断桥铝	完善	深圳香蜜湖一号、广州星河湾、北京饭店二期、当代万国城MOMA、上海鼎邦俪池、上海长岛别墅、上海半岛花园、青岛海悦、杭州闽信	早期进入国内的系统门窗供应商之一，国内项目案例一般。产品系列较多，在国内有全资子公司。产品满足大部分地区项目需求。气密、水密、抗风压检测数据较优
森鹰	1500~1880	铝包木	完善	欧风洋溢之松花江沿岸、燕山脚下（北京）、东方明珠之瑰丽佘山、杭州·绿城四季酒店、临安·青山湖·红枫园	拥有四个检测实验室：门窗三性检测室、门窗保温性能检测室、门窗机械性能检测室、门窗物理实验室，是一家专注于铝包木窗系统研发与制造的企业

续表

品牌名称	常规工程价（元）	门窗类型	授权监控体系情况	项目案例	点评
易欧思	1200～2200	断桥铝		华铝北苑名都、华府兰庭、左岸绿洲、京都城、锦汇佳苑、香缇半岛	国内材料商介入系统供应商，是国内全铝门窗幕墙系统重点生产科研企业，专业从事门窗幕墙系统及五金配件的研发设计、生产加工、销售安装以及电子商务、软件开发技术服务等业务
智赢	650～1200	断桥铝		西班牙庄园、山东电力研究院、可可里别墅、枣庄薛城区人民医院	有四大系列，产品系列较全，其推拉系列产品创新设计多，产品价格适中
墅标	1250～2180	断桥铝		远洋销售大楼、宁波象山世茂大目湾、南京雅居乐幼儿园、秦皇岛香格里拉大酒店	采用"工程定制"与"私人定制"双定制模式服务客户，生产全程采用 ERP 管理技术
新合	600～1500	断桥铝		成都传化医药大厦、深圳前海控股大厦、深圳龙岗华润广场、义乌电子商贸城	依托全国铝型材十强新合铝业的强大实力，在系统门窗中型材配套技术上有着巨大的先天优势，门窗品质出众，且在工装、家装均有较大应用潜力
华赛特	600～1600	断桥铝		大连绿地中心、安庆市政府大厦、东北世贸中心大厦、南昌新地中心、苏州尼盛广场	拥有国内较领先的技术中心和生产基地，引进欧美多国全套高新技术及高端生产设备，并配有强大的研发和生产团队
嘉寓	800～1600	断桥铝	完善	内蒙古伊泰华府世家、包头恒大名都首期、深圳茂业德宏天下华府、北京万科青青花园、海南华润石梅湾九里	国内老牌门窗企业，近年来注重自主知识产权研发与创新，主推原创产品和技术变革，丰富的产品线占据了巨大的市场体量
希洛	1200～2600	断桥铝		上饶别墅小区、江西别墅工程、中山别墅工程	集系统门窗产品研发、生产、销售和服务于一体的铝系统方案提供商
和平	700～1200	断桥铝		北京国航大楼、北京新青海大厦、通州万达广场、天津大悦城、中国民生银行、张家口华邑酒店	一家以铝合金产业为核心，铝门窗加工与施工，铝门窗加工与终端直营，幕墙工程设计施工于一身的铝业企业，是国内最早生产断桥铝合金的企业之一

续表

品牌名称	常规工程价（元）	门窗类型	授权监控体系情况	项目案例	点评
高登	1200～1800	断桥铝		广州亚运村、贵州省人民大会堂、云南普洱行政中心、云南省昆明新飞机场、兰德国际中心、厦门可口可乐生产基地、广西汇洋国际	铝型材生产加工完善体系集团衍生，产品创新能力强，营销手段丰富立体；通过采用品牌铝合金、断桥、定制化技术，完美实现十年质保
伟业	800～2000	断桥铝		深圳鸿荣源、深圳翰林湖二期、海口天鹅湖畔、海口农垦医院、东莞信鸿澜岸、上海丽都广场	技术领先，信息、物联网、云服务、智能化衔接，门窗产品研发及生产全程控制，从而打造出最受"年轻新贵"消费群体喜爱的产品
华厦建辉	500～1500	断桥铝		德商华府天骄、守信汇、温江恒大城、恒大金碧天下、华侨城、龙湖金樾时光、招商中英华城、昆明万科白沙润园	西南最大的铝合金门窗生产加工企业之一，知名房企、大型总包等上游产业链资源丰富，技术领先、系统完善，断桥铝应用案例广泛
贝思乐	600～1200	断桥铝		华发中城荟、光谷之星、融创中心	产品生产工艺管控严谨，依托享威影响力，在华中地区开发商项目中快速扩张，同时采取网络电商、微营销、社区结合等新型运营模式，性价比较好

注：排名不分先后。上述报价最终解释权归系统门窗厂家所有。

3　系统门窗质量及服务控制体系关键点

在前文系统门窗企业的"五大要素"中，我们提出了品质、团队、定位、专业及创新这五大系统门窗质量及服务控制体系关键点，房地产商应从企业的"五大要素"优劣中真正认知系统门窗的优质＝"实心实意，绝不坑蒙拐骗"，好用＝"设计、用料、安装、服务"。

2020—2021 中国"超级幕墙工程"展播

◎ 兰 燕

  我国经济经过 40 多年的快速发展,规模已徘徊在历史高位,然而刚刚进入 2020 年,我们便经历了中华人民共和国成立七十周年以来最严重的一场疫情。这是一场门窗幕墙行业的大考,在"疫情防控常态化"与"复工、复产保卫战"的同时,2020—2021 年度"我最喜爱幕墙工程"的入围征集工作,如疫后新生般,在行业中开展起来……

  截至发稿之日,由中国建筑金属结构协会铝门窗幕墙分会发起的数据统计暨工程项目征集工作已顺利完成,在提交入围资料的近 400 项工程中,共有 20 项精品工程,从超高、超大,以及设计创新、造型难度和施工工法等维度,成功列席本年度的中国"超级幕墙工程"终评资格(图 1)。(一个主体法人单位可申报多项工程,但仅限一项工程入围终评。)

图 1 中国"超级幕墙工程"展播

在行业协会的主导下，作为专注于行业信息化服务的媒体平台——中国幕墙网 ALwindoor.com 已连续 16 年举办 AL-Survey 门窗幕墙行业大型读者调查活动，每年评选出的"我最喜爱幕墙工程"，间接反映了行业对幕墙工程的认同度和承建该工程的幕墙企业的实力，每一届的工程项目征集工作，更是以其"新、奇、高、大"的入围标准，被喻为"鲁班奖"的前哨站。

近年来，中国建筑幕墙工程企业的数量发生着明显的变化，具有顶尖设计水平和施工能力的资质企业，市场版图快速扩张；而原来的二、三级资质或以小型工程市场为主的企业，体量正在逐年减少。"顶尖集中效应"趋势明显，行业结构由"平面化"向"金字塔"转变，品牌企业、大型企业在人才与资源方面的高度集中，带来了行业创新力与竞争力的双重提高。

本次入围的工程中可谓是亮点频现，首先是被称为"津沽棒"，由江河幕墙选送的"天津周大福金融中心"，凭借着 530m 的"净身高"，一举成为中国已建成超高层中排名"前三"的项目。而建筑体量最大的项目则是由远大铝业选送的"南宁龙光世纪"，其总建筑面积超过 40 万 m^2；而幕墙体量最大的项目是幕墙总面积 14 万 m^2、由中建深装推荐的"西安丝路国际会展中心"。

另外，由柯利达推荐的"亚投行总部大楼"项目，果然是金融界的大手笔，整个项目的幕墙造价超过 10 亿元，仅本次入围的 A 标段，造价也已经超过 3.5 亿元，单价在 4000 元/m^2 以上，成为 2020 年名副其实的"最贵"幕墙项目。入选终评的还包括金螳螂选送的美若蝴蝶翩翩飞舞的"启东文化体育中心"和象征龙鳞外皮的经典之作、由亚厦推荐的"上海 SK 总部大厦"，以及近年来异常火爆的厂房旧改项目——中南选送的"上海老港再生能源利用中心"等众多值得重点关注的新奇特、高大上工程项目（表 1）。

表 1 入围的幕墙企业及工程名单

幕墙工程名称	幕墙承建企业
天津周大福金融中心	北京江河幕墙系统工程有限公司
启东文化体育中心	苏州金螳螂幕墙有限公司
西安丝路国际会展中心	中建深圳装饰有限公司
上海老港再生能源利用中心	浙江中南建设集团有限公司
景兴海上大厦 T1 塔楼	深圳市三鑫科技发展有限公司
南宁龙光世纪	沈阳远大铝业工程有限公司

续表

幕墙工程名称	幕墙承建企业
深圳万科滨海云中心	深圳市方大建科集团有限公司
骏豪广场	海南三合泰幕墙装饰有限公司
金沙湖温泉度假村	北京嘉寓门窗幕墙股份有限公司
上海天文馆	上海美特幕墙有限公司
上海 SK 总部大厦	浙江亚厦幕墙有限公司
武汉市五环体育中心	武汉凌云建筑装饰工程有限公司
恒丰碧桂园贵阳中心	深圳广田集团股份有限公司
深圳华强北九方购物中心	深圳金粤幕墙装饰工程有限公司
晋江市第二体育中心	中建海峡建设发展有限公司
亚洲基础设施投资银行总部大楼	苏州柯利达装饰股份有限公司
济宁文化艺术中心博物馆	江苏合发集团有限责任公司
上海浦东足球场（立面）	珠海兴业绿色建筑科技有限公司
上海国际传媒港	金刚幕墙集团有限公司
珠海国际会展中心	珠海市晶艺玻璃工程有限公司

接下来，中国幕墙网 ALwindoor.com 将通过详细的数据分析与材料汇总，为大家带来参评工程的区域分布、幕墙种类、材料品牌，以及造价、体量、高度等相关信息。

一年一评测，工程大展播。通过此次入围工程大展播，看看各个幕墙承建企业所参与设计和施工的幕墙工程到底有何特色，采用的幕墙种类，以及型材、玻璃、五金、密封胶、隔热条、密封胶条等配套材料的运用情况（表 2）。

表 2　2020 年度"AL-Survey"入围工程项目信息表

入围工程名称	所属城市	幕墙承建	高度（m）	面积（m²）	主要幕墙类型	幕墙面积（m²）	幕墙造价（元）
天津周大福金融中心	天津	江河	530	38.9 万	玻璃、金属	10.8 万	2.5 亿
启东文化体育中心	南通	金螳螂	45.6	13 万	玻璃、金属	8 万	1.9 亿
西安丝路国际会展中心	西安	中建深装	58.8	20 万	玻璃	14 万	2.9 亿

续表

入围工程名称	所属城市	幕墙承建	高度（m）	面积（m²）	主要幕墙类型	幕墙面积（m²）	幕墙造价（元）
上海老港再生能源利用中心	上海	中南	51	13.95 万	金属、玻璃	8.5 万	9168 万
景兴海上大厦 T1 塔楼	深圳	三鑫	259	13.69 万	玻璃、石材	7.1 万	2.26 亿
南宁龙光世纪	南宁	远大	372	40.1 万	玻璃、金属	8.5 万	1.4 亿
深圳万科滨海云中心	深圳	方大	161.4	8.2 万	玻璃、石材、金属	4.7 万	9226 万
骏豪广场	海口	三合泰	188	7.23 万	玻璃、石材	5 万	4500 万
金沙湖温泉度假村	盐城	嘉寓	26	8 万	石材、金属、玻璃	5.5 万	5600 万
上海天文馆	上海	美特	28	3.8 万	玻璃、金属、GRC	4 万	8000 万
上海 SK 总部大厦	上海	亚厦	274	20 万	玻璃、金属、石材	5.84 万	1.4 亿
武汉市五环体育中心	武汉	凌云	46.2	15 万	玻璃、金属	4 万	7600 万
恒丰碧桂园贵阳中心	贵阳	广田	373.5	77 万	玻璃	7.4 万	1.1 亿
深圳华强北九方购物中心	深圳	金粤	39.9	25.8 万	玻璃、金属、石材	5.86 万	6913 万
晋江市第二体育中心	泉州	中建海峡	41.2	18.84 万	玻璃、金属、石材	10.7 万	3 亿
亚洲基础设施投资银行总部大楼	北京	柯利达	82.95	39 万	玻璃、金属	8 万	3.5 亿
济宁文化艺术中心博物馆	济宁	合发	29.3	27.2 万	石材、玻璃、金属	2.79 万	5075 万
上海浦东足球场（立面）	上海	兴业	38.8	18 万	玻璃、金属	3.3 万	5000 万
上海国际传媒港	上海	金刚	39.8	10.4 万	玻璃、金属	3.68 万	8189 万
珠海国际会展中心（二期）	珠海	晶艺	24	16.5 万	玻璃、石材、GRC、金属	3.7 万	4905 万

注：表中排名不分先后，只针对建筑所在地区、建筑特色以及配套材料商等信息进行统计，不代表获奖名次。

在历年的入围工程地区分布表中，我们多次提到，入围的超级幕墙项目通常为地标性建筑，且集中出现在经济发达地区，因此长三角、珠三角，以及京津冀地区都呈现出比较明显的数量优势（图 2）。

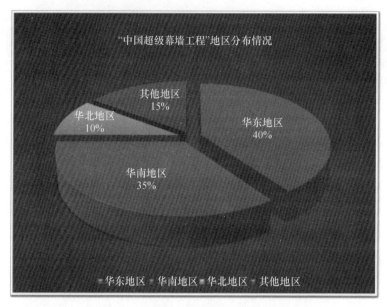

图 2　2020 年度入围工程"区域分布"情况

　　本次入围工程也不例外，主要分布于华南和华东两个地区：其中华东地区有 8 项工程入围，占到了入围终评工程的 40%，工程主要集中在上海地区；而华南的 7 项入围工程，则主要分布在粤港澳大湾区的深圳、珠海等地；华北则还是集中在北京和天津两地；其他工程来自西北、西南和华中地区。值得一提的是，本年度的入围项目中，依然没能看到东北及港澳台地区的项目身影，这也是连续两年在榜单上缺失上述地区的工程项目。

表 3　2020 年度入围工程的"材料选用"信息表

入围工程名称	所属城市	幕墙承建	型材品牌	玻璃品牌	胶品牌	五金品牌	隔热|密封
天津周大福金融中心	天津	江河	坚美	南玻	陶熙	盖泽	联和强
启东文化体育中心	南通	金螳螂	亚铝	南玻	思蓝德	坚朗	广宇
西安丝路国际会展中心	西安	中建深装	兴发	耀皮	硅宝	远驰	泰诺风
上海老港再生能源利用中心	上海	中南	鸿昌	耀皮	白云	坚朗	泰诺风
景兴海上大厦 T1 塔楼	深圳	三鑫	坚美	信义	陶熙	格屋	联和强
南宁龙光世纪	南宁	远大	坚美	信义	陶熙	坚朗	海达
深圳万科滨海云中心	深圳	方大	广亚	信义	西卡	格屋	海达
骏豪广场	海口	三合泰	豪美	承丰	安泰	坚朗	合和

续表

入围工程名称	所属城市	幕墙承建	型材品牌	玻璃品牌	胶品牌	五金品牌	隔热|密封
金沙湖温泉度假村	盐城	嘉寓	和平	信义	安泰	春光	泰诺风
上海天文馆	上海	美特	浙东	皓晶	之江	坚朗	泰诺风
上海 SK 总部大厦	上海	亚厦	亚铝	南玻	陶熙	诺托	泰诺风
武汉市五环体育中心	武汉	凌云	亚铝	耀皮	GE	坚朗	泰诺风
恒丰碧桂园贵阳中心	贵阳	广田	三星	台玻	安泰	坚朗	联和强
深圳华强北九方购物中心	深圳	金粤	坚美	南玻	西卡	格屋	泰诺风
晋江市第二体育中心	泉州	中建海峡	奋安	新福兴	硅宝	坚朗	瑞那斯
亚洲基础设施投资银行总部大楼	北京	柯利达	亚铝	耀皮	陶熙	丝吉利娅	泰诺风
济宁文化艺术中心博物馆	济宁	合发	南平	耀皮	之江	坚朗	海达
上海浦东足球场（立面）	上海	兴业	亚铝	耀皮	陶熙	多玛	海达
上海国际传媒港	上海	金刚	兴发	信义	陶熙	诺托	泰诺风
珠海国际会展中心（二期）	珠海	晶艺	兴发	南玻	陶熙	格屋	荣基

　　通过表 3 这张工程中材料选用情况信息表，我们可以发现，本年度入围的幕墙工程项目所选用的铝型材、玻璃、五金、建筑胶、隔热条、密封胶条等，均为历年 3 月广州年会上发布的中国门窗幕墙行业"首选品牌"上榜企业。品牌度高、质量上乘的材料供应商，得到广大业主、设计院，以及施工单位，特别是在重点工程或地标项目中的高度认可，着实令人欣喜（图 3）。

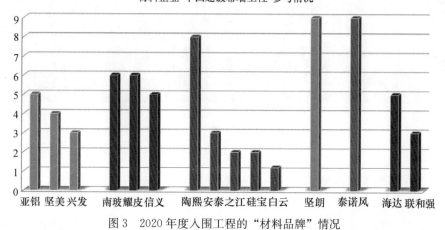

图 3　2020 年度入围工程的"材料品牌"情况

正所谓"鲜花也需绿叶的衬托"。众所周知，每一项伟大幕墙工程的背后，都离不开优秀的"材料品牌企业"，正是他们专业的技术、专注的服务，为 2020—2021 年度"中国超级幕墙工程"的完美呈现而保驾护航！在此我们向以上这些"幕"后英雄们致以最热烈的掌声，感谢你们为中国建筑行业所做出的努力和贡献。

在 20 项入围终评的工程项目中，全部选用了"玻璃"。玻璃作为幕墙的"标配"面板材料，在建筑外立面的构成元素中是必不可少的。而 2020 年呈现出的趋势表明，从五年前的几乎无一例外的大面积采用玻璃幕墙，到近年来石材、金属面板所占比例的增加，再到 GRC、UHPC 等新型幕墙面板的大量应用，幕墙的"外衣"在建筑师、设计师，以及材料研发企业的共同努力下，呈现出更加多样化的升级，更像是建筑的一层"皮肤"（图 4）。

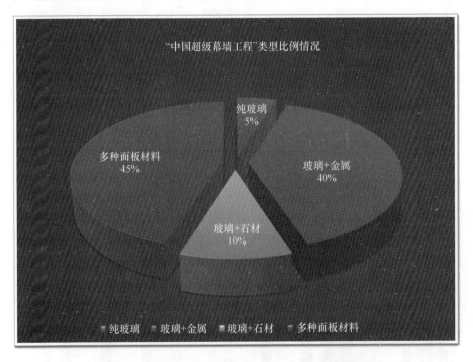

图 4　2020 年度入围工程"幕墙面板种类"比例情况

注：本次参评的幕墙工程项目，外立面均由多种幕墙类型组成。

透过幕墙类型的使用比例，从中不难看出，在建筑造型设计中，玻璃幕墙的应用依然是设计师及业主的首选项，尤其是建筑功能使用偏公用型的设计中，往往要考虑与周围环境的融合与内部配合、内部采光、视野等，石材幕墙、金属板幕墙等大多在设计建筑造型、外立面包边等处采用较多。新型幕墙面板材料主要是满足设计及应用的创新性，随着近年不断在具体应用案例中得到支撑，也越来越受到业主的关注，精品迭出。

　　分析图 5 我们可以发现，本次入围的项目中超高层在明显减少，而超大体量场馆类项目的增长幅度则惊人，带来的直接结果就是尽管政策、标准在一定条件下限制了玻璃幕墙快速上量，但由于在改、扩建机场和大型场馆中大量的应用，幕墙行业的总体产量仍然能够保持一个合理的容积。

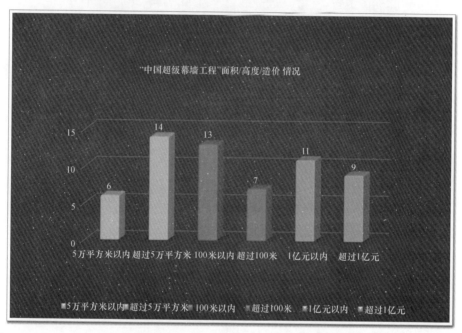

图 5　入围工程幕墙"面积、高度、造价"情况

　　通过图 5 中数据不难看出，作为年度精选的入围工程，这些高端的地标幕墙项目，在整体造价和体量方面都较往年有了明显的提高，特别是金融中心类建筑，及文化中心类、体育场馆类建筑，通常采用较大面积的幕墙，又因其设计造型具备独特性，天生就被贴上了"超级工程"的标签，因此在入围推荐中往往能够脱颖而出。

　　以下为各项工程基本信息：

　　• 天津周大福金融中心——定海神针"津沽棒"（图 6）

　　江河幕墙选送："天津周大福金融中心"入围工程奖

　　所属城市：天津

图 6　天津周大福金融中心效果图

幕墙承建企业：北京江河幕墙系统工程有限公司

高度：530m

建筑面积：38.9 万 m^2

幕墙类型：玻璃幕墙＋金属幕墙

幕墙面积：10.8 万 m^2

幕墙造价：2.5 亿元

型材品牌：坚美

玻璃品牌：南玻

五金品牌：盖泽

密封胶品牌：陶熙

隔热材料品牌：联和强（密封胶条）

项目亮点：表现形式和设计灵感来源于"艺术和自然"中的几何造型，运用了起伏的曲线，在巧妙体现大厦三个功能空间组成元素的同时，也在天际线中展现出高大醒目的形象；柔和曲面的玻璃表皮包裹着八根倾斜的柱子，这些柱子位于立面上主要弯曲部位的后面，可提高结构的刚度，满足抗震要求；在多个楼层的重要位置策略性地设置通风口，再加上大厦的外形，符合空气动力学，可以减少涡旋发散现象，进而最大程度地降低风荷载。

值得一提的是，项目的夜景灯光采用了"匠心筑城"的理念，塔楼幕墙灯光由镶嵌在约 15000 块幕墙单元板上的 30000 多个 LED 和程式设备组成，产生不同的灯光效果，如动态模式、横向波浪、竖向波浪、闪烁效果、倒数效果等；裙楼三角网格玻璃后安装有泛光灯具，营造"亮丽发光的盒子"的效果。

· 启东文化体育中心——若一只美丽蝴蝶，翩翩起舞（图 7）

图 7 启东文化体育中心效果图

金螳螂幕墙选送："启东文化体育中心"入围工程奖

所属城市：江苏南通

幕墙承建企业：苏州金螳螂幕墙有限公司

高度：45.63m

建筑面积：13 万 m²

幕墙类型：玻璃幕墙＋金属幕墙

幕墙面积：8 万 m²

幕墙造价：1.9 亿元

型材品牌：AAG 亚铝

玻璃品牌：南玻

密封胶品牌：思蓝德

五金品牌：坚朗

隔热材料品牌：广宇（密封胶条）

项目亮点：启东文化体育中心项目是启东市的新地标，建筑造型独特，形如展翅待飞的蝴蝶，流线造型，形式新颖动感，充满未来的科技感。采用浅灰色金属板和铝合金百叶构成的跌落的三片弧形屋面线条极具动感，为周围的高层办公、住宅提供良好的第五立面景观。整体立面设计采用节能设计，注重自然通风和采光，让室内外空间交融，建筑与自然对话。在保证建筑外立面结合蝶湖中心独特滨水地形装饰效果的同时，体现出启东特有的文化底蕴。

- 西安丝路国际会展中心——新丝路、新思路（图 8）

图 8 西安丝路国际会展中心效果图

中建深装选送："西安丝路国际会展中心"入围工程奖

所属城市：西安

幕墙承建企业：中建深圳装饰有限公司

高度：58.8m

建筑面积：20 万 m²

幕墙类型：玻璃幕墙

幕墙面积：14 万 m²

幕墙造价：2.9 亿元

型材品牌：兴发

玻璃品牌：耀皮

密封胶品牌：硅宝

五金品牌：远驰

隔热材料品牌：泰诺风（隔热条）

项目亮点：立面设计从西安历史地标"钟楼"提取造型元素，以简明抽象的手笔，对中国古典建筑特征进行传承，融合古代建筑飞檐与现代建筑的简洁，整体造型优美，宛如一尊弯月悬于丝路之上。中层玻璃幕墙通过 180 根钢柱和 260 根幕墙组合钢吊柱悬挂在主体钢构上，组合吊柱长度 25～43m，重 7～34t，创下了国内跨度最大的钢结构组合吊柱玻璃幕墙、国内首例主体与幕墙结构共用最大幅全悬挂式幕墙系统两项"国内之最"；为营造建筑特有的悬浮感，"下月牙"全部悬挂于"上月牙"，首层设计成坐立式玻璃肋幕墙，颠覆了幕墙的传统定义，为行业发展注入了新"丝"路。

- 上海老港再生能源利用中心——"线条"成就建筑之美（图9）

图9　上海老港再生能源利用中心效果图

中南选送："上海老港再生能源利用中心"入围工程奖

所属城市：上海

幕墙承建企业：浙江中南建设集团有限公司

高度：51m

建筑面积：13.95万 m²

幕墙类型：金属幕墙＋玻璃幕墙

幕墙面积：8.5万 m²

幕墙造价：9200万元

型材品牌：鸿昌

玻璃品牌：耀皮

密封胶品牌：白云

五金品牌：坚朗

隔热材料品牌：泰诺风（隔热条）、新安东（密封胶条）

项目亮点：外表水平起伏延伸的线条通过横向贯通的铝板得以实现，增强了建筑造型的冲击与水流的感觉。立面铝板以不同角度逐渐翻起和落下，为建筑立面带来更多的层次和光影，整个立面看起来现代感十足，同时也满足了立面上众多分散的进排风口的通风要求，犹如鱼鳃一样的呼吸功能。幕墙均为框架式幕墙，主要以开放式铝板幕墙、横明竖隐玻璃幕墙及钢格栅幕墙为主，其中的玻璃幕墙作为立面铝板点缀，把水蓝宝盒的效果充分地体现了出来。

• 景兴海上大厦 T1 塔楼——V＋Λ 拼接亮丽防风衣（图 10）

图 10　深圳前海景兴海上大厦 T1 塔楼效果图

三鑫选送："景兴海上大厦 T1 塔楼"入围 AL-Survey

所属城市：深圳

幕墙承建企业：深圳市三鑫科技发展有限公司

高度：259m

建筑面积：13.69 万 m^2

幕墙类型：玻璃幕墙＋石材幕墙

幕墙面积：7.1 万 m^2

幕墙造价：2.26 亿元

型材品牌：坚美

玻璃品牌：信义

密封胶品牌：陶熙

五金品牌：格屋

隔热材料品牌：联和强（密封胶条）

项目亮点：硬件配置、施工水平对得起雄踞深圳前海首排，纵享一线绝佳海景。裙楼 1F～5F 为大跨度框架式玻璃幕墙和"正 V 字"形渐变造型的石材幕墙系统；6F～53F 为带渐变竖向装饰条单元式玻璃幕墙系统；顶部 54F～屋顶为高 16.3m "倒 V 字" 皇冠造型的单元式玻璃幕墙系统。外立面超大分格双银中空 Low-E 玻璃幕墙效果时尚大气，极具张力和国际感，平直的渐变外装饰条增强了塔楼的高度视觉效果，顶部特色的皇冠造型进一步强化了塔楼给人视觉上的高度和垂直感。

· 南宁龙光世纪——冲上邕城云霄的莲花（图 11）

图 11　南宁龙光世纪效果图

远大选送："南宁龙光世纪"入围工程奖

所属城市：南宁

幕墙承建企业：沈阳远大铝业工程有限公司

高度：372m

建筑面积：40.1 万 m²

幕墙类型：玻璃幕墙＋金属幕墙

幕墙面积：8.5 万 m²

幕墙造价：1.4 亿元

型材品牌：坚美

玻璃品牌：信义

密封胶品牌：陶熙

五金品牌：坚朗

隔热材料品牌：泰诺风（隔热条）、海达（密封胶条）

项目亮点：造型由四片"花叶"组成一束含苞欲放的莲花，耸立在云端之上。幕墙体系由框架式玻璃幕墙、单元式幕墙、铝合金防雨百叶、外挂铝合金装饰线条、采光顶造型、铝板幕墙造型、钢结构玻璃雨篷、铝合金地弹门、无框地弹门等组成。项目由一栋 82 层的超高层酒店办公大楼，以及一栋 54 层超高层公寓式办公大楼组成，两栋大楼之间有三层裙楼和四层裙楼相连，裙楼主要功能为商业，塔楼作为酒店办公及公寓式办公使用。

- 深圳万科滨海云中心——从左看，向右看！大不同（图 12）

图 12　深圳万科滨海云中心实景图

方大选送：深圳万科滨海云中心参评"喜爱幕墙工程"奖

所属城市：深圳

幕墙承建企业：深圳市方大建科集团有限公司

高度：161.4m

建筑面积：8.2 万 m²

幕墙类型：玻璃幕墙＋石材幕墙＋金属幕墙

幕墙面积：4.7 万 m²

幕墙造价：9300 万元

型材品牌：广亚

玻璃品牌：信义

密封胶品牌：西卡

五金品牌：格屋

隔热材料品牌：海达（密封胶条）

项目亮点：塔楼外立面为鳞次栉比的锯齿形幕墙造型，西南视角看为玻璃幕墙，东南视角看为石材幕墙，富有层次感与节奏感。项目包括锯齿形单元式幕墙、框架式玻璃幕墙、立面错缝石材幕墙、折线玻璃雨篷、不锈钢格栅、石材百叶、蜂窝不锈钢板吊顶、玻璃栏板等。其中大堂为 15m 通高玻璃幕墙，骨架表面均为不锈钢材质；架空层采用菱形蜂窝不锈钢吊顶。塔楼板块为折线形单元式幕墙，在工法上创新采用了组合"L"形的整体装配式板块，在工厂组装加工，提高了生产效率和组装安装质量。

· 海口骏豪广场——地标建筑的华丽转身（图 13）

图 13　海口骏豪广场效果图

三合泰选送："海口骏豪广场"入围 AL-Survey

所属城市：海口

幕墙承建企业：海南三合泰幕墙装饰有限公司

高度：188m

建筑面积：7.23 万 m²

幕墙类型：玻璃幕墙＋石材幕墙

幕墙面积：5 万 m²

幕墙造价：4500 万元

型材品牌：豪美

玻璃品牌：承丰

密封胶品牌：安泰

五金品牌：坚朗

隔热材料品牌：合和（密封胶条）

项目亮点：海口椰岛片区棚户区改造项目之一，位于年轻而富有魅力的海南区域性中心城市，四处高楼林立，马路纵横交错，该工程外装饰幕墙更是独具一格。同时，作为位于台风多发地带的超高层建筑，幕墙的防水是本项目的重难点，为此开启扇采用了"汽车级"的发泡胶条，提升了整个系统的防水性能。塔楼采用框架式玻璃幕墙系统，裙楼为背栓石材幕墙系统，幕墙玻璃采用中空 Low-E 钢化玻璃，而且项目的整个构件式玻璃幕墙系统中采用自主创新的抗震系统，在保证安全性的前提下，有效提升了整个建筑外表皮的隔声和节能效果。

· 金沙湖温泉度假村——建筑风格决定了无法低调（图 14）

图 14　金沙湖温泉度假村效果图

嘉寓选送："金沙湖温泉度假村"入围工程奖

所属城市：江苏盐城

幕墙承建企业：北京嘉寓门窗幕墙股份有限公司

高度：26m

建筑面积：8 万 m²

幕墙类型：石材幕墙＋金属幕墙＋玻璃幕墙

幕墙面积：5.5 万 m²

幕墙造价：5600 万元

型材品牌：和平

玻璃品牌：信义

密封胶品牌：安泰

五金品牌：春光

隔热材料品牌：泰诺风（隔热条）

项目亮点：整体采用新中式风格，外立面以天然石材构成的幕墙体系为主，局部点缀配有 Low-E 玻璃的门窗幕墙。作为金沙湖旅游度假的核心建筑群，项目包括综合楼、室内温泉馆、宴会楼、餐饮楼、SPA 馆、酒店等工程板块。项目的施工标准确保"盐阜杯"，争创"扬子杯"，力争实现"华东唯一、全国一流"的质量水平。

- 上海天文馆——遨游宇宙的太空飞船（图 15）

图 15　上海天文馆效果图

美特选送："上海天文馆"入围"喜爱幕墙工程"

所属城市：上海

幕墙承建企业：上海美特幕墙有限公司

高度：28m

建筑面积：3.8 万 m²

幕墙类型：玻璃幕墙＋金属幕墙＋GRC

幕墙面积：4 万 m²

幕墙造价：8000 万元

型材品牌：浙东

玻璃品牌：皓晶

密封胶品牌：之江

五金品牌：坚朗

隔热材料品牌：泰诺风（隔热条）

项目亮点：这一超级工程作为全球建筑面积最大的天文馆，代表中国在建筑领域、科学领域的又一个世界之最。曲面、弧面、球面……整个工程立面均为不规则造型，对于幕墙的测量放线难度较大，精度要求较高。同时，曲面造型、渐变分格、无规则穿孔等特点，造成幕墙面板及龙骨规格完全不同，无互换性，增加了工艺难度；配上复杂的几何界面，使得墙面系统、屋面系统、天窗系统、玻璃系统、吊顶系统等交界面规格种类繁多，且都为曲线交接，也是项目的一大难点。

• 上海 SK 总部大厦——建筑界最美的龙鳞（图 16）

图 16　上海 SK 总部大厦实景图

亚厦选送：上海 SK 总部大厦入围"喜爱幕墙工程"

所属城市：上海

幕墙承建企业：浙江亚厦幕墙有限公司

高度：274m

建筑面积：20 万 m²

幕墙类型：玻璃幕墙＋金属幕墙＋石材幕墙

幕墙面积：5.84 万 m²

幕墙造价：1.4 亿元

型材品牌：AAG 亚铝

玻璃品牌：南玻

密封胶品牌：陶熙

五金品牌：诺托

隔热材料品牌：泰诺风（隔热条）

项目亮点：作为黄浦江边的地标建筑，大厦外形像一个不规则盒子，配上不规则的曲线，实现以"龙鳞"为外立面创意的元素。由于其造型独特，单元板块最大尺寸达到 4.02m×4.4m，铝板展开尺寸达 3979mm×3365mm，如此超宽规格的铝板，在国内乃至世界范围内几乎没有先例。通过使用超大单元板块和超宽铝板相间排布，并严格注重对超宽铝板的防变形、焊接、折边等工艺，完美呈现出"龙鳞"的层次与形态，以高品质还原了建筑的恢宏气势。

- 武汉市五环体育中心——特殊"战场"扬军威（图 17）

图 17　武汉市五环体育中心效果图

凌云选送："武汉市五环体育中心"入围 AL-Survey

所属城市：武汉

幕墙承建企业：武汉凌云建筑装饰工程有限公司

高度：46.2m

建筑面积：15 万 m²

幕墙类型：玻璃幕墙＋金属幕墙

幕墙面积：4 万 m²

幕墙造价：7600 万元

型材品牌：AAG 亚铝

玻璃品牌：耀皮

密封胶品牌：GE

五金品牌：坚朗

隔热材料品牌：泰诺风（隔热条）

项目亮点：体育场的大跨钢结构飘带，经过反复计算对比，摒弃了常见的矩形截面龙骨，采用了圆管结构，并根据高度变化选择对应的横向钢圆管数量，较好实现了建筑师的构想。针对两馆建筑的主要立面形式为竖向单索玻璃幕墙，定制了点式不锈钢球铰夹板式驳接件，来适应分格间的变形。而在拉索玻璃幕墙变形较大的情况下，为完成竖向防火封堵的可靠，采用了系列化的弹性支座，用空间来换取拉索的变形可控。多项专利技术与创新的结合，为工程带来了出彩的建筑效果和良好的使用表现，赢得了社会各界的称赞，提升了武汉的城市形象。

• 恒丰碧桂园贵阳中心——丈量"筑城"天际线（图 18）

图 18　恒丰碧桂园贵阳中心效果图

广田选送："恒丰碧桂园贵阳中心"参评 AL-Survey

所属城市：贵阳

幕墙承建企业：深圳广田集团股份有限公司

高度：373.5m

建筑面积：77 万 m²

幕墙类型：玻璃幕墙

幕墙面积：7.4 万 m²

幕墙造价：1.1 亿元

型材品牌：三星

玻璃品牌：台玻

密封胶品牌：安泰

五金品牌：坚朗

隔热材料品牌：联和强（密封胶条）

项目亮点：建筑整体呈八边形，上下细，中间粗，采用单元式玻璃幕墙，顶部为钢结构玻璃采光顶，呈内凹"钻石"造型，采光顶花架最大高度达35.3m。1～54层呈外凸八边形，55层以上呈内凹八边形，每层建筑外边线均有变化。单元体呈不规则四边形，且部分板块四点不共面。为实现角度变化，需现场冷弯，过程采用BIM技术对幕墙进行整体建模放样，并以此下料。外墙系统设计充分考虑贵阳地区的气候条件，重点对幕墙水密、气密、保温隔热等性能，以及安全性、环保性做了强化。

• 深圳华强北九方购物中心——网红打卡建筑（图19）

图19 深圳华强北九方购物中心效果图

金粤选送："深圳华强北九方购物中心"入围AL-Survey

所属城市：深圳

幕墙承建企业：深圳金粤幕墙装饰工程有限公司

高度：39.9m

建筑面积：25.8万 m²

幕墙类型：玻璃幕墙＋石材幕墙＋金属幕墙

幕墙面积：5.86万 m²

幕墙造价：6915万元

型材品牌：坚美

玻璃品牌：南玻

密封胶品牌：西卡

五金品牌：格屋

隔热材料品牌：泰诺风（隔热条）

项目亮点：位于城市核心位置，作为商业中心，外墙元素多样化，且灵活多变，主要采用钢结构，点式玻璃幕墙。其中项目分为 D2 地块、GM、H 地块共三个地块。GM 标高约 18.30m，观光电梯塔建筑高度为 38.40m；H 标高约 39.90m，局部观光电梯塔建筑高度为 38.40m；D2 标高约 39.40m。

• 晋江市第二体育中心——东海边上的"水丝带"（图 20）

图 20　晋江市第二体育中心效果图

中建海峡选送："晋江市第二体育中心"入围年度工程奖

所属城市：福建泉州

幕墙承建企业：中建海峡建设发展有限公司

高度：41.2m

建筑面积：18.84 万 m²

幕墙类型：玻璃幕墙＋金属幕墙

幕墙面积：10.7 万 m²

幕墙造价：3 亿元

型材品牌：奋安

玻璃品牌：新福兴

密封胶品牌：硅宝

五金品牌：坚朗

隔热材料品牌：瑞那斯（密封胶条）

项目亮点：由体育馆、游泳馆、训练馆三个场馆及场馆外围（间）平台、连桥、坡道、飘带、室外水上运动中心、运动员生活区及配套商业区等组成。整体设计灵感来源于"水丝带"，在外观设计上凸显海水"冲刷"海岸的意象，创造出多层次的绿地形态。而体育馆与游泳馆就像两个"海蚌"镶嵌于公园之中，训练馆与运动员生活区就像起伏的海浪，共同构成完整的体育空间，是晋江新区东西向视觉通廊的焦点。

· 亚投行总部大楼——完全诠释"鲁班锁"（图 21）

图 21　亚投行总部大楼实景图

柯利达选送："亚投行总部大楼"入围年度工程奖

所属城市：北京

幕墙承建企业：苏州柯利达装饰股份有限公司

高度：82.95m

建筑面积：39 万 m²

幕墙类型：玻璃幕墙＋金属幕墙

幕墙面积：8 万 m²

幕墙造价：3.5 亿元

型材品牌：AAG 亚铝

玻璃品牌：耀皮

密封胶品牌：陶熙

五金品牌：丝吉利娅

隔热材料品牌：泰诺风（隔热条）

项目亮点：设计灵感来自我国古代的"鲁班锁"，融合了简洁的现代建筑语言和我国传统建筑元素——榫卯结构，外形看着像个大方盒子，每一层都是错落有致的。"会呼吸"的双层幕墙利用气压差、热压差和烟囱效应等原理，把各种形态的幕墙和节能新型玻璃产品巧妙而有效地组合起来，不仅能使建筑外层有效地适应自然的天气变化，提高幕墙的保温隔热性能，还能够提高幕墙的隔声性能，改善室内环境。

• 济宁文化艺术中心博物馆——文化济宁 和而不同（图 22）

图 22　济宁文化艺术中心博物馆实景图

合发选送："济宁文化艺术中心博物馆"入围 AL-Survey

所属城市：山东济宁

幕墙承建企业：江苏合发集团有限责任公司

高度：29.3m

建筑面积：2.72 万 m²

幕墙类型：石材幕墙＋玻璃幕墙＋金属幕墙

幕墙面积：2.79 万 m²

幕墙造价：5100 万元

型材品牌：南平

玻璃品牌：耀皮

密封胶品牌：之江

五金品牌：坚朗

隔热材料品牌：海达（密封胶条）

项目亮点：三角形环绕的坡道犹如一朵盛开的花朵，似乎在历史的进程中缓缓述说着历史与未来，镂空设计元素下阳光洒进坡道，令每个角落都洋溢着生命的无限生机。大厅的巨型浮雕以"孔孟之乡，运河之都"为主题；人文胜迹厅简约现代的设计风格，攫取建筑为历史的见证；历史文明展厅、运河厅结合前沿的多媒体手段，身临其境展示昔日的繁荣兴盛与未来的璀璨前景；石刻厅运用中式造景手法结合现代化的展陈手段；数字厅以"梦幻像素"的设计理念将美丽济宁、历史济宁、文化济宁、人文济宁的科技体验感在此推向极致。

· 上海浦东足球场——邂逅"瓷器之美"（图23）

图23　上海浦东足球场效果图

兴业选送："上海浦东足球场（立面）"参评喜爱工程奖

所属城市：上海

幕墙承建企业：珠海兴业绿色建筑科技有限公司

高度：38.8m

建筑面积：18万 m²

幕墙类型：金属幕墙＋玻璃幕墙

幕墙面积：3.3万 m²

幕墙造价：5000万元

型材品牌：AAG亚铝

玻璃品牌：耀皮

密封胶品牌：陶熙

五金品牌：多玛

隔热材料品牌：海达（密封胶条）

项目亮点：主体结构采用钢框架＋屈曲约束支撑（BRB）体系，钢结构屋盖采用轮辐式张拉体系，而屋盖钢结构和看台结构根据看台的形式，形成了轻微的马鞍形。场馆的立面幕墙采用了6mm厚的白色幻彩铝复合板，作为面板材料，整个外立面采用双曲面单元式幕墙建造，运用BIM数字建造技术，完美地呈现了中国最具细腻的"瓷器工艺品"特效。

· 上海国际传媒港——律动的美妙音符（图24）

图24　上海国际传媒港效果图

金刚选送："上海国际传媒港"入围AL-Survey

所属城市：上海

幕墙承建企业：金刚幕墙集团有限公司

高度：39.85m

建筑面积：10.04万 m²

幕墙类型：玻璃幕墙＋金属幕墙

幕墙面积：36.8万 m²

幕墙造价：8200万元

型材品牌：兴发

玻璃品牌：信义

密封胶品牌：陶熙

五金品牌：诺托

隔热材料品牌：泰诺风（隔热条）

项目亮点：整体具有面板种类繁多、幕墙造型复杂、外观细节要求严格等特点，项目包含框架式玻璃幕墙、单元式玻璃幕墙、铝板幕墙、铝合金吊顶、雨篷、栏杆、百叶、金属屋面等幕墙系统。外立面带竖向大装饰线条的错位双曲面单元式幕墙，装饰线条表面设置不同颜色且呈一定规律分布，与其他立面的装饰线条交相辉映、极具动感。建筑整体通过立面的内倾斜和外倾斜，从而形成外倾外凸的错位双曲面幕墙造型，人们行走其间时，仿似正在弹奏着一曲曲美妙的音符。

• 珠海国际会展中心——十字门的灵动之光（图25）

图25 珠海国际会展中心（城市绸带）实景图

晶艺选送："珠海国际会展中心（二期）"入围工程奖

所属城市：广东珠海

幕墙承建企业：珠海市晶艺玻璃工程有限公司

高度：24m

建筑面积：16.5万 m²

幕墙类型：玻璃幕墙＋石材幕墙＋GRC＋铝板幕墙

幕墙面积：3.7万 m²

幕墙造价：4905万元

型材品牌：兴发

玻璃品牌：南玻

密封胶品牌：陶熙

五金品牌：格屋

隔热材料品牌：荣基（密封胶条）

项目亮点：整体造型犹如起伏错落、舒展开扬的绸带，是珠海市十字门中央商务区——"会展商务组团"建筑群的一大亮点。玻璃、金属、石材和GRC 等多个系统之间，通过犀牛参数化插件 Grasshopper，进行 1∶1 建模，以及加工图绘制和施工定位点的确定，并完成幕墙和主体结构的碰撞分析，指导设计和施工。最终呈现出一条飘逸、动感的"城市绸带"，穿梭在会展商务组团各单位建筑之间，有效地将会展商务组团的会展、酒店、写字楼等功能串联在一起。

后记：2020 年注定是一个值得铭记的年份，在全球疫情影响下，中国提出国内、国际双循环的经济新形势格局，即将开启崭新的"十四五"规划，在房地产与建筑业有序复工复产、促进经济稳定运行的政策措施下，优秀的幕墙工程施工单位、知名的材料品牌厂商……充分利用技术与人才优势，不断提高建筑节能与绿色环保应用，推动着建筑幕墙行业高质量发展，实现幕墙大国向"幕墙强国"的转型升级。

昨天，中国幕墙学国外——1984 年的北京长城饭店，第一次大面积使用了反射玻璃整体型幕墙，开启了中国幕墙行业发展的里程碑。

如今，全球幕墙看中国——随着我国经济的高速发展，外形独特、直冲云霄、体量巨大和结构复杂的各类幕墙建筑，如雨后春笋般涌现！如天津周大福金融中心、启东文化体育中心、上海 SK 总部大厦、西安丝路国际会展中心、上海老港再生能源利用中心、景兴海上大厦、亚投行总部大楼、南宁龙光世纪、深圳万科滨海云中心、上海天文馆、武汉市五环体育中心、骏豪广场、金沙湖温泉度假村、恒丰碧桂园贵阳中心、深圳华强北九方购物中心、晋江市第二体育中心、济宁文化艺术中心博物馆、上海浦东足球场、上海国际传媒港、珠海国际会展中心等项目，它们的诞生是人类建筑的进步，亦是中国建筑的进步。

它们是中国幕墙发展进入一个全新时代的重要标志，更是见证了中国幕墙从设计、施工到应用，不断提升、不断完善的成长轨迹。聚力高质量发展，缔造更美丽中国，全体门窗幕墙人一直在路上……

写在最后：上述入围工程并非完全以最高或最低、体量大小、造价多少等作为评判标准，对于中国幕墙网 ALwindoor.com 来说，每一项能入围年度工程的项目都各有特色，很难将它们以同一个标准来评判，好在一决高下的事情不用我们来做……谁最牛，就交给严苛的专家评委们和广大读者去投票和测评吧，对于结果，我们翘首以盼！

笃信！明天更美好！叙"鼠"门窗幕墙行业的 2020

◎ 黄 玲 邱 静

今天，来到了 2020 年的最后一天。

这一年过得特别慢，春节期间突发的疫情，让我们感受到了什么叫"宅在家，盼望着上班"；而这一年又过得特别快，也是因为疫情，"复工复产"之后，要赢回宝贵的时间，让我们的生活和工作都变得更加的忙碌和兴奋……

回首 2020 年，首先闪现的是这一组新词语：复工复产、新冠肺炎疫情、健康码、双循环……每个文字的背后，都凝结着这一年的全民记忆。

2020 年的中国，全国抗疫，众志成城，举国同心，守望相助！全民行动，佩戴口罩，减少外出，打响疫情防控阻击战。隔离＋防疫，科技来助力，健康码实现人员流动管理，云端服务重构社交全新距离。

2020 年的世界，风云多变，危机不断，矛盾冲突在所难免；特殊时期触发熔断机制，限制性措施成为常态；美国大选吸引全球关注，科比遇难令人心痛不已；群体免疫并非良策，防疫合作方是正道。

疫情是一场没有硝烟的战争，也是对党和人民集体的"大考"。从年初各行各业传来的阵阵寒意，再到科学防疫、精准施策下，建立内需、外需兼容互补，国内、国际双循环相互促进的新格局……我们正经历着"史诗级"的大逆转！中国幕墙网 ALwindoor.com 通过梳理发生在住房和城乡建设系统，以及房地产、建筑业等产业链上、下游的重点事件，为您盘点属于"门窗幕墙"的 2020，与您携手，迈入充满希望与挑战的 2021……

1 月：国家市场监督管理总局发布的《产品质量监督抽查管理暂行办法》于 2020 年 1 月 1 日起正式施行。该《办法》共 56 条，明确了监督抽查的组织、抽样、检验、异议处理、结果处理及相关人员应承担的法律责任，对加强产品质量监督管理、规范产品质量监督抽查工作、保护消费者的合法权益有重要意义（图 1）。

图1　1月1日：国家市场监督管理总局发布"产品质量"新规

与建筑门窗、幕墙工程息息相关的铝合金、密封胶等材料，若因质量问题，严重者将获刑。

2月：2020战"疫"必胜……门窗幕墙人在行动！大事难事看担当，危难时刻显本色……突发的新冠肺炎疫情牵动了每个中国人的心。中国建筑及全体门窗幕墙人扛起构筑武汉安全守护线的重任，武汉两座"小汤山"模式医院——火神山医院和雷神山医院拔地而起。中建深装、金螳螂、亚厦、中南、坚朗、回天、华硅、金刚、集泰、旗滨、硅宝、思蓝德、DOW、YKK AP、新河、兴瑞、南玻、元通、新安、澳利坚、嘉寓等优秀企业，从驰援火神山、雷神山等方舱医院的建设，再到捐款和捐物，行业企业用实际行动支援抗疫一线，助力疫情防控阻击战取得胜利。

抗疫＋复工，两不误。门窗幕墙人共克时艰，战"疫"必胜！江河、兴发、伟昌、广亚、伟业、AAG亚铝、豪美、铭帝、新福兴、北玻、格兰特、泰诺风、满格、白云、之江、飞度、凌志、合和、雄进、顺和、瑞达佰邦、以恒、星耀五洲、兴三星、天辰、窗友等协会骨干企业，2月吹响"复工复产"集结号。

业精于勤，荒于嬉。特殊战"疫"时期，为助力中国门窗幕墙产业顺利复产、保障行业人才体系建设，中国建筑金属结构协会铝门窗幕墙分会、中国幕墙网 ALwindoor.com 主办——2020"战疫"｜门窗幕墙线上公益课堂

（第一季），于 2020 年 2 月 17 日"线上"正式开班授课。

3 月：抓防控、抗疫情是硬任务，保生产、促发展是硬道理。这个冬天，很冷……不过，春天很快就要来临。好消息——全国各省市纷纷发布 2020 年重大项目投资计划，新基建、5G 商用等成为焦点，总的投资额度超过 50 万亿元，再创新高。中国经济正如一个大病初愈的病人，总得补一补身子，中央及地方出台政策积极推动企业复工复产，推动重大项目开工建设。

行业中的相关企业，从门窗五金到智能家居，从建筑密封胶到电子工业胶，从普通玻璃到柔性多功能面板，从传统铝型材到复合型铝合金材料，从门窗幕墙加工设备到智能化无人装配系统等，也要加快创新研发、转型升级的步伐，投身到 50 万亿基建项目的建设中去。

3 月＋：正义也许会迟到，但绝不会缺席。又是一年"3·15"——"消费者权益日"，我们不应该在每年 3 月 15 日才"3·15"，必须每一天、每一刻都是"3·15"!

为此，特别企划——揭秘门窗幕墙行业"潜规则"系列专题报道，旨在弘扬正能量，传播优品牌，揭示行业中不正当竞争所带来的各种安全隐患，以及制约行业高质量发展的各种陋习，从而引发企业深思、行业聚焦、社会关注，共同抵制影响我们健康发展的"潜规则"。

凝聚你我力量，共筑行业未来。把人民对美好生活的向往作为奋斗目标，党和国家在顶层设计中确立"高质量发展"的方位，不断满足人民日益增长的美好生活需要，让人民群众的衣食"住"行用，更有质量水准和安全保障。

4 月：用数据说话。《2019—2020 年度中国门窗幕墙行业品牌研究与市场分析年度报告》发布。借助中国建筑金属结构协会铝门窗幕墙分会在 2019 年 9 月启动的"第 15 次行业数据申报工作"，将采集到的大量真实有效的企业运行状况报表编制成册，力求通过科学、公正、客观、权威的评价指标体系和评价方法，评估出具有较强竞争力的产品品牌和工程服务商。

本报告已交由中国建材工业出版社出版发行。由于参与企业占总体企业的数量比值、调查表提交时间的差异化等问题，统计调查分析的结果与行业市场内的实际表现结果，数据方面可能存在一定误差，根据统计推论分析原理，该误差率在 1‰～4‰之间，整体误差率在 2‰左右。

5 月：250 米？500 米？摩天大楼"限高令"来了，两部委发布"新规"，限制超高层。住房城乡建设部和发展改革委联合下发通知，要求各地进一步加强城市与建筑风貌管理，严格限制各地盲目规划建设超高层"摩天楼"，一般不得新建 500 米以上建筑。贯彻落实"适用、经济、绿色、美观"新时期建筑方针，治理"贪大、媚洋、求怪"等建筑乱象，进一步加强城市与建筑风貌管理，制定多项内容。

未来，或许只有一线城市还有建设的可能性，二线城市或将与 500 米以上摩天大楼绝缘……

6 月：房地产与门窗幕墙行业开启"健康时间"。一场突如其来的疫情，让健康成为全社会、全人类关注的焦点……用时间"胶"筑一切美好——"健康在此时"大型公益活动正式上线。

浙江时间新材料有限公司林菊琴董事长，特别邀到协会董红会长、黄圻秘书长，以及行业资深专家姜成爱、潘元元、林惠闽等嘉宾，联合呼吁：健康的生活方式，健康的时间管理，带给我们美好的生活……而在建筑行业，幕墙工程、门窗工程的"健康"，更是直接关系着每一位老百姓的居住品质与身体健康。

让我们共同向全社会宣扬"健康在此时"的理念，号召更多身边的人一起珍惜时间、关注健康，邀您参与"健康在此时"……

7 月：聚力高质量发展，共同缔造美丽中国，全体门窗幕墙人一直在路上……AL-Survey 活动主办方中国建筑金属结构协会铝门窗幕墙分会与中国幕墙网 ALwindoor.com 联合开展"Hi 中国超级幕墙工程"大巡礼暨"创新课堂"第三季，陆续邀请获奖幕墙工程企业的技术负责人，以视频连线的方式，分别从项目的设计创意、工法创新、施工特点等维度，展开相关分享（图 2）。

图 2　中国幕墙网活动

昨天，中国幕墙学国外；今天，世界幕墙看中国。从1984年的北京长城饭店第一次大面积使用反射玻璃整体型幕墙，开启了中国幕墙行业发展的里程碑，到如今上海世茂深坑酒店、三亚亚特兰蒂斯、中国尊、珠海横琴国际金融中心IFC、广州万达秀场、信达国际金融中心、深圳华侨城大厦、苏州湾文化中心、重庆来福士广场等项目，它们的诞生是中国建筑的进步，亦是中国幕墙的崛起。

8月：不"疫"样的精彩｜2020铝门窗幕墙行业年会暨新产品博览会开幕。年会自创立以来，首次在8月召开，第26届全国铝门窗幕墙行业年会紧抓技术发展趋势，预知市场热点需求，依然是广大行业同仁寻求问题解决方案的"金钥匙"（图3）。

图3 行业年会暨新产品博览会

谁是行业真正的实力派，谁是品牌化的TOP10——2020"疫"起加油，见证品牌力量！中国幕墙网承办的"第十五届AL-Survey中国门窗幕墙'首选品牌榜单'与'喜爱幕墙工程'颁奖仪式"同期举行。疫情无情，人有情！全行业积极应对疫情，开展生产与创新自救，全面提高行业发展水平，逆境上行！TOP10成为企业的最佳展示平台。亲眼见证、共同成长｜2005—2020，十五载倾情演绎！十五载不忘初心！聚焦"大数据"，助力行业智慧转型，AL-Survey逐渐成为广大房地产开发商、设计院以及行业专家、顾问咨询公司等读者群体进行品牌选择和产品选购的重要参考依据。而每届的"我最喜爱幕墙工程"评选，更是以其"高、大、新、奇"的入围标准，被喻为"鲁班奖"的前哨站（图4）。

2020年，虽然新冠肺炎疫情拖延了广州新产品博览会的开展时间，但是它没有阻碍建筑门窗幕墙行业人奋进的步伐，在高质量发展、创新、创造、不断开拓新局面、继续深化供给侧结构性改革、加快企业转型升级的道路上，

图 4　中国幕墙网承办活动

门窗幕墙行业人与上游房地产业、建筑业共同谱写着创新的时代篇章!

9 月:新时代、新青年　做贡献、扬激情!青年力量汇聚佛山│2020 年 9 月 15 日,由中金协铝门窗幕墙分会、中装协幕墙工程分会、中房协房地产与门窗幕墙产业合作联盟联合主办的"2020 全国建筑门窗幕墙行业青年企业家联盟年会暨'十大青年榜样'授牌仪式",在佛山市三水希尔顿欢朋酒店隆重举行,本次年会得到了广东合和建筑五金制品有限公司的"和"力支持,以及佛山市顺德区高立德有机硅实业有限公司的"橙"意协办(图 5)。

图 5　全国建筑门窗幕墙行业青年企业家联盟年会

以榜样力量,树行业新风。联盟为了弘扬与鼓励"青年榜样",特意在本次年会上举办 2020 全国建筑门窗幕墙行业"十大青年榜样"授牌仪式(表 1)。

表1　全国建筑门窗幕墙行业"十大青年榜样"名单

（排名不分先后）

序号	姓名	单位	职务
1	田新甲	北京嘉寓门窗幕墙股份有限公司	总裁
2	郑平	龙湖集团	幕墙高级总监
3	丁世明	浙江墅标智能家居科技有限公司	创始人
4	廉晨	苏州市尹湖门窗装饰有限公司	副总经理
5	刘永亮	明威科技集团股份有限公司	董事长
6	李婧	广东高登铝业有限公司	执行总裁
7	潘树华	广东华昌铝厂有限公司	总经理
8	陈玮琦	兴三星云科技有限公司	副总裁
9	谢晓东	广东合和建筑五金制品有限公司	副总裁
10	叶振辉	佛山市顺德区高立德有机硅实业有限公司	总经理

天道酬勤，春华秋实。青年企业家联盟，是一个具有活力与激情的门窗幕墙行业组织，是一个集开放性和创新力的最佳平台，拥有着无限的发展空间与合作机遇。

10月：原材料的金九银十？"两天一小涨，五天一大涨"……2020年各类原材料的价格涨幅都十分惊人，不仅是房地产、建筑业和门窗幕墙产业链的相关材料，这一次的原材料涨价，涉及行业、产品广泛，涨价速度快，涉及领域广。铝材涨了37%、玻璃涨了27%、DMC涨了64%、铁涨了30%、锌合金涨了48%、不锈钢涨了45%、铜涨了38%、塑料涨了35%……

中国幕墙网ALwindoor.com观点：受疫情以及国际大环境的影响，中国正处于变革动荡期，全世界都在适应中国的快速发展，调整对中国的看法，其中免不了一些摩擦和争执，因此国际大环境会有相当长的时间处于矛盾阶段，而这些对国内市场总会带来或多或少的影响。

而对于建筑门窗幕墙行业而言，受供求关系、原材料等原因，成本大涨，备货时机已到来。2020年或许是未来三年总体"成本最低"的一年，未来，房地产、建筑业的成本涨价大趋势不可遏制，对于材料生产企业、经销商而言，最重要的就是审时度势，合理备货……

11月：第二届建筑幕墙顾问咨询行业"二十强"榜单出炉。中国建筑金

4

属结构协会铝门窗幕墙分会与全国建筑幕墙顾问行业联盟共同举办"2019—2020 年度第二届建筑幕墙咨询行业二十强"评选活动，旨在更好地激发建筑幕墙顾问咨询行业与上游房地产及建筑业之间的诚信体系建设、信息传播与品牌互动。

全面提高建筑幕墙安全、品质的顾问咨询公司，更好地实现建筑幕墙与主体建筑设计的无缝对接，为房地产与建筑业做好把关人、参谋官和创新者的角色。本次评选活动囊括了幕墙顾问咨询类企业及设计院所类企业两大板块，集中展示幕墙顾问咨询行业中最突出的力量、最有价值的品牌、最优秀的团队。

"TOP20"通过资料评分、专家复审和网络人气投票等三个环节，最终依据总体得分的结果，选拔出 15 家幕墙顾问咨询企业，以及 5 家建筑幕墙设计院所。

12 月：深化"放管服"的改革部署要求，按照"能减则减、能并则并"的原则，大幅压减企业资质类别和等级。岁末，住房城乡建设部官网正式发布《关于印发建设工程企业资质管理制度改革方案的通知》，众多的幕墙施工企业、设计院所等单位，以及顾问咨询公司所共同关注的"资质改革"话题，终于尘埃落定……

精简资质类别，归并等级设置。同时，坚持放管结合，加大事中事后监管力度，切实保障建设工程质量安全。

改革后：

工程勘察资质分为综合资质和专业资质；

工程设计资质分为综合资质、行业资质、专业和事务所资质；

其中：建筑幕墙工程设计专项资质，调整为建筑幕墙工程通用专业，设甲、乙两级；建筑装饰工程设计专项资质，调整为建筑装饰工程通用专业，设甲、乙两级。

施工资质分为综合资质、施工总承包资质、专业承包资质和专业作业资质；

其中：建筑幕墙工程专业承包资质与建筑装修装饰工程专业承包资质合并为建筑装修装饰工程专业承包，设甲、乙两级。

工程监理资质分为综合资质和专业资质。

资质等级原则上压减为甲、乙两级（部分资质只设甲级或不分等级），资质等级压减后，中小企业承揽业务范围将进一步放宽，有利于促进中小企发展。

文件还提到做好资质标准修订和换证工作，确保平稳过渡，设置 1 年过渡期，到期后实行简单换证，即按照新旧资质对应关系直接换发新资质证书，不再重新核定资质。关于资质"过渡期"，原资质证书有效期于 2020 年 7 月 1 日至 2021 年 12 月 30 日届满的，统一延长至 2021 年 12 月 31 日。

再见，2020，点滴回忆中定有您的身影。

您好，2021，期待在前行路上携手同行。

加油，2020 实"鼠"不易，2021"牛"转乾坤！在全球疫情影响下，中国提出国内、国际双循坏的经济新形势格局，即将开启崭新的"十四五"规划。

在新时代背景下，展现新作为、取得新成就、开拓新局面！

2021，注定不凡！中国共产党建党 100 周年、全面建成小康社会、"十四五"开局之年，"稳中求进"仍将是国家发展的总基调。

伴随着房地产与建筑业有序复工复产、促进经济稳定运行的政策措施下，中国幕墙网 ALwindoor.com 仍将以"俯首甘为孺子牛，撸起袖子加油干"的思想和行动，一如既往地携手优秀的幕墙工程施工单位、知名的材料品牌厂商……充分利用协会提供的平台、技术与资源优势，不断提高建筑节能与绿色环保应用，推动建筑幕墙行业高质量发展，实现门窗幕墙大国向强国的转型升级。

花全开，就开始凋谢；月全圆，就开始残缺。2020 年，或许留下了些许的不完美……2021 年，房地产、建筑业与门窗幕墙行业，又将是一个全新的样子。不管之前过得怎么样，我们都有机会重来，也必须重来。

但如果在新的一年里，您依旧遇到许多挫折，感到不如意、不开心。

请记住约翰·列侬的这句话：

"所有事到最后都会是好事。如果还不是，那它还没到最后。"

中国幕墙网 ALwindoor.com 编辑部
2020 年 12 月 31 日谨上

■ 家装为什么选择醇型胶？

常见的市售进口防霉密封胶为脱酮肟型硅酮密封胶，在固化过程中会释放出具有不适气味的2-丁酮肟，该物质已被欧盟判定为怀疑致癌物质；而醇型环保胶在固化过程中析出的是酒香类物质，不会对人体造成危害，是真正健康环保的密封胶产品。

绿萝具有极强的空气净化功能，我们将醇型胶与酮肟型胶分别打等量胶条放入同样密闭环境的鱼缸中，静止观察48小时后观察，我们发现放有醇型胶的绿萝生机盎然，而放有酮肟型胶的早已枯萎变黑。

■ 何为0级防霉？

目前我国防霉密封胶执行标准为《建筑用防霉密封胶》（JC/T 885-2016），关于防霉性的检测采用的是《漆膜耐霉菌性测定法》（GB/T 1741）中的方法，防霉等级分0级、1级和2级。其中，0级为防霉最高等级。

何为0级防霉？在广东省微生物分析检测中心，测试人员首先会收集空气中的前十大霉菌种类并放入培养皿中，在最适宜霉菌生长的环境中进行培养；同时，在培养皿中打入密封胶，经过28天后进行观察。0级防霉的标准是在显微镜放大约50倍下无明显长霉，能够通过我国官方检测机构的书面认可，使得0级防霉的标准更具权威性和公信力。

永安醇型防霉密封胶
入选时代中国品牌库

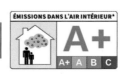

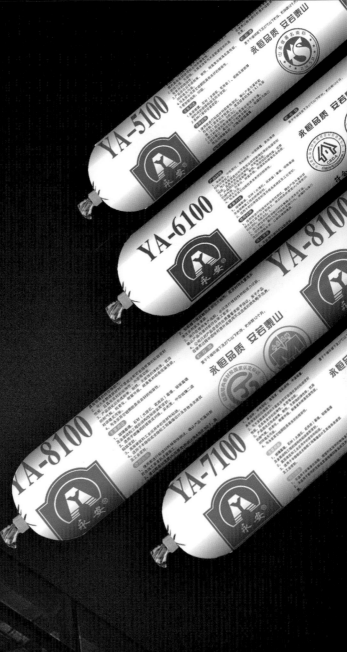

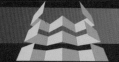